Kuratorium für Technik und Bauwesen in der Landwirtschaft

KTBL-Schrift 479

Aktuelle Arbeiten zur artgemäßen Tierhaltung 2009

Current Research in Applied Ethology

Vorträge anlässlich der
41. Internationalen Arbeitstagung
Angewandte Ethologie bei Nutztieren
der Deutschen Veterinärmedizinischen Gesellschaft e. V. (DVG)
Fachgruppe Ethologie und Tierhaltung
vom 19. bis 21. November 2009
in Freiburg/Breisgau

Herausgeber

Kuratorium für Technik und Bauwesen in der Landwirtschaft e. V. (KTBL) | Darmstadt

Auswahl der Beiträge und Programmgestaltung

Prof. Dr. Dr. Michael Erhard | München
Dr. Ursula Pollmann | Freiburg
Prof. Dr. Beat Wechsler | Tänikon, Schweiz
Prof. Dr. Hanno Würbel | Gießen

Kuratorium für Technik und Bauwesen in der Landwirtschaft e.V. (KTBL)
Bartningstraße 49 | 64289 Darmstadt
Telefon +49 6151 7001-0 | Fax +49 6151 7001-123
E-Mail: ktbl@ktbl.de | http://www.ktbl.de

Herausgegeben mit Förderung des Bundesministeriums für Ernährung, Landwirtschaft und Verbraucherschutz aufgrund eines Beschlusses des Deutschen Bundestages.

Redaktion
Dr. Isabel Benda | KTBL, Darmstadt
Christine Weidenweber | VERBENE, Weibersbrunn

Titelbild
Dr. Alexandra Harlander-Matauschek, Janne Köster

Druck
Druckerei Lokay | Reinheim

Vertrieb und Auslieferung
KTBL | Darmstadt

Printed in Germany

ISBN 978-3-941583-30-6

Vorwort

Die vorliegende Schrift umfasst die Vorträge und Posterbeiträge anlässlich der 41. Internationalen Tagung „Angewandte Ethologie bei Nutztieren“ der Fachgruppe Ethologie und Tierhaltung der Deutschen Veterinärmedizinischen Gesellschaft (19. bis 21. November 2009, Freiburg).

Die eingereichten Abstracts wurden wiederum durch das wissenschaftliche Gutachterteam (Frau Dr. Pollmann, Herrn Prof. Dr. Wechsler und Herrn Prof. Dr. Würbel sei dafür sehr herzlich gedankt) beurteilt. Es wurden insgesamt 21 Vorträge inklusive zwei Übersichtsreferate und sechs Posterbeiträge ausgewählt. Insgesamt stehen traditionell die klassischen landwirtschaftlichen Nutztiere (Schweine, Rinder, Ziegen, Masthühner, Legehennen) im Vordergrund der Tagung. Die Organisatoren versuchen aber auch verstärkt Beiträge von anderen Tieren in das Programm zu integrieren. So werden bei der diesjährigen Tagung auch vier Beiträge über Pferde und je ein Beitrag über Hunde, Katzen, Labormäuse und Nerze präsentiert.

Alle Beiträge werden in der vorliegenden KTBL-Schrift „Aktuelle Arbeiten zur artgemäßen Tierhaltung“ mit der entsprechenden Jahreszahl publiziert und liegen bereits zur Tagung als gebundener Band vor. Frau Dr. Benda (KTBL) sei dafür sehr herzlich gedankt.

Liebe Tagungsteilnehmerinnen und Tagungsteilnehmer, liebe Leserinnen und Leser der vorliegenden KTBL-Schrift, wir hoffen, ein interessantes Programm zusammengestellt zu haben. Für Anregungen und Wünsche stehen wir jederzeit zur Verfügung.

Univ.-Prof. Dr. Dr. Michael Erhard
Vorsitzender des Arbeitskreises „Tierschutz, Ethologie und Tierhaltung“
sowie Leiter der Fachgruppe „Ethologie und Tierhaltung“
der Deutschen Veterinärmedizinischen Gesellschaft e. V. (DVG)

Freiburg/München, September 2009

Inhalt

Schweine

Pferde und Beurteilung der Tiergerechtheit

Ziegen und Rinder

Methoden zur Vermeidung der betäubungslosen Kastration beim Ferkel

Methods to avoid piglet castration without anaesthesia

Mathias Ritzmann, Rebecca Langhoff, Susanne Zöls, Anke Zankl, Cornelia Schulz, Isabel Mühlbauer, Andrea Barz, Andreas Palzer, Karl Heinritzi

Zusammenfassung

Jährlich werden ca. 100 Millionen Schweine in der Europäischen Union (EU) kastriert, um den geschlechtsspezifischen Ebergeruch zu verhindern. Die Maßnahme steht bereits seit mehreren Jahren stark in der Kritik und ein 2004 veröffentlichter Bericht der EFSA (European Food Safety Authority) verdeutlicht die tierschutzrelevanten Aspekte des Eingriffs und unterstreicht den Forschungsbedarf auf diesem Gebiet.

Summary

Approximately 100 million pigs are castrated in the European Union every year in order to prevent boar taint in meat and meat products. The procedure has been criticized for years and a review about this topic published 2004 by the EFSA (European Food Safety Authority) is pointing out the animal welfare concerns and emphasizing the need for relevant research focusing that theme.

1 Rechtliche Situation

Nach der EU Richtlinie 2008/120/EG ist die Kastration bis zum siebten Lebenstag ohne Narkose erlaubt. Danach darf der Eingriff nur „... durch einen Tierarzt unter Anästhesie und anschließender Verwendung schmerzstillender Mittel ...“ durchgeführt werden. Diese Mindestanforderungen der EU können durch die Legislative der einzelnen Länder jederzeit verschärft werden. Die Niederlande haben sich im November 2007, unabhängig von der EU, dazu entschieden ab 2015 auf die Kastration zu verzichten. In Deutschland besteht eine gemeinsame Erklärung („Düsseldorfer Erklärung“, 29.09.2008) des Deutschen Bauernverbandes (DBV), des Verbandes der Fleischwirtschaft (VDF) und des Hauptverbandes des Deutschen Einzelhandels (HDE) zur Ferkelkastration, die als Übergangslösung bereits ab dem 1. Quartal 2009 den Einsatz schmerzstillender Mittel bei der Ferkelkastration fordert. Die Anwendung ist nach Umwidmung durch den Landwirt „unter Aufsicht“ des Tierarztes möglich, ein „Beisein“ des Tierarztes ist nicht erforderlich (Stellungnahme des Bayerischen Staatsministeriums für Umwelt und Gesundheit, 19.01.2009). Innerhalb der EU gibt es auch von Dänemark, Schweden und Belgien starke politische Bestrebungen, die Kastration in der bisherigen Form abzuschaffen.

In Norwegen ist die betäubungslose Kastration bereits seit 2002 verboten und es wird hier in erster Linie die Lokalanästhesie bei der Kastration verwendet. Das Anästhetikum wird durch den Tierarzt appliziert. Ab Januar 2009 sollte dort ein generelles Kastrationsverbot gelten, das aber auf unbestimmte Zeit verschoben wurde. In der Schweiz tritt ein Verbot der betäubungslosen Kastration ab 2010 in Kraft; der Termin ist bereits einmal verschoben worden.

2 Überblick

Der Überblick stellt eine Zusammenfassung der Literatur zu diesem Thema dar und basiert weitgehend auf den erhobenen Informationen von PIGCAS (attitudes, practises and state of the art regarding piglet castration in Europe) (Abb. 1).

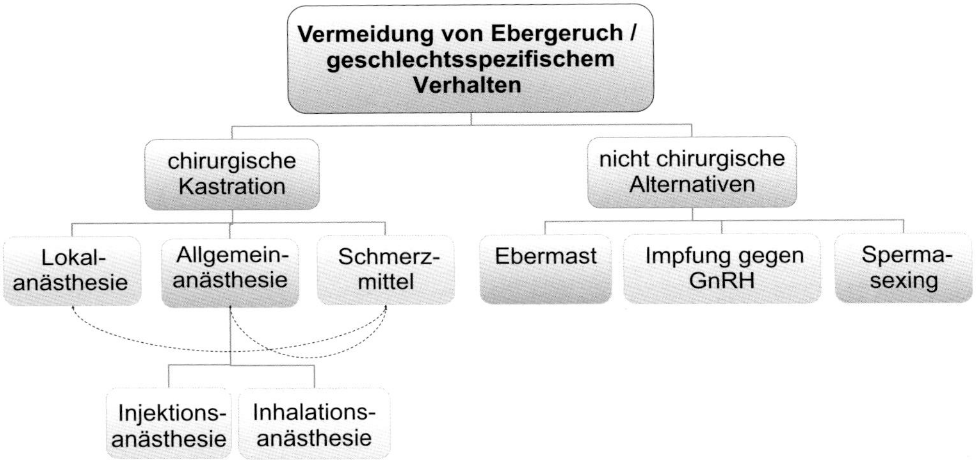

Abb. 1: Alternativen zur konventionellen Saugferkelkastration
Alternative methods for the prevention of boar taint

2.1 Chirurgische Kastration vs. nicht chirurgische Alternativen

Bei allen Verfahren mit chirurgischer Kastration sollen die Schmerzen und der Stress des Eingriffs durch Anästhetika und/oder Analgetika reduziert oder vollständig eliminiert werden.

Man kann zwei Phasen der Schmerzempfindung unterscheiden. Zum einen den akuten intraoperativen Schmerz, der durch die mechanische Stimulation der Schmerzrezeptoren entsteht. Dieser kann durch die Allgemein- und Lokalanästhesie kontrolliert werden (LÖSCHER 2006). Zum anderen treten postoperative Schmerzen auf, die vor allem durch die Entzündungsreaktion im geschädigten Gewebe entstehen. Eine periphere und zentrale Sensibilisierung der Schmerzbahnen führt zu einer länger andauernden Hyperalgesie und Allodynie (IASP, 1994; SANN, 2005; VIÑUELA-FERNÁNDEZ et al. 2007). Postoperative Schmerzen werden in erster Linie durch Analgetika, z.B. Nicht-Opioid-Analgetika, reduziert. Durch eine länger anhaltende Allgemein- oder Lokalanästhesie können die postoperativen Schmerzen ebenfalls kontrolliert werden (HENKE und ERHARDT 2004; LÖSCHER 2006).

Vorteile Kastration:
- garantiert kein Ebergeruch
- Verhalten ist ruhiger, weniger aggressive Interaktionen

Nachteile Kastration :
- Schmerz und Stress
- Wunden sind eine potenzielle Eintrittspforte für pathogene Erreger (Langzeitfolgen?)

(CLAUS 1976; DE KRUIJEF und WELLING 1988; CRONIN et al. 2003; DORAN et al. 2004; LÖSEL 2006).

2.2 Chirurgische Kastration

Kastration unter Allgemeinanästhesie – Injektionsanästhesie

Für die Injektionsanästhesie beim Schwein steht zurzeit **Ketamin** in Kombination mit **Azaperon** zur Verfügung. Andere Injektionsanästhetika haben sich bisher nicht bewährt und werden derzeit nicht diskutiert. Größter Diskussionspunkt ist hier die lange Wirkungsdauer der Medikamente und die damit einhergehenden Risiken für die Ferkel. Die Abgabe von Ketamin an den Landwirt wird von den meisten Fachleuten völlig ausgeschlossen.

Vorteile:
- Ketamin wirkt analgetisch, intra- und z.T. postoperative Schmerzreduktion
- mehr Ruhe bei der Arbeit, Ferkel schreien nicht

Nachteile:
- Narkose ist dem Tierarzt vorbehalten
- erhöhte Kosten (Medikamente, Tierarzt)
- erhöhter Zeitaufwand
- lange Nachschlafzeit (bis 4 Stunden)
  → Gefahr der Unterkühlung, des Erdrückens und des vermehrten Auftretens von Wundheilungsstörungen (Separierung nötig)
  → Auslassen von Säugephasen (Energie- und Immunglobulindefizit)
- regelmäßig keine vollständige chirurgische Toleranz (ca. 30 %)
- erhöhte Saugferkelverluste (bis 3 %)

(WALDMANN et al. 1994; LAHRMANN et al. 2006; AXIAK et al. 2007; KUPPER und SPRING 2008).

Kastration unter Allgemeinanästhesie – Inhalationsanästhesie

In der Schweiz wird das Narkosegas Isofluran favorisiert, das nach Umwidmung beim Schwein angewendet werden darf. Die Kosten für den Narkoseapparat sind relativ hoch. Anteile der beiden auf dem Markt verfügbaren Narkosegeräte (MS Pigsleeper®, Fa. Schippers GmbH, Kerken und Pignap®, Fa. Agrocomp GmbH, Andwil SG) könnten überbetrieblich verwendet werden, wobei sich die Kosten für den Einzelbetrieb reduzieren (BURREN 2008; JÄGGIN und BURREN 2008; KUPPEN und SPRING 2008). Das Ziel in der Schweiz ist es dieses Verfahren durch den Landwirt selbst durchführen zu lassen.

Vorteile:
- sehr kurze Nachschlafzeit (ca. 2 Minuten)
- gute relaxierende und hypnotische Wirkung (über 90 % der Tiere ohne Abwehrbewegungen)
- mehr Ruhe bei der Arbeit, Ferkel schreien nicht

Nachteile:
- Narkose ist dem Tierarzt vorbehalten
- deutlich erhöhte Kosten (Geräteanschaffung und -erhaltung (20 % bis 75 % der Kosten), Medikamente, Tierarzt)
- erhöhter Zeitaufwand

- Schmerzausschaltung nur intraoperativ (kurze Phase der Hypnose)
- Schaden für Umwelt und Anwender?
- Nutzungsdauer der Geräte unbekannt

(WALKER et al. 2004; HODGSON 2007; SCHULZ et al. 2007 a, b; JÄGGIN und KUPPER 2008; KUPPER 2008; KUPPER und SPRING 2008; RAAFLAUB et al. 2008).

Die **CO_2-Narkose** war lange Zeit als nicht tierschutzkonform abgelehnt worden. Nach Ergebnissen einer Arbeitsgruppe aus den Niederlanden, wird diese Methode jetzt vor allem dort als geeignetes Anästhesieverfahren angesehen (KLUIVERS-POODT et al. 2007). Vorteile der CO_2-Narkose gegenüber der Narkose mit Isofluran sind das kostengünstigere Narkosegerät (MS Pigsleeper®, Fa. Schippers GmbH, Kerken) und dass CO_2 primär kein Narkosegas ist, und somit theoretisch an den Landwirt abgegeben werden darf.

Vorteile:
- kurze Nachschlafzeit
- gute hypnotische und analgetische Wirkung

Nachteile:
- evtl. gilt auch hier: Narkose ist dem Tierarzt vorbehalten
- erhöhte Kosten (Medikamente, Tierarzt, Narkosegerät)
- erhöhter Zeitaufwand
- z. T. starke Abwehrbewegungen, Maulatmung und Schreien bei der Einleitung; Zyanosen und Schnappatmung in der Aufwachphase
- ACTH-Spiegel und β-Endorphinwerte bei den anästhesierten Tieren höher als bei der Kastration ohne Betäubung
- erhöhte Saugferkelverluste bei falscher Dosierung
- Schmerzausschaltung nur intraoperativ
- Schaden für Umwelt?
- Nutzungsdauer der Geräte unbekannt

(KOHLER et al. 1998; STEENBLOCK 2002; SVENDSEN 2006; KLUIVERS-POODT et al. 2007).

Kastration unter Lokalanästhesie

Die Kastration unter Lokalanästhesie wird in Norwegen seit 2002 hauptsächlich praktiziert. Untersuchungen zeigen, dass der intraoperative Schmerz bei den meisten Ferkeln gut kontrolliert wird, sich diese aber postoperativ mitunter noch schmerzhafter zeigen.

Vorteile:
- intraoperative Schmerzausschaltung (weniger Abwehrbewegungen, Vokalisation, etc.)

Nachteile:
- Narkose ist dem Tierarzt vorbehalten
- erhöhte Kosten (Tierarzt (ca. 80 % der Kosten), Medikamente)
- erhöhter Zeitaufwand
- keine Stressminimierung (zusätzlich bei der Injektion der LA)
- z. T. Schmerzreaktionen während der Injektion
- nicht immer vollständige Schmerzausschaltung (ca. 10 %)
- Kortisolspiegel steigen bei den anästhesierten Tieren sehr schnell nach der Kastration an
- postoperativ Zunahme der schmerzbedingten Verhaltensänderungen

(WALDMANN et al. 1994; WHITE et al. 1995; GUTZWILLER 2003; FREDRIKSEN und NAFSTAD 2006; SVENDESEN 2006; ZANKL et al. 2007; KLUIVERS-POODT et al. 2007).

Kastration nach Applikation von NSAID

Der Einsatz der Schmerzmittel zielt überwiegend auf die Reduktion der postoperativen Schmerzen. Diese sollten auch in Kombination mit beschriebenen Anästhesieverfahren angewendet werden, welche nur intraoperativ eine Schmerzreduktion hervorrufen. Im Sinne einer präemptiven Analgesie sollten die Medikamente vor dem eigentlichen Schmerzereignis appliziert werden, um dem Sensibilisierungsprozess im Schmerzleitungssystem entgegenzuwirken (HENKE und ERHARDT 2004).

Vorteile:
- postoperative Schmerzreduktion (Verhaltensänderungen, Kortisolspiegel ähnlich den nicht kastrierten Tieren)
- kann vom Landwirt appliziert werden
- sofortiger Einsatz möglich

Nachteile:
- erhöhte Kosten (Medikamente)
- erhöhter Zeitaufwand
- keine Stressminimierung
- keine intraoperative Schmerzkontrolle

(ZÖLS et al. 2006; LANGHOFF 2008; KLUIVERS-POODT et al. 2007).

2.3 Nicht chirurgische Alternativen

Bei der **Ebermast** und der **Impfung gegen GnRH** ergeben sich, wie beschrieben, verschiedene Vorteile durch den Verzicht auf die Kastration. Es können aber auch Nachteile aus diesen Verfahren entstehen.

Ebermast

Länder wie Großbritannien, Irland und zum Teil auch Spanien praktizieren bereits die Ebermast. Da das Auftreten von Ebergeruch mit der Geschlechtsreife korreliert werden die Eber regulär mit etwa 80 kg Körpergewicht geschlachtet. Das Auftreten von Ebergeruch kann aber auch in dieser niedrigeren Gewichtsklasse nicht ausgeschlossen werden (ALDAL et al. 2005). In Ländern mit Ebermast scheint es kein merkliches Problem mit geruchsbelastetem Fleisch zu geben, wobei die Gründe hierfür in den niedrigeren Schlachtgewichten, Rasse- und Managementunterschieden (Lichtprogramme), der Wahrnehmungsfähigkeiten der Konsumenten und deren Geschmacksgewohnheiten liegen können (BONNEAU 2006; LÖSEL 2006). Andere Untersuchungen belegen aber, dass „geruchsbelastetes“ Schweinefleisch in den meisten europäischen Ländern nicht zu vermarkten ist und dem Image Schweinefleisch schaden kann (BONNEAU et al. 2000; MATTHEWS et al. 2000; WEILER et al. 2000). Geforscht wird entsprechend den Ebergeruch auf genetischer Ebene zu verhindern, sowie über Management und Fütterung Einfluss auf die Ausprägung zu nehmen (ZAMARATSKAIA et al. 2005; JENSEN 2006; SQUIRES 2006). Eine wichtige Voraussetzung für die Vermarktung ist eine routinemäßige Detektion auf Ebergeruch bei der Schlachtung. Jedoch steht zurzeit noch keine am Schlachthof einsatzfähige Detektionsmethode zur Verfügung.

(XUE et al. 1997; XUE und DIAL 1997; SATHER et al. 1999; DIJKSTERHUIS et al. 2000; GIERSING et al. 2000; CRONIN et al. 2003; BAUMGARTNER et al. 2004; AMPUERO und BEE, 2006; GIERSING et al. 2006; HAUGEN et al. 2008; JENSEN 2006; KUPPER und SPRING 2008).

Impfung gegen GnRH

Die Schweine werden bei diesem Verfahren aktiv gegen GnRH immunisiert und so nach zweimaliger Impfung die FSH- und LH-Bildung unterdrückt. Die Bildung von Geschlechtshormonen und Androstenon wird reversibel verhindert (BONNEAU et al. 1994; DUNSHEA et al. 2001; JAROS et al. 2005; ZAMARATSKIA et al. 2008). Bis die Wirkung der zweiten Impfung einsetzt, werden die Tiere als intakte Eber mit allen Vor- und Nachteilen der Ebermast gehalten (Schlachtkörperqualität, Verhalten, etc.). Der Impfstoff Improvac® (Fa. Pfizer, Berlin) ist seit 1998 in Australien und Neuseeland, seit 2005 in verschiedenen Ländern Südamerikas und Asiens sowie inzwischen in Europa zugelassen.

(BONNEAU et al. 1994; DUNSHEA et al. 2001; OLIVER et al. 2003; EINARSSON 2006; JAROS et al. 2005; RAAFLAUB et al. 2008; ZAMARATSKIA et al. 2008).

Spermasexing

Beim Spermasexing werden X- bzw. Y-Chromosomen selektiert, um nur weibliche Nachkommen zu erzeugen. Die Durchflusszytometrie, bei der aufgrund der unterschiedlichen DNA-Gehalte von X- und Y-Chromosomen, die Spermien fluoreszierend markiert und selektiert werden, ist beim Schwein keine praxisreife Methode (JOHNSON et al. 2005). Für einen zufriedenstellenden Erfolg werden beim Schwein ca. 2 Milliarden motile Spermien benötigt. Zurzeit stehen Apparate mit einer Kapazität von 15 Millionen Spermien pro Stunde zur Verfügung. Daher kann weder kurz- noch mittelfristig von einer praxisreifen Methode ausgegangen werden (JOHNSON et al. 2005; MARTINEZ et al. 2005; HOFMO 2006; VAZQUEZ et al. 2009).

2.4 Wie geht es weiter?

Basierend auf den bisherigen Informationen aus den PIGCAS Meetings werden kurz- und langfristige Ziele wie folgt formuliert:

kurzfristige Ziele:
- chirurgische Kastration mit Anästhesie/Analgesie
- Impfung gegen Ebergeruch

langfristige Ziele:
- Ebermast
- Spermasexing

Die Alternativen der kurzfristigen Ziele sollen gleichermaßen Anwendung finden können. Es kann sehr stark von den einzelnen Betrieben abhängen welches dieser Verfahren am besten geeignet ist. Beispielhaft kann die Betriebsgröße oder die Betriebsart (Mäster, Ferkelerzeuger, kombinierten Betrieb) entscheidend sein. In diesem Bereich fordert PIGCAS Machbarkeitsstudien zur Umsetzbarkeit der verschiedenen Alternativen im Schweinebestand.

3 Literatur

ALDAL, I.; ANDRESEN, Ø.; EGELI, A. K.; HAUGEN, J.-E.; GRØDUM, A.; FJETLAND, O.; EIKAAS, J. L. H. (2005): Levels of androstenone and skatole and the occurrence of boar taint in fat from young boars. Livest. Prod. Sci. 95, S. 121–129

AMPUERO, S.; BEE, G. (2006): The potential to detect boar tainted carcasses by using an electronic nose based on mass spectrometry. Acta Vet. Scand. 48, 1

AXIAK, S. M.; JÄGGIN, N.; WENGER, S.; DOHERR, M. G.; SCHATZMANN, U. (2007): Anaesthesia for castration of piglets: Comparison between intranasal and intramuscular application of ketamine, climazolam and azaperone. Schweiz. Arch. Tierheilk. 149, S. 395–402

BAUMGARTNER, J., BINDER, R.; HAGMÜLLER, W.; HOFBAUER, P.; IBEN, C.; SCALA, U. S.; WINCKLER, C. (2004): Aktuelle Aspekte der Kastration männlicher Ferkel, 2. Mitteilung: Alternativmethoden zur chirurgischen Kastration und zusammenfassende Bewertung. Wien. Tierärztl. Mschr. 91, S. 198–209

BONNEAU, M., DUFOUR, R.; CHOUVET, C.; ROULET, C.; MEADUS, W.; SQUIRES, E. J. (1994): The effects of immunization against luteinizing hormone-releasing hormone on performance, sexual development, and levels of boar taint-related compounds in intact male pigs. J. Anim. Sci. 72, S. 14–20

BONNEAU, M., WALSTRA, P.; CLAUDI-MAGNUSSEN, C.; KEMPSTER, A. J.; TORNBERG, E.; FISCHER, K.; DIESTRE, A.; SIRET, F.; CHEVILLON, P.; LAUS, R.; DIJKSTERHUIS, G.; PUNTER, P.; MATTHEWS, K. R.; AGERHEM, H.; BÉAGUE, M.-P.; OLIVER, M. A.; GISBERT, M.; WEILER, U.; VON SETH, G.; LEASK, H.; FONT I FURNOLS M.; HOMER, D. B.; COOK, G.L. (2000): An international study on the importance of androstenone and skatole for boar taint: IV. Simulation studies on consumer dissatisfaction with entire male pork and the effect of sorting carcasses on the slaughter line, main conclusions and recommendations. Meat Sci. 54, S. 285–295

BONNEAU, M. (2006): Factors affecting the level of androstenone. Acta Vet. Scand. 48, 7

BURREN, C. (2008): Praxistaugliche Geräte für Inhalationsnarkose. Schweizer Bauer. Dossier 20

CLAUS, R. (1976): Messung des Ebergeruchstoffes im Fett von Schweinen mittels eines Radioimmunotests. 2. Mitteilung: Zeitlicher Verlauf des Ebergeruchdepotabbaus nach der Kastration. Z. Tierz. Züchtungsbio. 193, S. 38–47

CRONIN, G. M.; DUNSHEA, F. R.; BUTLER, K. L.; MCCAULY, I.; BARNETT, J. L.; HEMSWORTH, P. H. (2003): The effects of immuno- and surgical castration on the behaviour and consequently growth of group-housed, male finisher pigs. Appl. Anim. Behav. Sci. 81, S. 111–126

DE KRUIJF, J. M., WELLING, A. A. (1988): Incidence of chronic inflammations in gilts and castrated boars. Tijdschr Diergeneeskd. 113, S. 415–417. Zitiert nach EFSA, 2004

DIJKSTERHUIS, G. B.; ENGEL, B.; WALSTRA, P.; FONT I FURNOLS, M.; AGERHEM, H.; FISCHER, K.; OLIVER, M. A.; CLAUDI-MAGNUSSEN, C.; SIRET, F.; BÉAGUE, M. P.; HOMER, D. B.; BONNEAU, M. (2000): An international study on the importance of androstenone and skatole for boar taint: II.Sensory evaluation by trained panels in seven European countries. Meat Sci. 54, S. 261–269

DORAN, E., WHITTINGTON, F. M.; WOOD, J. D.; MYGIVAN, J. D. (2004): Characterisation of androstenone metabolism in pig liver microsomes. Chem. Biol. Interact. 147, S. 141–149

DUNSHEA, F. R., CLOANTONI, C.; HOWARD, K.; MCCAULEY, I.; JACKSON, P.; LONG, K.A.; LOPATICKI, S.; NUGENT, E. A.; SIMONS, J. A.; WALKER, J.; HENNESSY, D. P. (2001): Vaccination of boars with a GnRH vaccine (Improvac) eliminates boar taint and increases growth performance. J. Anim. Sci. 79, S. 2524–2535

EFSA (2004): Welfare aspects of the castration of piglets. Scientific Report of the Scientific Panel for Animal Health and Welfare on a request from the Commission related to welfare aspects of the castration of piglets. The EFSA Journal 91, S. 1–100

EINARRSON, S. (2006): Vaccination against GnRH: pros and cons. Acta Vet. Scand. 48 (Suppl 1), 10

FREDERIKSEN, B.; NAFSTAD, O. (2006): Surveyed attitudes, perceptions and practices in Norway regarding the use of local anaesthesia in piglet castration. Res. Vet. Sci. 81, S. 293–295

GIERSING, M., LUNDSTRÖM, K.; ANDERSSON, A. (2000): Social effects and boar taint: significance for production of slaughter boars (Sus scrofa). J. Anim. Sci. 78, S. 296–305

GIERSING, M., LADEWIG, J.; FORKMAN, B. (2006): Animal welfare aspects of preventing boar taint. Acta Vet. Scand. 48, 3

GUTZWILLER, A. (2003): Kastration von männlichen Ferkeln unter Lokalanästhesie. Agrarforschung 10, S. 10–11

Haugen, J.E., Lundby, F.; Wäckers, F.; Olson, D.; Kauppinen, I.; Ferber, A.; De Wiel, D.; Briens M. (2008): Rapid detection methods for boar taint; fast GC, FTIR-PAS and Biosensing: EAAP meeting / PIGCAS integration seminar, Girona, Spanien, 26.-28.03.2008, Vortragsband, S. 14–15

Hay, M.; Vulin, A.; Génin, S.; Sales, P.; Prunier, A. (2003): Assessment of pain induced by castration in piglets: behavioral and physiological responses over the subsequent 5 days. Appl. Anim. Behav. Sci. 82, S. 201–218

Henke, J.; Erhardt, W. (2004): Analgesie. In: W. Erhardt, J. Henke und J. Haberstroh (Hrsg). Anästhesie und Analgesie beim Klein- und Heimtier sowie bei Vögeln, Reptilien, Amphibien und Fischen. Schattauer Verlag, Stuttgart, New York, S. 369–405

Hodgson, D. (2007): Comparison of isoflurane and sevoflurane for short-term anaesthesia in piglets. Vet. Anaesth. Analg. 34, S. 117–124

Hofmo, P. O. (2006): Sperm sorting and low-dose insemination in the pig – an update. Acta Vet. Scand. 48, 11

Horn, T., Marx, G.; von Borell, E. (1999): Verhalten von Ferkeln während der Kastration mit und ohne Lokalanästhesie. Dtsch. Tierärztl. Wschr. 106, S. 271–274

IASP - International Association for the study of pain (1994): Pain Terminology. IASP Press, S. 209–214

Jäggin, N.; Burren, C. (2008): Beurteilung von Geräten für die Inhalationsanästhesie zur Schmerzausschaltung bei der chirurgischen Kastration von Ferkeln. Akzeptanz alternativer Methoden zur konventionellen Ferkelkastration ohne Schmerzausschaltung (TP9a Inhalationsnarkose). Schweizerische Hochschule für Landwirtschaft (SHL), Zollikofen, 18.12.2008

Jäggin, N.; Kupper, T. (2008): Beurteilung der Inhalationsanästhesie zur Schmerzausschaltung bei der chirurgischen Kastration von Ferkeln. Alternative Methoden zur konventionellen Ferkelkastration ohne Schmerzausschaltung (TP9a Inhalationsnarkose). Schweizerische Hochschule für Landwirtschaft (SHL), Zollikofen, 31.03.2008

Jaros, P., Bürgi, E.; Stärk, K. D. C.; Claus, R.; Hennessy, D.; Thun, R. (2005): Effect of active immunization against GnRH on androstenone concentration, growth performance and carcass quality in intact male pigs. Livestock Prod. Sci. 92, S. 31–38

Jensen, B. B. (2006): Prevention of boar taint in pig production. Factors affecting the level of skatole. Acta Vet. Scand. 48, 6

Johnson L. A.; Rath, D.; Vazquez, J. M.; Maxwell, W. M. C.; Dobrinsky, J. R. (2005): Preselection of sex of offspring in swine for production: current status of the process and its application. Theriogenology 63, S. 615–624

Kluivers-Poodt, M.; Hopster, H.; Spoolder, H. A. M. (2007): Castration under anaesthesia and/or analgesia in commercial pig production. Report 85, Animal Sciences Group, Wageningen-UR, Netherlands

Kohler, I., Moens, Y.; Busato, A.; Blum, J.; Schatzmann, U. (1998): Allgemeinnarkose für die Ferkelkastration: Vergleich der Halothan-Inhalationsnarkose mit Kohlendioxid (CO_2). Zbl. Vet. Med. A45, S. 625-633

Kupper, T. (2008): Umweltverträglichkeit von Isofluran für die Anwendung der Inhalationsanästhesie zur Kastration von Ferkeln in der Schweiz. Beurteilung und Empfehlungen. Alternative Methoden zur konventionellen Ferkelkastration ohne Schmerzausschaltung (TP9a Inhalationsnarkose). Schweizerische Hochschule für Landwirtschaft (SHL), Zollikofen, 31.03.2008

Kupper, T., Spring, P. (2008): Alternative Methoden zur konventionellen Ferkelkastration ohne Schmerzausschaltung. Projekt ProSchwein Synthesebericht. Schweizerische Hochschule für Landwirtschaft (SHL), Zollikofen, 31.03.2008

Lahrmann, K. H.; Kmiecz, M.; Stecher, R. D. (2006): Die Saugferkelkastration mit der Ketamin/Azaperon-Allgemeinanästhesie: tierschutzkonform, praktikabel, aber wirtschaftlich? Prakt. Tierarzt 87, S. 802–809

LAMBOOIJ, E. (1990): The use of CO_2 for stunning of slaughter pigs; Report of a meeting of experts. IVO B-Rapport Zeist, S. 1173–1177

LANGHOFF, R. (2008): Untersuchungen über den Einsatz von Schmerzmitteln zur Reduktion kastrationsbedingter Schmerzen beim Saugferkel. Diss. med. vet. München

LESSARD, M.; TAYLOR, A. A.; BRAITHWAITE, L.; WEARY, D. M. (2002): Humoral and cellular immune responses of piglets after castration at different ages. Can. J. Anim. Sci. 82, S. 519–526

LÖSCHER, W. (2006): Pharmaka mit Wirkung auf das Zentralnervensystem. In: W. Löscher, F.R. Ungemach, R. Kroker (Hrsg.). Pharmakotherapie bei Haus- und Nutztieren. Parey-Verlag, Stuttgart, 7. Auflage, S. 63–124

LÖSEL, D. (2006): Versuche zur Verbesserung der sensorischen Fleischqualität beim Schwein durch nutritive Hemmung der Skatolbildung. Rer. nat. Diss. Hohenheim

MARX, G.; HORN, T.; THIELEBEIN, J.; KNUBEL, B.; VON BORELL, E. H. (2003): Analysis of pain-related vocalization in young pigs. Journal of Sound and Vibration 266, S. 687–698

MATTHEWS, K. R.; HOMER, D. B.; PUNTER, P.; BÉAGUE, M.-P.; GISPERT, M.; KEMPSTER, A. J.; AGERHEM, H.; CLAUDI-MAGNUSSEN, C.; FISCHER, K.; SIRET, F.; LEASK, H.; FONT I FURNOLS, M.; BONNEAU, M. (2000): An international study on the importance of androstenone and skatole for boar taint: III. Consumer survey in seven European countries. Meat Sci. 54, S. 271–283

MARTINEZ, E. A.; VAZQUEZ, J. M.; ROCA, J.; CUELLO, C.; GIL, M. A.; PARRILLA, I.; VAZQUEZ, J. L. (2005): An update on reproductive technologies with potential short-term application in pig production. Reprod. Dom. Anim. 40, S. 300–309

OLIVER W. T.; MCCAULEY, I.; HARRELL, R. J.; SUSTER, D.; KERTON, D. J.; DUNSHEA, F. R. (2003): A gonadotropin-releasing factor vaccine (Improvac) and porcine somatotropin have synergistic and additive effects on growth performance in group-housed boars and gilts. J. Anim. Sci. 81, S. 1959–1966

RAAFLAUB M.; GENONI, M.; KAMPF, D. (2008): Wirtschaftliche Auswirkungen von alternativen Methoden zur Kastration von Ferkeln ohne Schmerzausschaltung. Alternative Methoden zur konventionellen Ferkelkastration ohne Schmerzausschaltung (TP1 Wirtschaftliche Auswirkungen). Schweizerische Hochschule für Landwirtschaft (SHL), Zollikofen, 23.04.2008

RAJ, A. B. M.; GREGORY, N. G. (1995): Welfare implications of the gas stunning of pigs 1. Determination of aversion to the initial inhalation of carbon dioxide or argon. Anim. Welf. 4, S. 273–280

SANN, H. (2005): Nozizeption und Schmerz. In: W. v. Engelhardt und G. Breves (Hrsg). Physiologie der Haustiere. Enke-Verlag, Stuttgart, 2. Auflage, S. 74–78

SATHER, A. P.; JEREMIAH, L. E.; SQUIRES, E. J. (1999): Effects of castration on live performance, carcass yield, and meat quality of male pigs fed wheat or corn based diets. Journal of Muscle Foods 10, S. 245–259

SCHULZ, C.; RITZMANN, M.; PALZER, A.; HEINRITZI, K.; ZÖLS, S. (2007 a): Auswirkung einer Isofluran-Inhalationsnarkose auf den postoperativen Kastrationsschmerz von Ferkeln. Berl. Münch. Tierärztl. Wochenschr. 120, S. 177–182

SCHULZ, C.; RITZMANN, M.; PALZER, A.; OTTEN, W.; HEINRITZI, K. (2007 b): Verlauf der Noradrenalin- und Adrenalinkonzentrationen vor und nach der Kastration von Saugferkeln mit und ohne Isofluran-Narkose. Dtsch. tierärztl. Wschr. 114, S. 453–458

SQUIRES, E. J. (1999): Genetics of boar taint: implications for the future use of intact males. Proc. from the 1999 Annual Conference and Meeting of the National Swine Improvement Federation (NSIF), 24: Des Moines, Iowa

SQUIRES, E. J. (2006): Possibilities for selection against boar taint. Acta Vet. Scand. (Suppl. 1),1–8.

STEENBLOCK, I. (2002): Untersuchungen zur Betäubung von Kastrationsferkeln mit Kohlendioxid und Kohlendioxid/Argon und zur postoperativen Belastung. Vet. med. Diss. Bern

Svendsen, O. (2006): Castration of piglets under CO_2 anaesthesia. Proc. 19th Int. Pig Vet. Soc. Congr. 2006, Copenhagen, Denmark, Vol. 1, 290

Vazquez, J. M.; Parrilla, I.; Roca, J.; Gil, M. A.; Cuello, C. J.; Vazquez, J. L.; Martinez, E. A. (2009): Sex-sorting sperm by flow cytometry in pigs: Issues and perspectives. Theriogenology, 71, S. 80-88

Vinuela-Fernandez, I.; Jones, E.; Welsh, E. M.; Fleetwood-Walker, S. M. (2007): Pain mechanisms and their implication for the management of pain in farm and companion animals. Vet. J. 174, S. 227–239

Waldmann, K. H.; Otto, K.; Bollwahn, W. (1994): Ferkelkastration - Schmerzempfindung und Schmerzausschaltung. Dtsch. tierärztl. Wschr. 101, S. 105–109

Walker, B.; Jäggin, N.; Doherr, M.; Schatzmann, U. (2004): Inhalation anaesthesia for castration of newborn piglets: experiences with isoflurane and isoflurane/NO. J. Vet. Med. A. 51, S. 150–154

Weiler, U.; M. Font i Furnols, M.; Fischer, K.; Kemmer, H.; Oliverm M. A.; Gispert, M.; Dobrowolski, A.; Claus, R. (2000): Influence of differences in sensitivity of Spanish and German consumers to perceive androstenone on the acceptance of boar meat differing in skatole and andeostenone concentrations. Meat Sci. 54, S. 297–304

White, R. G.; Deshazer, J. A.; Tressler, C. J.; Borcher, G. M.; Davey, S.; Waninge, A.; Parkhurst, A. M.; Milanuk, M. J.; Clemens, E. T. (1995): Vocalization and physiological response of pigs during castration with or without a local anesthetic. J. Anim. Sci. 73, S. 381–386

Xue, J. L.; Dial, G. D.; Pettigrew, J. E. (1997): Performance, carcass, and meat quality advantages of boars over barrows: A literature review. Swine Health Prod. 5, S. 21–28

Xue, J. L.; Dial, G. D. (1997): Raising intact male pigs for meat: Detecting and preventing boar taint. Swine Health Prod. 5, S. 151–158

Zamaratskaia, G.; Babol, J.; Andersson, H. K.; Andersson, K.; Lundström, K. (2005): Effect of live wight and dietary supplement of raw potato starch on the levels of skatole, androstenone, testosterone and oestrone sulphate in entire male pigs. Livest. Prod. Sci. 93, S. 235–243

Zamaratskaia G.; Andersson, H. K.; Chen, G.; Andersson, K.; Madej, A.; Lundström K.; (2008): Effect of a gonadotropin-releasing hormone vaccine (Improvac) on steroid hormones, boar taint compounds and performance in entire male pigs. Reprod. Domest. Anim. 43, S. 351–359

Zankl, A.; Ritzmann, M.; Zöls, S.; Heinritzi, K. (2007): Untersuchungen zur Wirksamkeit von Lokalanästhetika bei der Kastration von männlichen Saugferkeln. Dtsch. tierärztl. Wschr. 114, S. 418–422

Zöls, S.; Ritzmann, M.; Heinritzi, K. (2006): Einfluss von Schmerzmitteln bei der Kastration männlicher Ferkel. Berl. Münch. Tierärztl. Wochenschr. 119, S. 193–196

Mathias Ritzmann, Rebecca Langhoff, Andrea Barz
Klinik für Schweine, Vetmeduni Wien, Veterinärplatz 1, A-1210 Wien
Susanne Zöls, Anke Zankl, Cornelia Schulz, Isabel Mühlbauer, Andreas Palzer, Karl Heinritzi
Klinik für Schweine, LMU München, Sonnenstr. 16, D-85764 Obeschleissheim

Einfluss von Analgesie und Anästhesie auf das Verhalten und die Saugordnung von Ferkeln nach der Kastration

Impact of anaesthesia and analgesia on post–castration behaviour and teat order of piglets

Tatjana Schmidt, Aniko König, Eberhard von Borell

Zusammenfassung

Die Injektionsanästhesie mit Ketamin/Azaperon (K/A) wird als tierschutzkonforme Alternative zur betäubungslosen Ferkelkastration diskutiert. Um die anästhesierten Tiere vor Erdrückung zu schützen, müssen sie nach der Kastration für drei Stunden von der Sau separiert werden. Das Ziel dieser Studie war es, den Effekt dieser Separierung und verschiedener Medikationen auf das post-operative Ferkelverhalten sowie die Gewichtszunahme zu untersuchen. Eine Kombination aus K/A Anästhesie (Ursotamin®, 25 mg/kg; Stresnil®, 2 mg/kg) und Analgesie (Metacam®, 0,4 mg/kg) wurde Ferkeln im Alter von fünf bis sieben Tagen appliziert (Anästhesie + Analgesie: **Gruppe 1** [n = 29], Analgesie: **Gruppe 2** [n = 24], Kontrolle: **Gruppe 3** [n = 29]). Das Verhalten und die Saugordnung wurden für jeweils eine Periode von drei Stunden vor und nach der Kastration verglichen.

Der höchste Anteil an Ferkeln, die einen Wechsel ihrer bevorzugten Zitze zeigten, trat bei den anästhesierten Tieren auf, wobei jedoch der Unterschied nicht signifikant war (Gruppe 1: 28 %; Gruppe 2: 16 %; Gruppe 3: 17 %). In der Gruppe 2 zeigte kein Tier einen Wechsel in Richtung einer „rangniederen" Zitzenposition (nach posterior), während 10 % der anästhesierten und 14 % der Kontrolltiere ihre bevorzugte Zitzenposition nach der 3-stündigen Separierung verloren. Alle Ferkel benutzten nach der Kastration/Separierung eine höhere Anzahl von Zitzen als vor der Kastration, was für eine Abnahme der Zitzenkonstanz spricht. Dieser Anstieg war jedoch nur für die anästhesierten Ferkel signifikant ($p = 0{,}004$). Die Zeitdauer, welche die Tiere nach der Kastration am Gesäuge verbrachten, unterschied sich signifikant. Die Gruppe 2 zeigte einen Anstieg in der Säugezeit (+ 69 %) nach der Separierung im Vergleich zur Periode vor der Kastration, wobei die Ferkel in der Gruppe 1 nach der Kastration weniger Zeit mit Saugen verbrachten (– 28 %; Gruppe 3: unverändert). Die anästhesierten Ferkel zeigten eine signifikant höhere Aktivität (außerhalb des Gesäugebereiches) mit einer Zunahme von fast 200 % nach der Kastration (Gruppe 2 und 3: ~ 50 %, $p < 0{,}001$). Die Gewichtszunahme an den Tagen nach der Kastration zeigte jedoch keinen Behandlungseffekt.

Die Ergebnisse lassen vermuten, dass Ferkel der Gruppe 2 durch die Schmerzbehandlung bevorteilt waren. Dieser positive Effekt der Analgesie auf das Saugverhalten nach der Kastration scheint jedoch in Gruppe 1 durch die Kombination mit der Anästhesie aufgehoben zu werden, was durch die beeinträchtigende Wirkung der Anästhesie auf die Koordinationsfähigkeit hervorgerufen worden sein könnte. Eine verminderte Stabilität der Saugordnung kann Auslöser für Kämpfe zwischen den Ferkeln sein und zu einer reduzierten Milchaufnahme führen. Obwohl die Gewichtszunahme nicht signifikant beeinflusst wurde, ist zu vermuten, dass ein Rückgang der Zitzenkonstanz mit einer erhöhten

Stressbelastung verbunden ist. Zusammengefasst zeigen die Ergebnisse, dass für eine Bewertung alternativer Kastrationsmethoden auch der Einfluss auf das Tierverhalten und das Wohlbefinden nach dem Eingriff einbezogen werden muss.

Summary

Injection anaesthesia with ketamine/azaperone (K/A) is discussed as a painless alternative to commonly used non-anaesthetised castration. To protect anaesthetised piglets from being crushed, they have to be separated from the sow for three hours following castration. The aim of this study was to test if this separation and the different treatments would affect behaviour after castration as well as weight gain. A combination of K/A anaesthesia (Ursotamin®, 25 mg/kg; Stresnil®, 2 mg/kg) and analgesia (Metacam®, 0.4 mg/kg) was used on five to seven day old piglets (anaesthesia+analgesia: **Group 1** [n = 29], analgesia: **Group 2** [n = 24], control: **Group 3** [n = 29]). Behaviour and suckling order were compared for a three hour period before castration and after reunion.

A change in the preferred teat position (PTP) occurred in 28 % of the animals in Group 1 (Group 2: 16 %; Group 3: 17 %) with a smaller number changing to a lower ranked teat position (Group 1: 10 %, Group 3: 14 %). None of the piglets receiving treatment 2 changed to a lower teat position (in posterior direction). A significantly higher number of teats used by anaesthetised piglets ($p = 0.004$) suggests a decrease in suckling order stability (SOS). There were significant treatment effects between all three groups in suckling duration, with an increase in Group 2 (+ 69 %), but decrease in piglets of Group 1 (– 28 %, Group 3: unchanged). The anaesthetised piglets showed an increase in activity (away from sow) after castration of almost 200 % (group 2 & 3: ~ 50 %, $p < 0.001$). However, no significant treatment effect was seen for weight gain.

The results suggest that analgesia has an effect on behaviour, perhaps due to less post-castration pain. This advantage is not apparent for animals receiving additional anaesthesia, probably because of impaired coordination. Although the behavioural changes did not affect weight gain significantly, a decrease in SOS indicates a certain degree of stress due to fighting over teat positions. Thus, post-castration behaviour must be taken into account when evaluating alternative castration methods.

1 Einleitung

Aus Tierschutzgründen werden bereits in einigen europäischen Ländern gesetzlich Alternativen zur betäubungslosen Ferkelkastration gefordert. Im EU- Bericht des Expertengremiums PIGCAS wird weitere Forschung auf dem Gebiet des Tierschutzes (welfare aspect) bei der Allgemeinanästhesie und Analgesie empfohlen (PIGCAS Report 2009; VON BORELL et al. 2009).

Untersuchungen von LAHRMANN et al. (2006) und KMIEC (2005) zeigen, dass eine Neuroleptanalgesie (Injektionsanästhesie mit Ketamin und Azaperon) die Abwehrbewegungen während der Kastration verringern, jedoch nicht immer verhindern kann. Als Alternative zur betäubungslosen Ferkelkastration bezeichnen sie diese Methode jedoch als tierschutzkonform und praxistauglich. Ein Nachteil dieser Allgemeinanästhesie ist die lange Nachschlafphase (ca. 3 h), die eine Separierung der Ferkel nötig macht, um sie vor Erdrückung durch die Sau zu schützen.

Verhaltensanalysen von Wemelsfelder und van Putten (1985) erfassten anhaltendes Schmerzverhalten sowie einen Rückgang in der Aktivität und im Spielverhalten bei kastrierten Ferkeln und sie schlossen daraus, dass Ferkel bis zu fünf Tage nach dem Eingriff noch Schmerzen haben. Ergebnisse von Mcglone et al. (1993) und Hay et al. (2003) zeigten, dass kastrierte Tiere am ersten Tag nach der Kastration weniger Zeit am Gesäuge verbrachten als nicht-kastrierte. Zonderland und Verbraak (2007) konnten keinen Unterschied zwischen dem post-operativen Verhalten von kastrierten Ferkeln *mit* vs. *ohne* Schmerzbehandlung (Meloxicam), oder nicht-kastrierten Ferkeln nachweisen. Llamas Moya et al. (2008) fanden, dass kastrierte Tiere (ohne Anästhesie oder Analgesie) direkt nach der Kastration weniger aktiv waren (walking) als nicht-kastrierte. Obwohl Verhaltensänderungen allein keine eindeutige Bewertung zulassen, scheinen Veränderungen in der Aktivität und im Saugverhalten von Ferkeln als Indikatoren für Schmerzen oder Stress aussagefähig zu sein.

In der EFSA Stellungnahme (2004) wird empfohlen, dass eine Anästhesie das Verhalten der Ferkel nach dem Eingriff so wenig wie möglich beeinflussen sollte. Dies wird auch in anderen Studien als wichtiger Faktor bei Alternativen zur betäubungslosen Kastration betrachtet (Mcglone et al. 1993; Prunier et al. 2006).

Das Ziel unserer Untersuchung war die Verhaltensanalyse von Ferkeln nach der Kastration mit einer Kombination von Allgemeinanästhesie (Ketamin/Azaperon [K/A]) und Analgesie (Meloxicam [M]) zur Beurteilung des Einflusses der Medikation und der Separierung auf das post-operative Verhalten.

2 Material und Methode

Der Versuch bezog 82 Ferkel (5 bis 7 Tage alt, > 2 kg, Hermitage x Piétrain) aus 29 Würfen in drei Behandlungen mit ein: Gruppe **1** (**Kombination**, n = 29) erhielt eine Kombination aus Anästhesie (K/A) und Analgesie (M); Gruppe **2** (**Metacam**, n = 24) erhielt nur die Schmerzbehandlung (M); Gruppe **3** (**Kontrolle**, n = 29) wurde als Kontrollgruppe ohne Medikation kastriert. Die Applikation der Medikamente (Ursotamin®, 25 mg/kg; Stresnil®, 2 mg/kg; Metacam®, 0,4 mg/kg) fand zehn Minuten vor der Kastration statt. Nach dem Eingriff wurden alle Ferkel während der Nachschlafphase zum Schutz vor Erdrückung innerhalb ihrer Bucht für drei Stunden durch ein Brett von der Sau separiert. Hinter dem Brett wurde ein zweites Ferkelnest mit Ferkelmatte und Wärmelampe errichtet, um die Tiere vor Hypothermie zu schützen. Verhaltensbeobachtungen erfolgten jeweils drei Stunden am Tag *vor* der Kastration und *nach* der Kastration (nach der Wiedervereinigung mit der Sau). Anhand von Videoaufnahmen wurden alle Fokustierbeobachtungen von nur einem Beobachter durchgeführt, welcher „blind“ für die Behandlungen war (die Zuordnung der Rückenmarkierungen war dem Beobachter nicht bekannt). Dabei wurde die Zeit verglichen, welche die Tiere mit Aktivität (Laufen/Stehen außerhalb des Gesäugebereiches) und am Gesäuge (liegend oder stehend mit der Schnauze am Gesäuge) verbrachten. Die Konstanz der Saugposition wurde anhand von zwei Kriterien bewertet:

1. In dem Beobachtungszeitraum vor der Kastration wurde die Saugposition (1–7, cranial nach causal) bestimmt, an welcher ein Ferkel die meiste Zeit verbrachte („bevorzugte Zitze", preferred teat position [PTP]) und mit der Position nach der Kastration/Separierung verglichen (Wechsel in Richtung *anterior* „ranghöher", *posterior* „rangniedriger").
2. Die Anzahl benutzter Zitzen (an denen ein Ferkel mehr als zwei Minuten pro drei Stunden Periode verbrachte) wurde gemessen und verglichen.

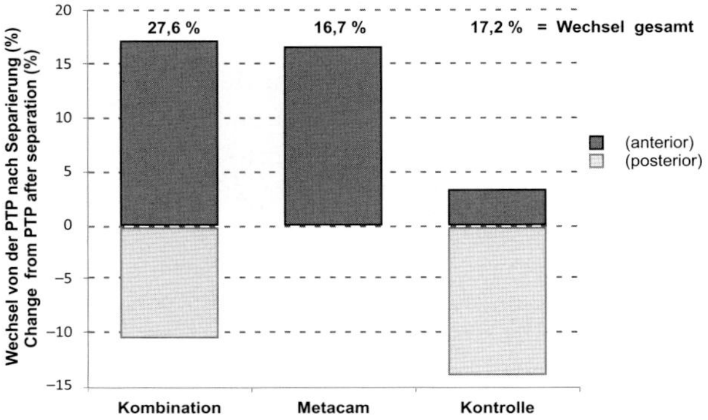

Abb. 1: Anteil der Ferkel (%), die nach der Kastration/ Separierung einen Wechsel ihrer bevorzugten Zitze (PTP) zeigten, in Richtung einer rangniederen (posterior) oder ranghöheren (anterior) Position

Proportion of piglets (%) changing from their preferred teat position (PTP) after castration/separation, to a lower (posterior) or higher (anterior) position

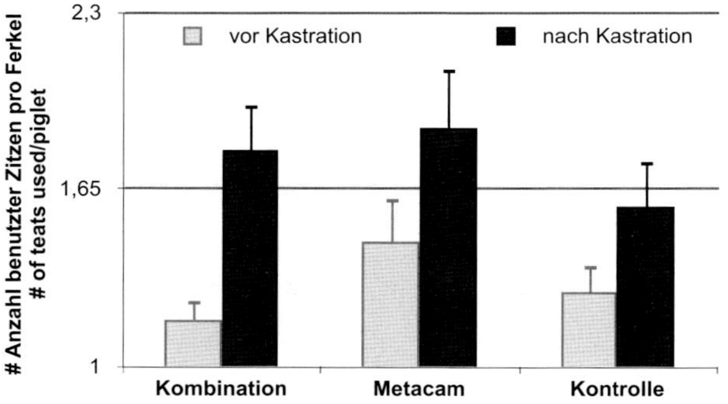

Abb. 2: Mittlere Anzahl benutzter Zitzen (#) pro Ferkel (länger als 2 min in 3 Stunden) vor und nach der Kastration (±SEM)

Average number (#) of teats used per piglet (longer than 2 min in 3 hours) before (light columns) and after (dark columns) castration (± SEM)

2.1 Statistische Auswertung

Die Zeitdauer, die Ferkel am Gesäuge und mit Aktivität verbrachten, wurde mit einem Linearen Gemischten Modell in SAS (9.1) ausgewertet. Die Behandlung (3 Ebenen) und die Zeitperiode (4 Ebenen) ging als fester Effekt in das Modell ein. Als Zufallseffekt wurden die Individuen genestet pro Wurf/Sau (29 Ebenen) berücksichtigt. Weil keine Normalverteilung vorlag, wurden die Analysen an den Rängen der Daten durchgeführt. Ein *vorher-nachher* Vergleich der Anzahl der benutzten Zitzen wurde mittels eines paarweisen Wilcoxon-Tests durchgeführt. Die Auswertung der PTP-Wechsel erfolgte mithilfe der logistischen Varianzanalyse (ANOVA). Zudem wurde ein Rangkorrelationskoeffizient nach Spearman für die Zitzenpositionen berechnet. Die Gewichtszunahmen wurden mit einfaktorieller ANOVA verglichen.

3 Ergebnisse

Der höchste Anteil an Ferkeln, die einen Wechsel von ihrer bevorzugten Zitze (PTP) zeigten, trat bei den anästhesierten Tieren auf, wobei der Unterschied nicht signifikant war (Gruppe 1: 27,5 %; Gruppe 2: 16,0 %; Gruppe 3: 17,2 %). In der Metacam-Gruppe zeigte kein Tier einen Wechsel in Richtung einer „rangniederen" Zitzenposition (anterior: hoch, posterior: niedrig), während 10,3 % der anästhesierten und 13,8 % der Kontrolltiere ihre bevorzugte Zitzenposition nach der 3-stündigen Separierung verloren (χ^2= 5.3, p = 0,07) (Abb. 1). Der Rangkorrelationskoeffizient (Spearman) zeigte mit r_s = 0,98, 0,88 und 0,90 für die Behandlungen Kontrolle, Metacam und Kombination eine hohe Übereinstimmung für die benutzen Zitzenpositionen vor und nach der Kastration.

Alle Ferkel benutzten nach der Kastration/Separierung eine höhere Anzahl von Zitzen als vor der Kastration. Dieser Anstieg war jedoch nur für die anästhesierten Ferkel signifikant (p = 0,004; Gruppe 2: p = 0,054; Gruppe 3: p = 0,068) (Abb. 2).

Die anästhesierten Tiere (Kombination) zeigten mit einer Differenz von fast 200 % (entspricht 31 min/3h) eine signifikant höhere Zunahme in der Aktivität (*nach* im Vergleich zu *vor* der Kastration) als die anderen beiden Behandlungen (Kontrolle: 49 %, Metacam: 52 %, p < 0,001), aber eine Abnahme von 27 % in der Säugezeit (Abb. 3). Die Ferkel mit Schmerzbehandlung (Metacam) verbrachten *nach* der Separierung 68 % mehr Zeit am Gesäuge (entspricht 19 min/3 h), während bei den Kontrolltieren kaum eine Differenz zur Periode *vor* der Kastration zu verzeichnen war (Abb. 3). Alle drei Behandlungen unterschieden sich signifikant in der Säugezeit (Gruppe 1–2: p < 0,001; Gruppe 2–3: p = 0,002, Gruppe 1–3: p = 0,018).

Die Gewichtszunahmen (Abb. 4) lagen zwischen 7 und 10 % des Körpergewichts. Vom Kastrationstag zum Tag 1 nach der Kastration gab es bei den Ferkeln mit Kombinationsbehandlung eine leichte Abnahme (auf 7,3 %) im Vergleich zum Vortag (vor der Kastration: 8,3 %), jedoch war der Unterschied zu den anderen Behandlungen nicht signifikant (p = 0,108) und bereits am Tag 2 nach der Kastration ausgeglichen.

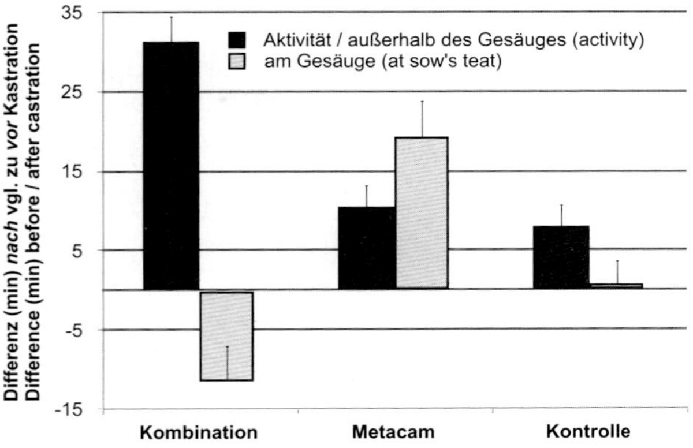

Abb. 3: Differenz der Aktivität (außerhalb des Gesäuges) sowie der Zeit am Gesäuge (min) nach der Separierung im Vergleich zu vor der Kastration (± SEM)
Difference of activity (away from the sow [dark columns]) as well as time at sow's teat (min [light columns]) after separation compared to before castration (± SEM)

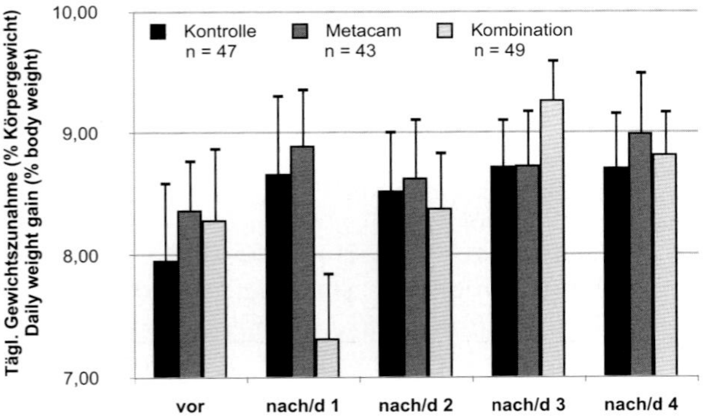

Abb. 4: Tägliche Zunahme (in % des Körpergewichts) der Ferkel vom Tag vor der Kastration zum Kastrationstag (**vor**) sowie vom Kastrationstag zu den folgenden vier Tagen (**nach/d1–d4**; ± SEM)
Daily weight gain (in % body weight) of piglets from the day before castration to castration day (**vor**), as well as from castration day to the following four days (**nach/d1–d4**; ± SEM)

4 Diskussion

Die hohe Rangkorrelation vor und nach der Kastration zeigt, dass die Saugordnung insgesamt nicht wesentlich von der 3-stündigen Separierung der männlichen Tiere beeinflusst wurde. Obwohl nicht signifikant höher, zeigten jedoch fast 30 % der anästhesierten Ferkel einen Wechsel ihrer PTP, was auf eine gewisse Unruhe nach der Wiedervereinigung schließen lässt. Dazu passend zeigte sich bei allen Behandlungen nach der Wiedervereinigung ein Anstieg der benutzen Zitzen und somit eine Zunahme der Positionswechsel. Eine solche Unruhe durch Reetablierung der Saugordnung könnte sich belastend auf alle Wurfmitglieder auswirken. Interessanterweise scheinen sich die Ferkel mit Metacam-Behandlung besser wieder in die Gruppe integrieren zu können, weil sie den geringsten Anteil von Wechslern zeigten und nicht in Richtung einer rangniederen Position verdrängt wurden. Vielleicht haben sie durch die Schmerzbehandlung einen Vorteil bei der Rückgewinnung ihrer PTP. Dazu passend verbringen sie signifikant mehr Zeit am Gesäuge als die anderen Behandlungsgruppen.

McGlone et al. (1993) und Hay et al. (2003) zeigten, dass kastrierte Ferkel weniger Zeit am Gesäuge verbrachten (massaging & suckling) und weniger aktiv waren als nicht-kastrierte Tiere. Eine Verminderung der Stimulation am Gesäuge in den ersten Stunden nach der Kastration bei Ferkeln *ohne* Schmerzbehandlung und im Gegensatz dazu eine positive Wirkung von Metacam auf das Saugverhalten wurde tendenziell von Langhoff (2008) bestätigt. In der vorliegenden Arbeit verbrachten die Tiere mit Schmerzbehandlung (Metacam) deutlich mehr Zeit am Gesäuge *nach* der Kastration im Vergleich zu *vorher*, während die Kontrollgruppe kaum eine Veränderung zeigte (Abb. 3). Dieses Verhalten der schmerzbehandelten Tiere könnte zur Rückgewinnung ihrer Zitzenposition beigetragen haben (s.o.) und als Indikator für die Wirksamkeit des Analgetikums interpretiert werden.

Ergebnisse von Llamas Moya et al. (2008) zeigten, dass Ferkel „mit Schmerzen" (kastrierte) nach dem Eingriff weniger aktiv waren als Tiere „ohne Schmerzen" (nicht-kastrierte). In unserer Studie gab es jedoch keinen Unterschied in der Aktivität zwischen den Tieren *mit* und *ohne* Schmerzbehandlung (Metacam), was somit keinen Rückschluss auf „Schmerzfreiheit" zulässt.

Die starke Zunahme in der Aktivität bei den anästhesierten Tieren (Kombination) nach der Kastration liegt vermutlich in der beeinträchtigten Koordinationsfähigkeit begründet. Sie bewegten sich im Beobachtungszeitraum scheinbar orientierungslos und unruhig in der Bucht, während die Ferkel der anderen Behandlungen nach der Wiedervereinigung schneller das Gesäuge aufsuchten oder ruhten. Diese eingeschränkte Orientierung könnte auch zu der Abnahme in der Säugezeit beigetragen haben.

In früheren Studien wurde die K/A-Anästhesie, bezogen auf die Schmerzreduzierung während des Eingriffs, als „tierschutzkonform und praktikabel" beschrieben (Kmiec 2005; Lahrmann et al. 2006). Nach unseren Ergebnissen scheint es jedoch zweifelhaft, ob das Tierwohlbefinden post-operativ durch diese Methode verbessert wird, weil das zusätzliche Handling, die Regeneration von der Anästhesie sowie die lange Nachschlaf- und Hungerphase nach dem Eingriff selbst Stress für die Tiere hervorrufen und zudem einen hohen Energieverlust bedeuten können (z.B. durch erhöhte Aktivität). Die Trennung durch ein Brett innerhalb der Bucht stellt sowohl für die abgetrennten Ferkel, als auch für die Sau eine Belastung dar, weil sie sich gegenseitig Rufen hören, aber für die Dauer von drei

Stunden nicht zueinander gelangen können. Eine Separierung außerhalb der Bucht wäre wahrscheinlich in der Praxis aus Platzgründen nicht umsetzbar.

Neonatale Tiere reagieren empfindlich auf Hypothermie und ihre metabolischen und exkretorischen Funktionen könnten noch zu unterentwickelt sein, um die Medikamente vollständig zu verarbeiten (Prunier et al. 2006). Laut EFSA Bericht (2004) sollte das Verhalten der Tiere nach dem Eingriff so wenig wie möglich beeinflusst werden, jedoch zeigen unsere Ergebnisse, dass die anästhesierten Ferkel im Beobachtungszeitraum von bis zu sechs Stunden nach der Kastration noch deutliche Verhaltensänderungen zeigen. Gerade in den ersten Tagen nach der Geburt könnte eine mehrstündige Separierung und Wiedervereinigung der männlichen Tiere eine Belastung für den gesamten Wurf bedeuten, weil die Saugordnung in diesen Tagen etabliert wird. Eine reduzierte Stabilität der Saugordnung kann Auslöser für Kämpfe zwischen den Ferkeln sein. Wenn infolgedessen auch die Milchaufnahme vermindert wird, kann dies besonders für junge Ferkel kritisch sein. Laut Ewbank (1976) ist eine stabile Saugordnung die Basis für eine ruhige, „zufriedene" und produktive Ferkelgruppe.

Die Vergleiche der Gewichte in der vorliegenden Arbeit zeigen allerdings, dass die 3-stündige Separierung und die Reetablierung der Saugordnung keinen signifikanten Effekt auf die Zunahmen der Ferkel hatten.

Eine andere Alternative stellt die Inhalationsanästhesie mit Isofluran, Halothan oder CO_2 (Kohlenstoffdioxid) dar. Obwohl diese Methoden auch Nachteile mit sich bringen (von Borell et al. 2009; PIGCAS Report 2009), ist die kurze Nachschlafphase im Vergleich zur K/A- Injektionsanästhesie als vorteilhaft zu bewerten, weil sie das Ferkelverhalten vermutlich weniger beeinflusst.

Für die Bereitstellung der Medikamente danken wir:
Serumwerke Bernburg AG (Ursotamin®)
Boehringer Ingelheim GmbH (Metacam®)

5 Literatur

von Borell, E.; Baumgartner, J.; Giersing, M.; Jäggin, N.; Prunier, A.; Tuyttens, F. A. M.; Edwards, S. A. (2009): Animal welfare implications of surgical castration and its alternatives in pigs. Animal 3 (11), 1488–1496

EFSA (European Food Safety Authority, 2004): Opinion of the Scientific Panel on Animal Health and Welfare on a request from the Commission related to welfare aspects of the castration of piglets. The EFSA Journal 91, 1–18

Ewbank, R. (1976): Social hierarchy in suckling and fattening pigs: a review. Livest. Prod. Sci. 3, 363–372

Hay, M.; Vulin, A.; Génin, S.; Sales, P.; Prunier, A. (2003): Assessment of pain induced by castration in piglets: behavioral and physiological responses over the subsequent 5 days. Appl. Anim. Behav. Sci. 82, 201-218

Kmiec, M. (2005): Die Kastration von Saugferkeln ohne und mit Allgemeinanästhesie (Azaperon-Ketamin): Praktikabilität, Wohlbefinden und Wirtschaftlichkeit. Dissertation, FU Berlin

Lahrmann, K. H.; Kmiec, M.; Stecher R. (2006): Die Saugferkelkastration mit der Ketamin/Azaperon-Allgemeinanästhesie, tierschutzkonform, praktikabel, aber wirtschaftlich? (Early castration of piglets with Ketamine/Azaperone anaesthesia. Animal welfare, practicability, but economically feasible?). Prakt. Tierarzt, 87(10), 802–809

Langhoff, R. (2008): Untersuchungen über den Einsatz von Schmerzmitteln zur Reduktion kastrationsbedingter Schmerzen beim Saugferkel. Dissertation, Ludwig-Maximilians-Universität München

Llamas Moya, S.; Boyle, L. A.; Lynch, B. P.; Arkins, S. (2008): Effect of surgical castration on the behavioural and acute phase responses of 5-day-old piglets. Appl. Anim. Behav. Sci. 111, 133–145

McGlone, J. J.; Nicholson, R. I.; Hellman, J. M.; Herzog, D. N. (1993): The development of pain in young pigs associated with castration and attempts to prevent castration-induced behavioral changes. J. Anim. Sci. 71, 1441–1446

PIGCAS: http://w3.rennes.inra.fr/pigcas/index.htm, Stand September 2009

Prunier, A.; Bonneau, M.; von Borell, E.; Cinotti, S.; Gunn, M.; Fredriksen, B.; Giersing, M.; Morton, D. B.; Tuyttens, F. A. M.; Velarde, A. (2006): A review of the welfare consequences of surgical castration in piglets and the evaluation of non-surgical methods. Anim. Welfare 15, 277–289

Wemelsfelder, F.; van Putten, G. (1985): Behaviour as a possible indicator for pain in piglets. Report B-260, Instituut voor Veeteeltkundig Onderzoek 'Schoonoord', Zeist, The Netherlands

Zonderland, J.; Verbraak, J. (2007): Effect of anaesthesia and analgesic on piglet behaviour during subsequent days. In: Castration under anaesthesia and/or analgesia in commercial pig production, Hgs Kluivers-Poodt, M.; Hopster, H.; Spoolder, H. A. M., Animal Science Group Wageningen UR, Report 85

Tatjana Schmidt, Aniko König, Eberhard von Borell
Institut für Agrar- und Ernährungswissenschaften der Martin-Luther-Universität Halle-Wittenberg, Professur für Tierhaltung und Nutztierökologie, Theodor-Lieser Str. 11, 06120 Halle (Saale)

Verhalten und Schäden von chirurgisch kastrierten und GnRH-geimpften männlichen Mastschweinen im Vergleich

JOHANNES BAUMGARTNER, FRIEDRICH SCHMOLL

Zusammenfassung

Die in der Praxis übliche chirurgische Kastration männlicher Mastferkel ohne Schmerzausschaltung verursacht nachweislich erhebliche akute und lang anhaltende postoperative Schmerzen, zudem muss mit Komplikationen in der Wundheilung gerechnet werden. Aus Tierschutzgründen wird deshalb intensiv nach geeigneten Alternativmethoden gesucht. Neben verschiedenen Methoden der Schmerzausschaltung (Analgetika, Lokalanästhesie, Narkose) stehen auch Verfahren zur Auswahl, bei denen gänzlich auf die chirurgische Kastration verzichtet wird (Ebermast, Impfung gegen Ebergeruch). Bei der Impfung gegen Ebergeruch werden die männlichen Schweine zwei Mal mit einer GnRH-Vakzine behandelt. Nach der 2. Teilimpfung neutralisieren die gebildeten Antikörper das körpereigene GnRH, woraufhin die Hoden schrumpfen, die Bildung des Ebergeruchsstoffs Androstenon eingestellt und das gespeicherte Androstenon ausgeschieden wird. Über die Wirksamkeit der immunologischen Kastration in Bezug auf die Vermeidung von Ebergeruch im Fleisch sowie auf Futterverwertung und Schlachtkörperqualität liegen zahlreiche Untersuchungen vor.

In der gegenständlichen Studie wurde analysiert, ob und in welchem Ausmaß die Impfung mit einer GnRH-Vakzine das Verhalten von Mastschweinen gegenüber der herkömmlichen chirurgischen Kastrationsmethode verändert. Die Datenerhebung fand in einem kommerziellen deutschen Schweinemastbetrieb statt. Eine Versuchsgruppe wurde in der 1. Lebenswoche ohne Schmerzausschaltung chirurgisch kastriert, die 2. Gruppe wurde zu Mastbeginn und vier bzw. fünf Wochen vor der Schlachtung mit einer GnRH-Vakzine (Improvac®) behandelt. Je Behandlungsgruppe wurden acht Mastgruppen à zwölf Tieren in die Mastbuchten (0,9 m^2/Tier, großteils perforiert, strohlos) eingestallt. In jeder der 16 Mastwochen wurde von jeder Mastgruppe ein 24-Stunden-Video digital aufgezeichnet. Die Grundaktivität (Stehen/Gehen, Sitzen, Liegen) der Tiere wurde mittels scan sampling im 5-Minuten-Intervall erhoben. Die sozialen Interaktionen (agonistisches, Sexual- und Spielverhalten, gegenseitiges Bearbeiten) wurden durch kontinuierliche Beobachtung von vier Fokustieren je Bucht erfasst. Die statistische Auswertung erfolgte im PROC MIXED bzw. PROC GENMOD. Zusätzlich zum Verhalten wurden die Schweine in der letzten Woche der Ferkelaufzucht und während der Mastperiode wiederholt auf äußerlich sichtbare Schäden der Haut untersucht (Anzahl, Lokalisation und Schweregrad). Die statistische Auswertung erfolgte mit PROC GLM.

Über die gesamte Mastperiode betrachtet waren die vakzinierten Schweine aktiver als die chirurgisch kastrierten Tiere (10,7 % vs. 9,3 % stehende Tiere). In der Gesamtzahl der aggressiven Interaktionen sowie bei „Beißen und Kämpfen" bestand kein Unterschied zwischen den Behandlungsgruppen. „Verdrängen und Kopfschlagen" war hingegen in der geimpften Gruppe häufiger. „Aufreiten" wurde bei den vakzinierten Tieren zwar häufiger, insgesamt jedoch selten beobachtet. Die immunkastrierten Tiere zeigten in der 2. Woche nach der 2. Impfung einen signifikanten Abfall in der Grundaktivität, den aggressiven Verhaltensweisen und im Aufreiten, wobei die Häufigkeiten teilweise unter jenen der chirurgisch kastrierten Gruppe lagen. Im Spielverhalten und im Bauchmassieren, Schwanz- und Ohrenbeißen bestand kein Unterschied zwischen den Gruppen. Die Gesamtbeurteilung der Haut- und Klauenschäden erbrachte keine eindeutige Besserstellung eines Verfahrens.

Erwartungsgemäß kommt die GnRH-Impfwirkung auch im Verhalten der behandelten Mastschweine deutlich zum Ausdruck. Die Veränderung in Richtung Kastratenverhalten zeigt sich erst nach der 2. Impfdosis, bis dahin verhalten sich geimpfte Tiere wie intakte Eber. Die Impfung gegen Ebergeruch ist aus Tierschutzsicht für Mastschweine ein Fortschritt, weil auf die schmerzhafte chirurgische Kastration verzichtet werden kann. Die Untersuchungsergebnisse lassen den Schluss zu, dass die bereits bestehenden Verhaltensprobleme von intensiv gehaltenen Mastschweinen in reizarmer Umgebung durch die Immunkastration nicht vergrößert werden. In einer Gesamtbewertung der Alternativmethoden zur chirurgischen Kastration ohne Schmerzausschaltung müssen neben den Tierschutzinteressen auch ökonomische Überlegungen sowie Fragen der Praktikabilität und des Konsumverhaltens berücksichtigt werden.

Summary

From an animal welfare point of view vaccination of male fattening pigs against gonadotropin-releasing factor (GnRF) is beneficial because it avoids a surgical procedure, which is associated with pain and stress even when performed under general or local anaesthesia. The objective of our study was to analyse the behaviour of male fattening pigs either surgically castrated without anaesthesia (T1) or vaccinated with a GnRF vaccine (Improvac™) at the beginning of the fattening period and four to five weeks prior to slaughter (T2). Each treatment comprised eight groups of twelve male pigs, housed in fattening pens with partially slatted floor and liquid feed provided three times a day. Data on postures were scored from 24-hour-videos recorded in every week of the fattening period using scan sampling. Social behaviour was analysed in every second week by continuous behaviour recording of focus animals. Data were analysed using linear mixed models (postures) and the GEMOD procedure (social behaviour) with repeated measurement design. Overall, during the whole fattening period, vaccinates (T2) were more active than surgical castrates (T1), indicated by a higher proportion of pigs standing. No effects of treatment on the total number of agonistic interactions and on „biting and fighting" were found. In T2 the prevalence of aggressive behaviours decreased after the second vaccination, which was not found in T1 during the same period. T2 animals showed a higher number of mounting behaviour compared with T1 animals, but on a very low level. It is concluded that housing of male pigs vaccinated against GnRF in small single sex groups does not increase behavioural problems in the fattening period compared to surgically castrated males.

Danksagung

Die Untersuchung wurde von der Fa. Pfizer unterstützt. Besonderer Dank gilt Mario Koller, Simone Laister, Barbara Noack, Tatjana Sattler und Andre Pfützner.

Johannes Baumgartner, Friedrich Schmoll
Institut für Tierhaltung und Tierschutz, Veterinärmedizinische Universität Wien, Veterinärplatz 1, A-1210 Wien

Ergebnisse computergestützter Wegstreckenmessung mit dem VideoMotionTracker®1)

Results of computer supported measurements of distances moved by VideoMotionTracker®1

Julia Brendle, Elisa Annas, Carmen Weirich, Steffen Hoy

Zusammenfassung

In methodischen Voruntersuchungen an 32 Ferkeln im Alter von neun Tagen unter den standardisierten Bedingungen eines open fields wurden die zurückgelegten Wegstrecken in zehn Minuten zunächst auf der Basis digitalisierter Videosequenzen computergestützt automatisch mit der Software EthoVision® (Noldus) und danach mit der speziell entwickelten Software VideoMotionTracker® (Mangold) manuell zweimal vermessen. Die Ergebnisse des Mittelwertvergleiches (EthoVision®: 91,3 m; VideoMotionTracker®: 91,4 m) und der Korrelations-/Regressionsberechnung ergaben eine sehr gute Übereinstimmung zwischen beiden Methoden. In Hauptuntersuchungen an 24 Mastschweinen in vier Durchgängen an jeweils zwei Tagen zu Mastbeginn, Mastmitte und Mastende, an denen mit dem VideoMotionTracker® über je 24 Stunden die zurückgelegten Wegstrecken in 6er bzw. 12er Buchten gemessen wurden, traten hochsignifikante Unterschiede zwischen den Mastabschnitten auf (Mastbeginn: 668,4 m, Mastmitte: 422,9 m, Mastende: 250,1 m). Kastrierte männliche Mastschweine legten zu allen drei Zeitpunkten eine tendenziell kürzere Strecke als die weiblichen Buchtenpartner zurück. Besonders ausgeprägt war der Unterschied zu Mastmitte (weibliche Tiere: 498,1 m, Kastrate: 397,8 m). Mastschweine in 12er Gruppen legten zu allen Mastzeitpunkten eine längere Wegstrecke in 24 Stunden als vergleichbare Tiere in 6er Gruppen zurück, wobei die Differenz zu Mastmitte signifikant war (Mastbeginn: 776,7 m vs 603,3 m; Mastmitte: 521,4 m vs 363,8 m; Mastende: 272,8 m vs 235,5 m). Zu Beginn der Mastperiode bestanden keine Unterschiede in der täglich zurückgelegten Strecke zwischen Schweinen mit verschiedener Rangposition. Zu Mastmitte und Mastende liefen die Tiere der mittleren und niedrigen Rangkategorie längere Strecken als ranghohe Tiere. Mastschweine mit höherer Lebendmasse legten in der Tendenz kürzere Wegstrecken zurück als gleichaltrige, leichtere Gruppenmitglieder. Mit dem VideoMotionTracker® steht eine Methode zur Verfügung, um die pro Zeiteinheit (z. B. Tag) zurückgelegten Wegstrecken von Tieren unter der Voraussetzung computerbasiert zu erfassen, dass die gesamte nutzbare Fläche videoobserviert werden kann.

Summary

In methodological investigations, the distances moved by a total number of 32 piglets with an age of nine days under the standardized conditions of an open field during ten minutes (based on digitalized video sequences) were measured first automatically computer-supported by the software EthoVision® (Noldus) and than twice manually with the special-made software VideoMotionTracker® (Mangold). The results of the comparison of the means (EthoVision®: 91.3 m; VideoMotionTracker®: 91.4 m) and of the analysis of correlation and regression showed a very good correspondence between both methods. The main investigations with 24 fattening pigs in four rounds during two consecutive days at the beginning, in the middle and at the end of the fattening period measuring the distances moved by pigs in groups of 6 or 12 each during 24 hours with VideoMotionTracker® resulted in highly significant differences between the fattening stages (at the beginning: 668.4 m, in the middle: 422.9 m, at the end: 250.1 m). Castrated male fattening pigs moved at all three times a shorter distance compared with the female pen-mates. Especially large was the difference in the middle of the fattening period (female pigs: 498.1 m, castrated male pigs: 397.8 m). Fattening pigs kept in groups of 12 each moved at all points of the fattening period longer distances in 24 hours (at the beginning: 776.7 m vs 603.3 m, in the middle: 521.4 m vs 363.8 m, at the end: 272.8 vs 235.5 m) compared with pigs kept in groups of 6 each. The difference in the middle of the fattening period was significant ($p < 0.05$). At the beginning of the fattening period no differences between fattening pigs with different rank position occurred concerning the distances moved daily. In the middle and at the end of the fattening period, the pigs on medium and low rank places moved longer distances compared with the pen-mates with higher rank. In tendency, fattening pigs with a higher live weight moved shorter distances than pen-mates of the same age but with lower live weight. With the VideoMotionTracker®, a method is available to measure the distances moved by animals during a defined period of time (e.g. 24 hours). The precondition for this computer-supported measurement is that the whole area can be video-observed.

1 Einleitung

Die Lokomotion als eine mit einem Ortswechsel verbundene Bewegung eines Individuums kann Aussagen zum Gesundheitsstatus, zu Verhaltensstörungen sowie zum Wohlbefinden ermöglichen. In der Literatur sind kaum Angaben über Wegstrecken bei Schweinen im Stall zu finden. Informationen zu Wegstrecken bei Freilandhaltungen von Schweinen (JENSEN 1986; LACHICA und AGUILERA 2000) beruhen auf Schätzungen. Die bisher zur Erfassung der Lokomotion bei Labortieren oder landwirtschaftlichen Nutztieren vorhandenen Methoden (z.B. Laufrad, Taumelscheibe, Laufband, Pedometer, Lichtschranken, Telemetrie, Nahbereichs-Photogrammetrie, manuelle Auswertung über Raster, Global Position System – GPS, Local Position System – LPS, ETHOSYS oder Videotracking-Systeme) unterliegen zahlreichen Einschränkungen beim Einsatz bei Schweinen und im Stall. Automatische Trackingsysteme (z.B. EthoVision, Fa. Noldus) stellen hohe Anforderungen an die sichere Identifizierung von Einzeltieren, sind bei standardisierten Bedingungen (z.B. im open field) jedoch durchaus geeignet, zurückgelegte Laufstrecken computerbasiert zu erfassen (LIND et al. 2005). Bei fotografisch ungleichmäßigem Hintergrund unter praktischen Bedingungen ist es allerdings extrem schwierig bis unmöglich, verlässliche Messungen durchzuführen. Bei Schweinen besteht zusätzlich die Schwierigkeit, dass im Gegensatz zu Kühen oder Schafen Antennen nicht am Tier befestigt werden können, um z.B. mit einem LPS-System die Wegstrecken zu messen. Die manuelle Erfassung von zurückgelegten Distanzen ist außerordentlich zeitaufwändig und kostenintensiv. SCHÜTZ (2007) untersuchte die Laufstrecken von Absetzferkeln über 24 Stunden anhand von Focustieren in 6er und 12er Gruppen und ermittelte tägliche Wegstrecken zwischen 357,0 m (6er Gruppen) und 811,0 m (12er Gruppen) im Mittel der Tiere am dritten Tag nach dem Absetzen.

Das Ziel der eigenen Untersuchungen bestand somit darin,

- eine speziell nach unserer Aufgabenstellung entwickelte Software (VideoMotion-Tracker®, Fa. Mangold International) methodisch zu prüfen und
- mit der Software Wegstrecken von Mastschweinen in praxisüblicher Haltung unter Beachtung von Haltungsabschnitt, Geschlecht, Gruppengröße und Rangposition computergestützt zu messen.

2 Untersuchungsbedingungen und Methoden

Die Untersuchungen fanden auf der Lehr- und Forschungsstation Oberer Hardthof des Institutes für Tierzucht und Haustiergenetik der Justus-Liebig-Universität Gießen statt. Für die methodischen Voruntersuchungen wurden 32 Saugferkel (Alter neun Tage) unter standardisierten Bedingungen für zehn Minuten in ein open field (2 x 2 m) verbracht und mittels Videotechnik aufgezeichnet. Das open field war mit schwarzen Gummimatten ausgelegt, sodass ein deutlicher Hell-Dunkel-Kontrast der weißhäutigen Ferkel auf schwarzem Untergrund vorhanden war. Die mit dem Programm Canopus Media Cruise® digitalisierten Videosequenzen wurden im Anschluss mit dem Software-Programm EthoVision (Fa. Noldus) automatisch bezüglich der zurückgelegten Strecken ausgewertet. Dieselben Mediafiles wurden danach mit dem speziell für diese Aufgabe entwickelten Programm VideoMotionTracker® (Mangold International GmbH) hinsichtlich der Strecken vermessen. Zu Beginn müssen dabei in einem x-y-Koordinatensystem die Länge und Breite der betreffenden Bucht eingegeben werden. Beim Start des Programmes positioniert der Untersucher die Computermaus auf einem zuvor definierten Punkt eines Focus-Tieres. Mit Beginn der Messung wird mit der Maus die Wegstrecke des zu beobachtenden Tieres nachgezogen. Alternativ kann auch mit einem Stift auf dem Touchscreen eines Tablet-PC die zurückgelegte Strecke als Linie in das Programm eingegeben werden. Diese Linie wird im x-y-Koordinatensystem als Streckenmaß (in cm) berechnet (Abb. 1).

Abb. 1: Bildschirmführung des VideoMotionTracker®
Screen of VideoMotionTracker®

Es lassen sich verschiedene Abspielgeschwindigkeiten des Mediafile einstellen (bis Zeitlupe). Zwischenstopps zu beliebigen Zeitpunkten und die Messung von Teilstrecken sind möglich. Ebenso kann bei Bedarf die Durchschnittsgeschwindigkeit des Tieres (in m/s) kalkuliert werden. Am Ende der

Abb. 2: Heat map mit hot spots für die Aktivität eines Mastschweines in 24 Stunden
Heat map for the activity of a fattening pig during 24 h

Abb. 3: Blick in zwei 6er Buchten für Mastschweine
View into two pens for 6 fattening pigs each

Auswertung zeigt der VideoMotionTracker® die gesamte vom Tier zurückgelegte Strecke als Summe der Teilstrecken pro Zeiteinheit (z.B. pro Tag). Zusätzlich kann das Programm „activity hot spots" visualisieren. Durch Anklicken eines Feldes wird eine grafische „heat map" angezeigt (Abb. 2). Diese repräsentiert die Frequenz der Nutzung bestimmter Areale in der Bucht durch das Focustier (z.B. Trog, Tränke).

Der VideoMotionTracker® wurde in Hauptuntersuchungen erstmals an Mastschweinen (je Durchgang bis elf Fokustiere) in 6er und 12er Gruppen angewendet. Die Ausstattung in den nebeneinanderliegenden Buchten war insofern identisch, indem es sich bei der 12er Bucht um zwei 6er Buchten handelte, zwischen denen die Buchtentrennwand entfernt wurde. Die Buchten enthielten einen (bzw. zwei) Trockenautomaten und zwei (bzw. vier) Tränken (Abb. 3). Die Fläche pro Tier betrug 0,75 m². Die Tiere blieben bis zu einer Lebendmasse von etwa 105,0 kg gemeinsam in dieser Bucht.

Eine Kamera (WV-BP 330 Panasonic) wurde direkt in der Mitte über der jeweiligen Bucht installiert und mit einem Langzeit-Videorecorder (AG-TL 350) verbunden. Mithilfe eines Infrarot(IR)-Strahlers wurde ein IR-Licht im Wellenlängenbereich von 880 nm erzeugt, sodass Aufzeichnungen auch in der Nacht stattfinden konnten. Es wurden Videoaufzeichnungen auf 180-Minuten-Videokassetten von insgesamt 24 Tieren in vier Durchgängen an je zwei Tagen zu Mastanfang, Mastmitte und Mastende über jeweils 24 Stunden erstellt. Von weiteren 16 Tieren wurden die Wegstrecken zu Mastbeginn gemessen, sodass in diese Auswertung 40 Tiere eingingen. Im letzten Mastabschnitt musste ein Tier wegen Fundamentproblemen aus der Auswertung genommen werden, sodass sich der Stichprobenumfang auf 23 Probanden reduzierte. Die Aufzeichnungen wurden mit der Software Canopus Media Cruise® digitalisiert. Mithilfe von VideoMotionTracker® wurde die gesamte pro Tier und Tag in der jeweiligen Bucht zurückgelegte Strecke für Focustiere (n = 3 bzw. 5 in 6er bzw. 12er Gruppen) wie beschrieben ausgewertet. Zu den Mastschweinen wurden folgende Angaben erfasst: Geschlecht, Lebendmasse bei Mastbeginn und individuelle Rangposition. Die Rangposition (1 bis 6 bzw. 1 bis 12) wurde nach der Berechnung des Rangindex unter Berücksichtigung der Anzahl Siege und Niederlagen sowie der Gruppenpartner, gegen die gewonnen oder verloren wurde, und der Gruppengröße zugewiesen (PUPPE et al. 2008). Die Tiere auf den Rangpositionen 1 und 2 bzw. 1 bis 4 (Gruppen mit sechs oder zwölf Schweinen) wurden zu ranghohen, die auf den Plätzen 3 und 4 bzw. 4 bis 8 zu rangmittleren und die übrigen zu den rangniederen Tieren zusammengefasst.

Sämtliche Einzeltierdaten wurden mithilfe des Programmpaketes SPSS 16.0 for Windows biostatistisch analysiert. Dazu kamen Korrelations-/Regressionsberechnung, multiple Mittelwertvergleiche und die univariate Varianzanalyse zur Anwendung. Für die Zielgröße „Wegstrecke zu Mastbeginn“ mit dem Stichprobenumfang von 40 Tieren wurde eine univariate Varianzanalyse nach folgendem Modell gerechnet:

$$\text{Wegstrecke}_{ijkl} = \mu + \text{Geschlecht}_i + \text{Gruppengröße}_j + \text{Rangzahl-Klasse}_k + b(LM_l - \overline{LM}) + e_{ijkl}$$

mit den fixen Effekten Geschlecht (männlich kastriert, weiblich), Gruppengröße (6, 12) Rangzahl-Klasse (1 = dominant, 2 = mittlerer Rang, 3 = subdominant) und der Kovariablen Lebendmasse bei Mastbeginn.

3 Ergebnisse

3.1 Methodische Voruntersuchungen

Die Ergebnisse der methodischen Voruntersuchungen zu den Wegstrecken von 32 Ferkeln im open field, gemessen mit EthoVision und VideoMotionTracker®, ergaben eine sehr gute Übereinstimmung zwischen den Werten beider Messungen. Die automatische Vermessung durch EthoVision ergab einen Mittelwert für alle 32 Ferkel von 91,34 m (± 34,93 m) bei einem Minimum von 32,2 m und einem Maximum von 151,55 m zurückgelegte Strecke. Bei der computergestützten Messung derselben Ferkel mithilfe des VideoMotionTracker® ergaben sich im Durchschnitt der beiden durchgeführten Messungen ein Minimum von 32,04 m und ein Maximum von 161,59 m. Der Mittelwert war mit 91,36 m (± 38,35) nahezu identisch mit dem durch EthoVision gemessenen. Die größte

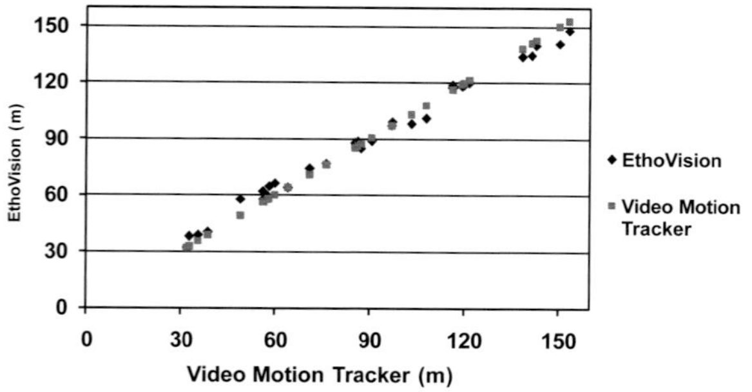

Abb. 4: Zusammenhang zwischen den mit EthoVision und VideoMotionTracker® ermittelten Wegstrecken von Ferkeln im open field

Relationship between distances moved by piglets measured by EthoVision and VideoMotionTracker®

zwischen zwei Messwerten (gemessen mit EthoVision oder Video-MotionTracker®) aufgetretene Differenz betrug 6,5 %.

Sowohl zwischen den Messwerten von EthoVision und VideoMotionTracker® als auch zwischen den Werten beider Messungen mit dem VideoMotionTracker® bestand eine sehr enge korrelative Beziehung mit Korrelationskoeffizienten von r = 0,99 (p < 0,01)(Abb. 4).

Somit zeigte die methodische Untersuchung, dass die wiederholte Messung der Mediafiles mit dem VideoMotionTracker® zu nahezu identischen Ergebniswerten bezüglich der zurückgelegten Wegstrecken führt. Weiterhin ergab der Vergleich der beiden Computerprogramme, dass mit dem Programm VideoMotionTracker® eine Methode zur Verfügung steht, um Wegstrecken bei Schweinen (bzw. auch bei anderen Spezies) computerbasiert und unter Praxisbedingungen zuverlässig zu erfassen.

3.2 Hauptuntersuchungen

Im Mittel legten die 24 Mastschweine (Fokustiere) zu Beginn der Mast (n = 24) eine Wegstrecke von 668,4 m (± 216,6 m), zu Mastmitte (n = 24) von 422,9 m (± 206,2 m) und zu Mastende (n = 23) eine Strecke von 250,1 m (± 141,9 m) in 24 Stunden zurück. Die Extreme schwankten – auf den gesamten Mastverlauf bezogen – zwischen 77 m (Mastende) und 1 212,0 m (Mastbeginn) in 24 Stunden bei ausschließlich klinisch gesunden Tieren (Tab. 1). Alle Unterschiede zwischen Mastbeginn, -mitte und -ende waren mit p < 0,05 signifikant. Im Mittel der 40 zu Mastbeginn ausgewerteten Tiere betrug die in 24 Stunden zurückgelegte Wegstrecke 613,9 ± 213,5 m mit einem Maximum von 1 212,0 und einem Minimum von 245,0 m.

Tab. 1: Deskriptive Statistik (Rohwerte) zu den Wegstrecken (in m) in 24 Stunden von Mastschweinen zu Beginn, in der Mitte und am Ende der Mast (jeweils Mittelwerte aus 2 Tagen pro Tier)
Descriptive Statistics concerning distances moved by fattening pigs (in m) during 24 hours at the beginning, in the middle and at the end of the fattening period (averages from 2 days per pig)

	n	Mittelwert	SD	Max	Min
Mastbeginn	24	668,4	216,6	1 212,0	296,0
Mastmitte	24	422,9	206,2	949,0	157,0
Mastende	23	250,1	141,9	637,0	77,0

Die Mittelwertunterschiede zwischen den 3 Mastabschnitten sind signifikant (p < 0,05).

Tab. 2: Wegstrecken (in m) von weiblichen und kastrierten männlichen Mastschweinen während der Mast unter Berücksichtigung der Gruppengröße (univariate Varianzanalyse)
Distances moved by female and castrated male fattening pigs (in m) during fattening period taking into account the group size (univariate analysis of variance)

	Geschlecht	n	Mittelwert	SD	Signifikanz
Mastbeginn	weiblich	6	722,0	286,2	n.s.
	männlich	18	650,5	194,9	
Mastmitte	weiblich	6	498,1	203,6	n.s.
	männlich	18	397,8	206,5	
Mastende	weiblich	6	279,9	121,5	n.s.
	männlich	18	239,6	150,4	

Weibliche Tiere liefen in allen drei Mastabschnitten eine tendenziell längere Strecke als kastrierte männliche Buchtenpartner (Mastbeginn: weibliche Tiere = 722,0 m, männliche Tiere = 650,5 m; Mastmitte: weibliche Tiere = 498,1 m, männliche Tiere = 397,8 m; Mastende: weibliche Tiere = 279,9 m, männliche Tiere = 239,6 m) (Tab. 2).

Mastschweine in 12er Gruppen legten zu allen Mastzeitpunkten eine längere Wegstrecke in 24 Stunden zurück als vergleichbare Tiere in 6er Gruppen, wobei die Differenz zu Mastmitte signifikant war (Mastbeginn: 776,7 m vs 603,3 m; Mastmitte: 521,4 m vs 363,8 m; Mastende: 272,8 vs 235,5 m) (Abb. 5).

Zu Beginn der Mastperiode bestand kein Unterschied in der täglich zurückgelegten Wegstrecke zwischen ranghohen Schweinen mit durchschnittlich 669,3 m und Tieren auf mittleren (663,4 m) oder niedrigen (670,8 m) Rangplätzen. Zu Mastmitte und Mastende liefen die Tiere der mittleren und niedrigen Rangkategorie tendenziell längere Strecken als ranghohe Tiere (Tab. 3).

Die Parameter Lebendmasse und Wegstrecke zu Mastanfang (r = – 0,02), Mastmitte (r = – 0,16) und Mastende (r = – 0,19) waren negativ miteinander korreliert, d. h. mit zunehmender Lebendmasse legten die Tiere kürzere Wegstrecken zurück. Auch bei einer getrennten Berechnung dieses Zusammenhangs in den beiden Gruppengrößen (6er vs 12er Gruppen) konnten analoge korrelative Beziehungen ermittelt werden.

Die Ergebnisse der univariaten Varianzanalyse zeigten einen signifikanten Einfluss der Gruppengröße (6 vs 12 Tiere/Gruppe) sowie der Lebendmasse bei Einstellung auf die Zielgröße „Wegstrecke zu Mastbeginn“ bei gleichzeitiger Berücksichtigung der Effekte von Geschlecht und Rangposition. Die Fokustiere in den 12er Gruppen legten danach mit 697,2 m eine signifikant längere Wegstrecke als die Vergleichstiere in den 6er Gruppen (538,2 m) zurück. Unter Beachtung von Gruppengröße, Rangposition und Lebendmasse war zwischen den Geschlechtern kein gravierender

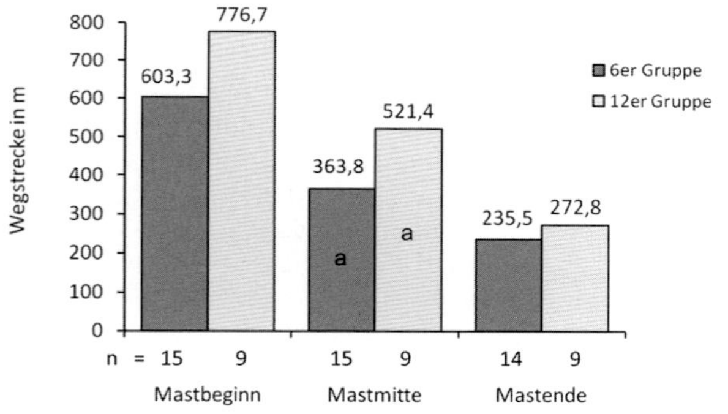

Abb. 5: Zurückgelegte mittlere Wegstrecken pro Tag im Verlauf der Mast bei 6er oder 12er Gruppen
Mean distances a day moved by fattening pigs kept in groups of 6 or 12 at the beginning, in the middle and at the end of fattening period

Tab. 3: Zurückgelegte mittlere Wegstrecken pro Tag im Verlauf der Mast bei Tieren unterschiedlicher Rangposition (n = 24 Tiere)
Mean distances a day moved by fattening pigs with different rank position during fattening period (n = 24 pigs)

	Ranghoch	Mittlerer Rang	Rangniedrig
Mastbeginn	669,3	663,4	670,8
Mastmitte	340,4	471,9	472,6
Mastende	194,0	268,6	299,3

Alle Differenzen zwischen den Rängen sind nicht signifikant (p > 0,05).

Tab. 4: Ergebnisse der univariaten Varianzanalyse – Einflüsse von Geschlecht, Gruppengröße, Rangposition und Lebendmasse bei Mastbeginn auf die Wegstrecke in 24 Stunden zu Beginn der Mast
Results of univariate analysis of variance – impacts of sex, group size, rank position and live weight at the beginning of the fattening period on the distance moved in 24 hours at the beginning of the fattening period

Faktor		n	Mittelwert	Standard-abweichung	Signifikanz
Geschlecht	weiblich	14	620,0	51,5	–
	männlich, kastriert	26	615,4	39,4	
Gruppengröße	6	21	538,2	43,7	0,025
	12	19	697,2	49,5	
Rangposition	dominant	15	682,9	52,8	–
	medium	11	589,2	61,9	
	subdominant	14	581,1	53,6	

Die Kovariaten im Modell werden anhand einer Lebendmasse zu Mastbeginn von 21,88 kg berechnet.

Unterschied bezüglich der Lokomotionsstrecken zu erkennen (p = 0,94). Weibliche Tiere liefen in der Tendenz eine etwas längere Strecke als die kastrierten männlichen Schweine. Bezüglich der Rangposition unter gleichzeitiger Berücksichtigung von Geschlecht, Gruppengröße und Lebendmasse zu Mastbeginn deutete sich an, dass ranghohe Tiere zu Mastbeginn eine um etwa 100 m längere Wegstrecke in 24 Stunden als die rangmittleren und rangniederen Mastferkel zurücklegten (Tab. 4), sodass sich damit eine etwas andere Rangierung der Mittelwerte im Vergleich zu den Ergebnissen der „Roh-Mittelwerte" von 24 Tieren (Tab. 3) abzeichnet.

4 Schlussfolgerungen

Mit dem Programm VideoMotionTracker® steht eine Methode zur Verfügung, um die pro Zeiteinheit (z.B. Tag = 24 Stunden, Lichttag, Stundenintervall) zurückgelegten Wegstrecken von Tieren computerunterstützt zu erfassen. Voraussetzung dafür ist, dass die gesamte nutzbare Fläche videoobserviert werden kann. Unter Nutzung der Infrarot-Videotechnik ist die Anwendung auch bei nachtaktiven Tieren möglich. Auf dieser Grundlage sind vielfältige Anwendungen in der ethologischen Forschung denkbar. In ersten Auswertungen bei Mastschweinen in unterschiedlichen Gruppengrößen und Gruppenzusammensetzungen deuteten sich Einflüsse von Mastabschnitt, Gruppengröße, Gewicht, Rangplatz und Geschlecht auf die zurückgelegte Wegstrecke an. Um diese Zusammenhänge biologisch interpretieren und die erhobenen Daten statistisch absichern zu können, werden weitere Untersuchungen erfolgen.

Danksagung

Unser Dank gilt Mangold International GmbH (vor allem Pascal Mangold und Christian Spies) für die hervorragende Unterstützung.

Literatur

JENSEN, P. (1986): Observation on the maternal behaviour of free-ranging domestic sows. Applied Animal Behaviour Science 16, S. 131–142

LIND, N. M.; VINTHER, M.; HEMMINGSEN, R. P.; HANSEN, A. K. (2005): Validation of a digital video tracking system for recording pig locomotor behaviour. J. Neurosci. Methodes 143, S. 123–132

LACHICA, M.; AGUILERA, J. F. (2000): Estimation of the energy costs of locomotion in the Iberian pig (Sus mediterraneus). British Journal Nutrition 83, S. 35–41

PUPPE, B.; LANGBEIN, J.; BAUER, J.; HOY, ST. (2008): A comparative view on social hierarchy formation at different stages of pig production using sociometric measures. Livestock Science 113, S. 155–162

SCHÜTZ, J. (2007): Lokomotorische Aktivität von Absetzferkeln in unterschiedlicher Gruppengröße. MSc-Arbeit, Institut für Tierzucht und Haustiergenetik der Universität Gießen

Julia Brendle, Elisa Annas, Carmen Weirich, Steffen Hoy
Justus-Liebig-Universität, Institut für Tierzucht und Haustiergenetik, Bismarckstr. 16, 35390 Gießen

Analyse des Liegeverhaltens von Sauen in drei Typen von freien Abferkelbuchten

Lying behaviour of sows in three types of free farrowing pens

Carolin Müller, Mario Koller, Alexander Tichy, Johannes Baumgartner

Zusammenfassung

Ziel der gegenständlichen Arbeit war es, durch Analyse des Liegeverhaltens der Sauen Optimierungspotenziale in der Gestaltung von drei verschiedenen Typen von freien Abferkelbuchten (FS1–FS3) aufzuzeigen. FS1 ist eine Bucht von 7,6 m² mit geschlossenem Liege- und perforiertem Ausscheidungsbereich (FAT2). FS2 ist eine unstrukturierte Bucht von 4,9 m² mit perforiertem Boden und zwei zentral angeordneten Bügeln zur Steuerung des Abliegeverhaltens der Sau. FS3 ist 4,1 m² groß, trapezförmig und vollständig perforiert. Das Verhalten der Sauen (FS1: 20; FS2: 23; FS3: 25) wurde mittels digitaler Videotechnik jeweils am Einstalltag, am Tag vor und am Tag nach der Geburt sowie zwei Tage vor dem Absetzen aufgezeichnet. Die Grundverhaltensweisen (Liegen, Stehen, Sitzen) wurden nach Häufigkeit und Dauer erhoben. Die Liegepositionen der Sauen wurden mit vordefinierten Vektoren registriert und anschließend nach Lokalisation, Ferkelnestnähe, Wandkontakt und Eignung für das Liegen analysiert. Die statistische Datenanalyse bezüglich Häufigkeit und Dauer erfolgte deskriptiv. Die Ergebnisse zeigen, dass die Sauen den Großteil der Zeit im Liegen verbrachten (63 bis 78 %), wobei der Liegeanteil in FS3 am höchsten war. In FS1 fand 92 % des Liegens im Liegebereich statt, in FS2 wurde der zentrale Buchtbereich zwischen den Bügeln bevorzugt (63 %), in FS3 hatten die Sauen in 63 % der Liegezeit Wandkontakt. Liegen in Ferkelnestnähe war in FS2 und FS3 selten. In FS3 mussten die Sauen nahezu eine Stunde in einer extrem ungünstigen Position liegen. Die Ergebnisse lassen den Schluss zu, dass die uneingeschränkte Liegefläche in allen untersuchten Systemen zu klein dimensioniert war. In FS1 sollte der Abstand zwischen Ferkelnest und Trennwand mindestens 180 cm betragen und auf Ferkelschutzbügel verzichtet werden. Die Bügel zur Steuerung des Liegeverhaltens der Sau in FS2 sind zu entfernen. System FS3 bringt aufgrund der Kleinheit und der Geometrie der Bucht keine substanzielle Verbesserung für Sauen im Vergleich zum System Kastenstand. Freie Abferkelbuchten sollten einen vom Liegeplatz getrennten Ausscheidungsbereich haben.

Summary

The aim of this study was to analyse lying behaviour of sows in order to detect weak points in the design of three types of free farrowing pens (FS1-FS3). FS1: 7.6 m², lying area with concrete floor and straw, dunging area with slatted floor; FS2: 4.9 m², fully slatted floor and two central bars to direct lying behaviour of sows; FS3: 4.1 m², fully slatted floor, trapezoid. Data collection took place in a commercial sow unit. Lying behaviour of sows (FS1: 20; FS2: 23; FS3: 25) was observed indirectly (digital video technique) on the first day in farrowing pen, on the day before and after farrowing and at the end of the lactation period. The number and the duration of lying behaviour of sows were registered and analysed with regard to localization within the pen (near creep area, contact with pen wall) and quality of lying using descriptive statistics. Lying was the predominant behaviour of sows in all systems (63 to 78 %), the amount of lying behaviour was highest in FS3. In FS1 the lying area was intensively used for lying (92 %). Sows in FS2 mostly had to lie between the central bars (63 % of lying time). In FS3 sows had contact to the pen walls for 63 % of lying time and had to rest in inconvenient positions for 54 minutes per day. It is concluded that lying area should be enlarged in each type of farrowing pen investigated. Free farrowing pens should be equipped with a separate lying und dunging area. If these requirements are fulfilled, bars to direct lying behaviour of sows and anti-crushing bars are obsolete.

1 Einleitung

Das Liegen ist in zeitlicher Hinsicht die dominierende Verhaltensweise von Schweinen. Dies gilt in besonderem Maße für laktierende Sauen. In Abferkelbuchten eingestallte Sauen liegen 87 % eines 24-Stundentages (HECKT et al. 1988). Die Geburt und das Säugen in den ersten Lebenswochen der Ferkel finden im Liegen statt. Ein enger Zusammenhang besteht auch zwischen Thermoregulation und Liegeverhalten. Der Liegeplatz bestimmt die Wahl des Ortes, an welchem Kot und Harn abgesetzt werden und folglich auch die Sauberkeit der Bucht (MAYER 1999). Ferkelerdrücken tritt in erster Linie beim Abliegen und bei Positionswechseln im Liegen auf (BAUMGARTNER 2008). Wenn ferkelführenden Sauen genügend Platz angeboten wird, ist die arttypische Interaktion mit den Ferkeln möglich und Ferkelerdrücken selten (DAMM et al. 2005). Auch haltungsbedingte Schäden wie Schulterulcera der Sauen und offene Karpalgelenke der Ferkel (BAUMGARTNER et al. 2008) sind im Zusammenhang mit der Qualität der Liegefläche zu sehen. Die optimale Gestaltung des Liegeplatzes in Abferkelbuchten ist demnach sowohl aus Tierschutzsicht als auch aus ökonomischen Gründen wichtig. In Abferkelbuchten ohne Fixation (freie Abferkelbuchten) können Sauen die verschiedenen Bereiche der Bucht für bestimmte Verhaltensweisen nutzen. Jedoch ist das Platzangebot auch in freien Abferkelbuchten aus Kostengründen relativ gering. Dies wirkt sich besonders auf das Liegeverhalten aus, welches den größten Platzbedarf verursacht. Das Liegeverhalten der Sauen ist deshalb gut geeignet, um Mängel in der Buchtgestaltung zu erkennen.

2 Material und Methode

2.1 Tiere und Haltung

Die Untersuchung fand in einem kommerziellen Ferkelerzeugungsbetrieb statt. Die Sauenherde (ca. 600 Sauen; ES x LR x wDuc od. Pit) wurde nach dem Prinzip des „All-in-all-out“ Verfahrens im 4-Wochen-Rhythmus geführt (fünf Gruppen zu je 120 Tieren). Die Ferkel wurden nach einer dreiwöchigen Säugezeit bzw. am 27. Tag nach der Einstallung der Sau in die Abferkelbucht abgesetzt. Der Abferkelbereich bestand aus 109 Abferkelplätzen. Diese waren mit zehn verschiedenen Typen von Abferkelbuchten (drei freie und sieben

Kastenstandsysteme) ausgestattet. Im Rahmen des Projektes „Beurteilung von Abferkelbuchten" wurden alle Systeme in Bezug auf Verhalten, Gesundheit und biologische Leistung der Tiere sowie in Hinblick auf Arbeitszeitbedarf und Rechtskonformität untersucht (BAUMGARTNER et al. 2009). In der gegenständlichen Studie zum Liegeverhalten wurden nur die freien Abferkelsysteme (FS1–FS3) analysiert. System FS1 war eine FAT2-Abferkelbucht (7,6 m²). Sie ist gekennzeichnet durch die Unterteilung in Liege- und Kotbereich. Der Boden im Liegebereich bestand aus einer geschlossenen Polymerbetonfläche, die nicht beheizt und nur wenig eingestreut wurde (1 kg an jedem 2. Tag). Im Kotbereich waren Gussroste eingebaut. Bei FS2 handelte es sich um eine unstrukturierte Abferkelbucht ohne eine Unterteilung in Funktionsbereiche. Die Gesamtfläche von 4,9 m² war durchgehend perforiert und mit Kunststoff- bzw. Gussrostelementen ausgestattet. Im Zentrum der Bucht waren zwei Bügel zur Steuerung des Liegeverhaltens der Sau angebracht. Das System FS3 ist 4,1 m² groß, trapezförmig und nahezu vollständig perforiert. In allen drei untersuchten Abferkelbucht-Typen waren Ferkelschutzbügel an den Wänden montiert (Tab. 1).

Tab. 1: Technische Beschreibung der untersuchten Abferkelbucht-Typen
Technical discription of the free farrowing systems investigated

	Buchtbezeichnung:	**FS1** (FAT2; n = 20)
	Buchtgröße:	7,60 m² (3,55 x 2,15 m)
	Geschlossene Fläche:	66 %
	Boden Liegebereich:	Polymerbeton, minimal eingestreut
	Boden Kotbereich:	Gussrost
	Ferkelnest:	beheizter Polymerbeton, eingehaust
	Einrichtung:	Trennwand, Ferkelschutzbügel
	Buchtbezeichnung:	**FS2** (n = 23)
	Buchtgröße:	4,90 m² (2,60 x 1,90 m)
	Geschlossene Fläche:	12 %
	Boden Liegebereich:	Kunststoff perforiert, 8 % Perforation
	Boden Buchtrest:	Kunststoff perforiert, 33–35 % Perforation
	Ferkelnest:	beheizter Polymerbeton, eingehaust
	Einrichtung:	Ferkelschutzbügel, Abliegebügel
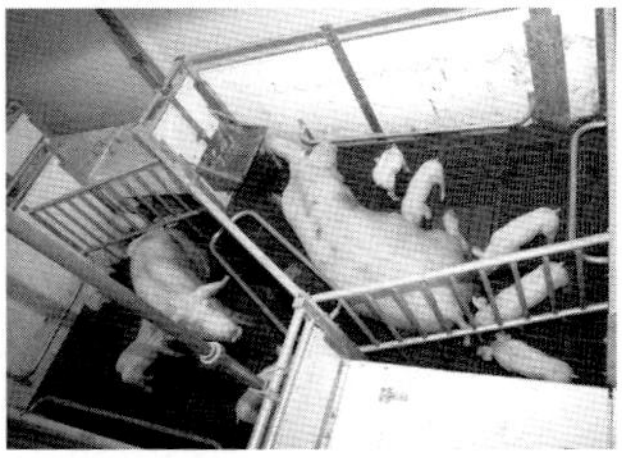	Buchtbezeichnung:	**FS3** (n = 25)
	Buchtgröße:	4,13 m² (2,35 x 2,54 m)
	Geschlossene Fläche:	15 %
	Boden Liegebereich:	Kunststoff perforiert, 8 % Perforation
	Boden Buchtrest:	Kunststoff perforiert, 37–39 % Perforation
	Ferkelnest:	beheizter Polymerbeton, eingehaust
	Einrichtung:	Ferkelschutzbügel

2.2 Datenerhebung und -analyse

Die Datenerhebung erfolgte von Juni 2005 bis Januar 2007. Die Sauen in FS1 (n = 20), FS2 (n = 23) und FS3 (n = 25) wurden mithilfe digitaler Videotechnik (MHS) indirekt beobachtet. Das Verhalten der Sauen wurde jeweils am Einstalltag (Beobachtungstag 1) am Tag vor (Tag 2) am Tag nach der Geburt (Tag 3) sowie zwei Tage vor dem Absetzen (Tag 4) für 24 Stunden aufgezeichnet. In einem ersten Auswertungsschritt wurden die Grundverhaltensweisen (Liegen, Stehen, Sitzen) nach Häufigkeit und Dauer erhoben. Anschließend wurden die exakten Liegepositionen der Sauen für jedes Haltungssystem mithilfe von vordefinierten Vektoren registriert. Die Vektoren charakterisierten die Liegepositionen einer Sau von durchschnittlicher Länge (l = 171 cm) nach Ort und Ausrichtung. Bedingt durch die

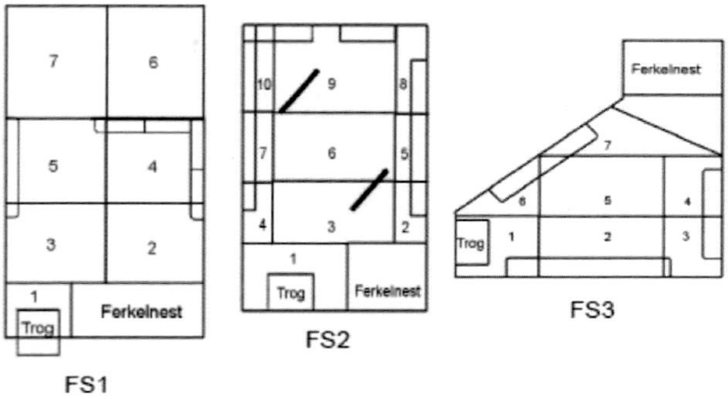

Abb.1: Einteilung der Systeme (FS1–FS3) in Sektoren
Zoning of the free farrowing systems investigated

Tab. 2: Häufigkeit (H) und Dauer (D) des Liegens nach Systemen. Mittelwert und Standardabweichung (in Klammern) über alle vier Beobachtungstage und an jedem einzelnen Tag
Frequency (H) and duration (D) of lying in FS1-FS3. Means and Standard Deviation (bracketed)

System		FS1	FS2	FS3
All Days	H	47,1 (26,3)	54,4 (38,4)	70,8 (55,2)
	D	17:06:44 (02:14:51)	15:05:13 (02:19:02)	18:47:10 (01:35:51)
Day 1	H	28,6 (11,7)	28,6 (9,4)	40,8 (17,3)
	D	19:10:40 (02:26:07)	16:41:30 (04:06:39)	20:23:25 (02:59:48)
Day 2	H	82,3 (30,1)	111,2 (55,9)	152,0 (42,2)
	D	13:55:49 (04:28:00)	11:39:41 (04:27:11)	17:25:29 (02:41:34)
Day 3	H	25,4 (9,6)	34,0 (17,7)	32,0 (16,2)
	D	17:24:15 (03:42:47)	15:43:49 (04:36:51)	17:24:00 (05:29:16)
Day 4	H	52,1 (18,5)	43,8 (15,3)	58,3 (27,9)
	D	17:56:12 (02:48:33)	16:15:53 (04:42:02)	19:55:48 (03:06:39)

Buchtgestaltung unterschieden sich die Systeme in der Anzahl der Vektoren (FS1: 90; FS: 45; FS3: 31). Zur Vereinfachung der Datenanalyse wurde jedes System in mehrere Sektoren unterteilt und die Vektoren den entsprechenden Sektoren zugewiesen (Abb. 1).

Zusätzlich wurden die Vektoren nach der Nähe zum Ferkelnest, nach Kontakt zur Buchtwand und nach für die Sau akzeptable und extrem ungünstige Positionen klassifiziert. Bei FS1 wurde zudem nach Position im Liege- oder im Kotbereich eingeteilt. Positionen in Ferkelnestnähe sind solche, bei denen die Sau mit einem Großteil ihres Körpers in unmittelbarer Nähe des Ferkelnestes lag. Bei schwierig einzuordnenden Positionen war die Lage des Kopfes ausschlaggebend. Als Positionen mit Buchtkontakt wurden alle Positionen angesehen, bei denen eine Berührung äußerer Begrenzung bzw. von Inneneinrichtungselementen durch die Sau stattfand. Alle für die Sau beengenden und mit Kontakt zur Außenwand bzw. Inneneinrichtungsteilen verbundenen Positionen wurden als für die Sau extrem ungünstig beurteilt. Die restlichen Vektoren stufte man als akzeptabel ein. Die deskriptive Datenanalyse bezüglich Häufigkeit und Dauer erfolgte mit den Programmen Excel 2003 und SPSS14.

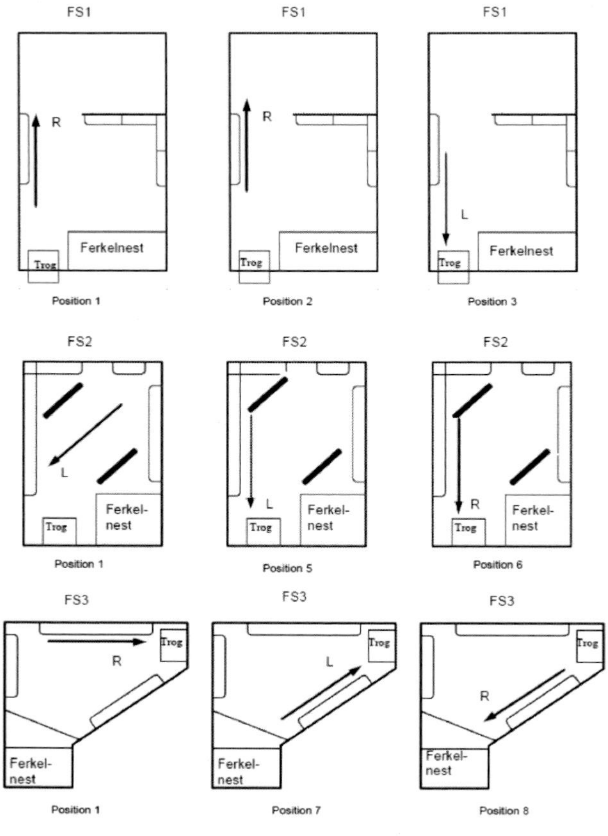

Abb. 2: Die drei häufigsten Liegepositionen in den untersuchten Systemen (FS1-FS3) als Vektoren dargestellt
The three most frequently observed lying positions of sows in FS1-FS3 indicated by vectors

3 Ergebnisse

3.1 Liegen der Sau

Die Sauen lagen in FS1 71 %, in FS2 63 % und in FS3 78 % eines Durchschnittstages (Tab. 2). Die Häufigkeit von Liegen war in FS3 am größten, gefolgt von FS2 und FS1. In den letzten 24 Stunden vor der Geburt (Tag 2) zeigten die Sauen in allen Systemen häufiger Liegen. In FS1 und FS2 war am Tag 2 auch die Liegezeit gegenüber den restlichen Tagen deutlich verkürzt. In FS3 hingegen war keine Minimierung der Gesamtliegezeit an diesem Tag zu beobachten.

3.2 Nutzung der Buchtbereiche im Liegen

Von den theoretisch möglichen Liegepositionen wurden generell nur relativ wenige intensiv genutzt. Die drei am häufigsten und zugleich am längsten von den Sauen eingenommenen Positionen je System sind in Abbildung 2 als Vektoren dargestellt.

Tab. 3: Relative Häufigkeit von Liegen in den Sektoren gemäß Abb. 3 nach Systemen. Angaben in %; n.e. = nicht existent
Relative number of lying in different sectors (Abb. 3) of FS1-FS3; n.e. = nonexistent

Sektor	1	2	3	4	5	6	7	8	9	10
FS1	6	15	24	10	28	4	14	n.e.	n.e.	n.e.
FS2	18	0	7	12	1	26	12	5	19	1
FS3	14	23	7	6	25	9	16	n.e.	n.e.	n.e.

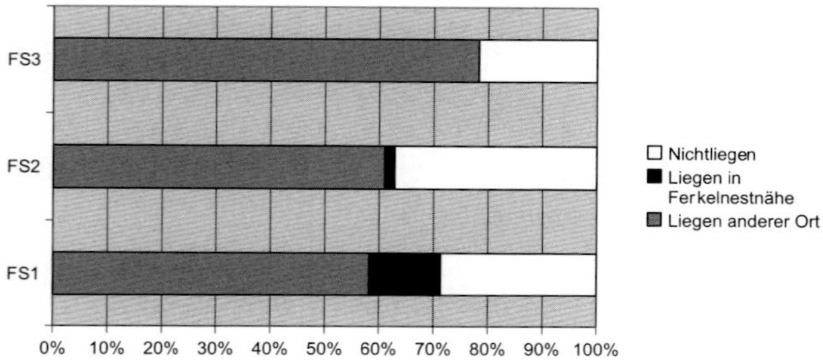

Abb. 3 : Prozentualer Anteil von Liegen der Sau in Ferkelnestnähe im Durchschnitt der 4 Beobachtungstage
Proportion of lying behaviour close to creep area (mean of all days)

Die Ergebnisse über die Nutzung der Buchtbereiche zeigen, dass in FS1 die durchgangsseitigen Sektoren im Liegebereich (3 und 5) am intensivsten zum Liegen genutzt wurden (Tab. 3). Häufigkeit und Dauer der Sektorennutzung verhalten sich ähnlich. In FS2 bevorzugten die Sauen den zentralen und hinteren Bereich zwischen den Bügeln (Sektoren 6 und 9). In FS3 überwog Liegen in den zentralen Sektoren (2 und 5). In FS2 wurden die wandständigen Sektoren 2, 5 und 10 de facto nicht zum Liegen benutzt. Die Auswertungen ergaben weiterhin, dass die Liegehäufigkeiten am Tag vor Geburt (Tag 2) in nahezu allen Sektoren der Systeme deutlich höher waren als an den übrigen Beobachtungstagen.

Liegen in Ferkelnestnähe gemäß Definition wurde relativ selten beobachtet (FS1: 7,9; FS2: 2,1; FS3: < 0,1), lediglich Sauen in FS1 lagen längere Zeit in Ferkelnestnähe (3 Std. 8 Min.). Die relativen Zeitanteile können der Abbildung 3 entnommen werden.

In FS1 und besonders in FS3 konnte überwiegend Liegen in Kontakt mit einer Buchtwand festgestellt werden (jeweils 63 % der Gesamtliegezeit). Wegen der Abliegebügel

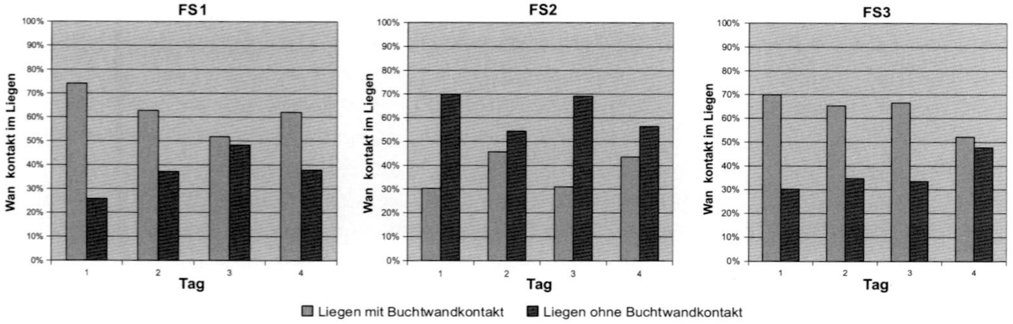

Abb. 4: Anteil des Liegens mit und ohne Wandkontakt bezogen auf die Liegedauer an den Beobachtungstagen 1 bis 4
Amount of lying in contact to pen wall based on duration of lying on observation days 1 to 4

hatten die Sauen in FS2 deutlich seltener Wandkontakt beim Liegen (37 %). Im Verlauf der Beobachtungstage zeigten sich nur geringfügige Veränderungen in der Dauer des Liegens mit Wandkontakt (Abb. 4).

In FS1 wurde die Trennung von Liege- und Ausscheidungsbereich gut von den Sauen angenommen. Bezogen auf alle Beobachtungstage verbrachten sie rund 92 % (15 Std. 43 Min.) der Liegezeit im dafür vorgesehenen Liegebereich. Nur am Einstalltag lagen die Sauen längere Zeit im Ausscheidungsbereich (Tag 1: 21 %; Tag 2: 6 %; Tag 3: < 1 %; Tag 4: 4 % der Liegezeit).

In FS2 lagen die Sauen an einem Durchschnittstag etwa fünf Minuten (0,5 % der Gesamtliegezeit) in für sie extrem ungünstigen Positionen. In den ersten 24 Stunden nach der Geburt (Tag 3) war dieser Wert jedoch deutlich höher (7 % bzw. 1 Std. 2 Min.). In FS3 betrug die Liegezeit in einer extrem ungünstigen Position durchschnittlich 54 Minuten (4,7 %), es gab diesbezüglich kaum Unterschiede zwischen den Tagen.

4 Diskussion

Die Ergebnisse zum Liegeverhalten der Sauen geben Hinweise auf die Tiergerechtheit der drei untersuchten freien Abferkelbucht-Typen. In der FAT2-Bucht lagen die Sauen erwartungsgemäß fast ausschließlich in dem dafür vorgesehenen Liegebereich. Dieses Verhalten wird durch die bauliche Strukturierung und die verhaltensspezifische Gestaltung der Funktionsbereiche unterstützt. Neben der Bodenbeschaffenheit (DAMM et al. 2005) ist insbesondere die Ausführung der Wände dafür ausschlaggebend (SCHMID und WEBER 1992).

Die erhöhte Liegedauer im Ausscheidungsbereich der FAT2-Bucht am Einstalltag könnte im Bedürfnis nach Sozialkontakt an den Abtrennungsgittern sowie an der durch die Aufregung begründeten Notwendigkeit zur Abkühlung und an der noch nicht eindeutigen Festlegung des Geburts- und Liegebereiches begründet sein. Die Sauen in FS1 lagen bevorzugt entlang der Wand vom Trogbereich bis zum Durchgang zwischen Liege- und Kotbereich. Diese Position erlaubt den Sauen ein entspanntes Liegen ohne räumliche Einschränkung. Daraus folgt, dass der restliche Liegebereich dafür eher zu klein ist. Für die im Durchschnitt 171 cm (maximal 195 cm) langen Sauen dieser Untersuchung (BAUMGARTNER et al. 2009) war der Abstand zwischen Ferkelnest und Trennwand von etwa 175 cm zu kurz, zumal diese Fläche durch die Ferkelschutzbügel zusätzlich eingeschränkt wurde. Im Hinblick auf die durch züchterische Maßnahmen ständig größer werdenden Sauen muss der Liegebereich in Abferkelbuchten größer dimensioniert werden.

Auch in FS2 wurde der dafür vorgesehene zentrale Bereich zwischen den Abliegebügeln bevorzugt zum Liegen verwendet. Dies liegt weniger an der Qualität dieses Bereiches als vielmehr an der durch die Bügel eingeschränkten Möglichkeit, an anderen Orten zu liegen. Liegepositionen mit Wandkontakt kamen de facto nicht vor. Dass der Platz zwischen den Bügeln nicht ideal ist, zeigen auch die Ergebnisse von BAUMGARTNER et al. (2008), wonach 95 % der kritischen Situationen im Zusammenhang mit Ferkelerdrücken an diesem Ort auftraten. Die Bügel erschweren das wichtige Gruppieren des Wurfes vor dem Abliegen (SCHMID 1990), woraus gefährliche Situationen für die Ferkel resultieren. Zudem hindern sie die Sauen am Liegen im Ferkelnestbereich. Dies könnte für die von BAUMGARTNER et al. (2008) festgestellte schlechte Nutzung des Ferkelnestes in FS2 mitverantwortlich sein.

Im System FS3 fällt die vergleichsweise lange Liegedauer (78 % des Tages) auf. Anzeichen von normaler vorgeburtlicher Nestbauaktivität fehlen weitgehend. Die Sauen können zudem nur wenige Liegepositionen an den langen Wänden einnehmen. Liegen in Ferkelnestnähe kommt praktisch nicht vor. Dieses Verhalten kann mit der geringen Buchtgröße (4,1 m²) und der ungünstigen Buchtgeometrie (trapezförmig) begründet werden. Die an den Wänden montierten Ferkelschutzbügel führen zu einer weiteren Verschlechterung der beengten Verhältnisse. Andererseits dürften die Bügel im Zusammenhang mit Ferkelerdrücken wegen des häufigen Liegens mit Wandkontakt gerade in FS3 unverzichtbar sein.

Zusammenfassend wird festgestellt, dass die uneingeschränkte Liegefläche in allen untersuchten Systemen zu klein dimensioniert war. In FS1 sollte der Abstand zwischen Ferkelnest und Trennwand mindestens 180 cm betragen und auf Ferkelschutzbügel verzichtet werden. Die Bügel zur Steuerung des Liegeverhaltens der Sau in FS2 sind zu entfernen. System FS3 bringt aufgrund der Kleinheit und der Geometrie der Bucht keine substanzielle Verbesserung für Sauen im Vergleich zum System Kastenstand. Freie Abferkelbuchten sollten einen vom Liegeplatz getrennten Ausscheidungsbereich haben.

5 Literatur

Baumgartner, J.; Podiwinsky, C.; Schwarz, C.; Koller, M.; Skrbic, S.; Troxler, J.; Winckler, C. (2008): Ferkelnest-Nutzung und kritische Situationen in Bezug auf Ferkelerdrücken in drei freien Abferkelbuchten. In: Aktuelle Arbeiten zur artgemäßen Tierhaltung 2008 (KTBL-Schrift 471), Hg. Kuratorium für Technik und Bauwesen in der Landwirtschaft, KTBL, Darmstadt, 18–27

Baumgartner, J.; Koller, M.; Schwarz, C.; Winkler, U.; Laister, S.; Dolezal, M.; Troxler, J. (2008): Haltungsbedingte Schäden in verschiedenen Typen von Abferkelbuchten.. In: Tierhaltung in Forschung und Praxis. Hg. Freiland Verband, Tagungsbericht der 22. IGN bzw. 15. Freiland-Tagung; 25. bis 26. September 2008, Wien, 23–27

Baumgarter, J.; Winckler, C.; Quendler, E.; Ofner, E.; Zentner, E. D. M.; Schmoll, F.; Schwarz, C.; Koller, M.; Winkler, U.; Laister, S.; Fröhlich, M.; Podiwinsky, C.; Martetschläger, R.; Schleicher, W.; Ladinig, A.; Rudorfer, B.; Huber, G.; Mösenbacher, I.; Troxler, J. (2009): Beurteilung von serienmäßig hergestellten Abferkelbuchten in Bezug auf Verhalten,Gesundheit und biologische Leistung der Tiere sowie in Hinblick auf Arbeitszeitbedarf und Rechtskonformität. Schlussbericht zum Forschungsprojekt Nr. 1437 BMGFJ & BMLFUW

Mayer, C. (1999): Stallklimatische, ethologische und klinische Untersuchungen zur Tiergerechtheit unterschiedlicher Haltungssysteme in der Schweinemast. FAT-Schriftenreihe Nr. 50, FAT, Tänikon

Damm, B. I.; Forkmann, B.; Pedersen, L. J. (2005): Lying down and rolling behaviour in sows in relation to piglet crushing. Appl. Anim. Behav. Sci. 90, 3–20

Damm, B. I.; Moustsen, V. A.; Jørgensen, E.; Pedersen, L. J.; Heiskanen, T.; Forkman, B. (2006): Sows preferences for walls to lean against when lying down. Appl. Anim. Behav. Sci. 99, 53–63

Heckt, W. L.; Windowski, T. M.; Curtis, S. E.; Gonyou, H. W. (1988): Prepartum behaviour of gilts in three farrowing environments. J. Anim. Sci. 66, 1378–1385

Schmid, H. (1990): Unbehindertes Verhalten der Muttersauen und ihrer Ferkel am Geburtsnest und die artgemäße Verhaltenssicherung gegen Erdrücken. In: Aktuelle Arbeiten zur artgemäßen Tierhaltung 1989. Hg. Kuratorium für Technik und Bauwesen in der Landwirtschaft, KTBL, Darmstadt, KTBL-Schrift 342, 40–66

Schmid, H.; Weber, R. (1992): Abferkelbuchten ein neues Konzept. FAT-Bericht Nr. 417

Danksagung

Diese Arbeit wurde mit Mitteln des Österreichischen Bundesministeriums für Gesundheit, Familie und Jugend (BMGFJ) sowie des Österreichischen Bundesministeriums für Land- und Forstwirtschaft, Umwelt und Wasserwirtschaft (BMLFUW) durchgeführt.

Carolin Müller, Mario Koller, Alexander Tichy, Johannes Baumgartner
Institut für Tierhaltung und Tierschutz, Veterinärmedizinische Universität Wien, Veterinärplatz 1, A-1210 Wien

Untersuchungen zum Sozialverhalten in dynamischen Sauengruppen zum Zeitpunkt der Eingliederung neuer Sauen

Investigations on social behaviour in dynamic groups of sows at the time of introducing new sows

Verena Krauss, Steffen Hoy

Zusammenfassung

In insgesamt 22 Durchgängen wurden 70 Altsauen zum Teil wiederholt in Gruppen zu jeweils fünf Tieren („neue“ Sauen) in eine dynamische Gruppe zu je 10 Tieren („alte“ Sauen) eingegliedert und über 96 konsekutive Stunden videoobserviert, um die Frequenz der agonistischen Interaktionen (AI) und das Liegeverhalten der „neuen“ und „alten“ Sauen zu untersuchen. In elf Durchgängen wurde zusätzlich das Liegeverhalten drei Wochen nach der Einstallung „neuer“ Sauen analysiert. Die Anzahl der AI pro Sauengruppe zu 15 Sauen betrug am ersten Tag nach Eingliederung 45,2 und ging bis zum vierten Tag signifikant auf 30,0 AI/Sauengruppe zurück, wobei zwischen 82,4 und 87,9 % der AI unter Beteiligung mindestens einer neu eingestallten Sau stattfanden. Über alle Tage betrachtet traten zwischen alten und neuen Sauen 2,3 AI pro Dyade (n = 50 Dyaden) auf. Innerhalb der Gruppe der alten Sauen waren es 0,5 AI pro Dyade (n = 45 Dyaden) und innerhalb der Gruppe der neuen Sauen 1 AI pro Dyade (n = 10 Dyaden). Von insgesamt 12 454 Abliegevorgängen konnte für 6 134 eindeutig festgestellt werden, ob die abliegende Sau sich neben eine Sau aus derselben Untergruppe (alt zu alt; neu zu neu) oder neben ein Tier der jeweils anderen Untergruppe (alt zu neu oder vice versa) legte. Neue Sauen legten sich am ersten Tag mit 21,2-mal signifikant häufiger ab als alte Sauen (14,9-mal). Bis zum Tag 21 verringerte sich diese Zahl signifikant auf 13,9-mal und unterschied sich nicht mehr signifikant von dem Wert der alten Sauen (14,2-mal). Während sich am ersten Tag die Neuen (94,3 %) und die Alten (96,8 %) bevorzugt zu den Sauen der jeweils selben Gruppe ablegten, zeigt eine höchstsignifikante Abnahme der Anzahl von Abliegevorgängen neben einer Sau derselben Untergruppe eine deutlich fortgeschrittene Integration der neuen Untergruppe nach drei Wochen an.

Summary

A total number of 70 sows in 22 rounds was integrated (partly repeated) in groups of five sows each („new“ sows) into a dynamic group of ten sows each („old“ sows) and video-observed during 96 consecutive hours to investigate the frequency of agonistic interactions (AI) and the lying down behaviour of new and old sows. Additionally, in eleven rounds the lying down behaviour was analysed three weeks after integration of the new sows. The number of AI per group of 15 sows was 45.2 on the first day after integration and significantly decreased to 30.0 AI/group until day 4. Between 82.4 and 87.9 % of all AI took place with the participation of at least one new sow. A total of 2.3 AI per dyad occurred between old and new sows (n = 50 dyads). The mean number of AI/dyad among old sows was 0.5 (n = 45 dyads) and one among new sows (n = 10 dyads). A total of 12,454 lying down events was investigated, of which in 6,134 cases could be clearly assigned whether the lying sow laid down near a sow from the same subgroup (old to old; new to new) or from the other subgroup (old to new or vice versa). New sows laid down significantly more often (21.2) compared with old ones (14.9) on the first day. This value was significantly reduced until day 21 (13.9) and was not significantly different from the value of the old sows on day 21 (14.2) anymore. While the new sows (94.3 %) and the old ones (96.8 %) laid down preferably near to the sows of the same subgroup on day 1 the number of lying down events next to a sow of the same subgroup significantly decreased within three weeks, thus indicating a fairly advanced integration of the new subgroup.

1 Einleitung

Die EU-Richtlinie 2001/88/EG, die in Form der deutschen Tierschutz-Nutztierhaltungsverordnung (August 2006) in nationales Recht umgesetzt wurde, schreibt ab 2013 die Gruppenhaltung tragender Sauen vor. Für Um- und Neubauten gilt diese Anforderung bereits zum jetzigen Zeitpunkt. Grundsätzlich können die Sauengruppen im Wartestall stabil (d. h. die Zusammensetzung der Gruppe ändert sich während der Zeit im Wartestall nicht) oder dynamisch (d. h. neue niedertragende Sauen werden in regelmäßigen Abständen ein- und hochtragende Sauen ausgestallt) geführt werden. In dynamisch geführten Sauengruppen ist die regelmäßige Einführung neuer Sauen mit der Beeinflussung sozialer Gefüge verbunden. In verschiedenen Untersuchungen wurden die Auswirkungen der Gruppenneubildung auf diverse physiologische und reproduktive Parameter erfasst (MENDL et al. 1992; PEDERSEN et al. 1993; SIMMINS 1993). Hinsichtlich des Auftretens agonistischer Interaktionen während der Gruppierung in kleinen Sauengruppen liegen fundierte Erkenntnisse vor (AREY et al. 1998; HOY et al. 2005; BORBERG 2005). MOORE et al. (1993) konnten in ihren Untersuchungen zur Eingliederung neuer Sauen in eine bestehende Gruppe zeigen, dass die beiden Subgruppen über mindestens 14 Tage nach Zusammenstellung zumindest während der Ruhezeiten deutlich getrennte Liegeplätze und Liegegruppen nutzten und werteten diese Beobachtung als Ausdruck sozialer Abgrenzung. In großen (dynamischen) Gruppen ist es technisch sehr schwierig, die agonistischen Interaktionen und das Liegeverhalten auf Einzeltierbasis zu erfassen. Das Ziel der eigenen Untersuchungen war es, modellhaft in einer Gruppe von 15 Sauen die sozialen Abläufe bei der Eingliederung von fünf Sauen in eine bestehende Gruppe von zehn Sauen zu analysieren.

2 Tiere, Material und Methode

Die Untersuchungen zur Gruppierung wurden auf der Lehr- und Forschungsstation Oberer Hardthof des Institutes für Tierzucht und Haustiergenetik der Justus-Liebig-Universität Gießen durchgeführt. Die Sauen wurden in einer Zweiflächenbucht mit Tiefstreu und erhöhten Einzelfressständen gehalten. Jeder Sau standen bei einem Tier-Fressplatz-Verhältnis von 1 : 1 dabei 3 m² uneingeschränkt nutzbare Bodenfläche zur Verfügung. Die

Fütterung erfolgte per Hand einmal täglich zwischen 7 Uhr und 7:30 Uhr mit einer betriebseigenen Mischung. Über eine Zeitschaltuhr wurde ein Lichtprogramm gesteuert (Lichttag von 6.00 bis 22 Uhr). Alle drei Wochen wurden fünf hochtragende Sauen ausgestallt und fünf in der 4. Trächtigkeitswoche tragend getestete Sauen (= „neue Sauen“) in die Gruppe zu zehn Sauen in fortgeschrittenem Trächtigkeitsstadium (= „alte Sauen“) eingestallt. Alle 15 Sauen der neu zusammengestellten Gruppe waren zuvor individuell gekennzeichnet worden. Das Geschehen in der Gruppenbucht wurde mittels zweier Weitwinkelkameras und Videorekorder über 96 Stunden kontinuierlich aufgezeichnet. In 18 der insgesamt 22 Versuchsdurchgänge waren die fünf neuen Sauen zuvor in der Stimulationsbucht (BAUER 2005) vorgruppiert worden. In den restlichen vier Versuchsdurchgängen wurden die Sauen direkt aus dem Besamungszentrum in die dynamische Gruppe im Wartestall eingegliedert. Insgesamt wurden 70 Altsauen der Rassen Edelschwein und Landrasse sowie Kreuzungen dieser Rassen mit Durocanteil in die Untersuchung einbezogen. Einige der Tiere wurden wiederholt im Untersuchungszeitraum beobachtet. In elf Versuchsdurchgängen wurde drei Wochen nach Einstallung neuer Sauen eine weitere 24-stündige Videoaufzeichnung angefertigt, wobei in diesem Fall die Kennzeichnung der Sauen lediglich eine Zuordnung zur Gruppe der „neuen“ oder „alten“ Sauen zuließ.

Die Auswertung der Videobänder erfolgte am Videorekorder. Erfasst wurde hierbei das Auftreten aller agonistischen Interaktionen (= AI) in den ersten vier Tagen nach Einstallung neuer Sauen mit dem Zeitpunkt, den beteiligten Individuen und dem Gewinner bzw. Verlierer der AI. Die Definitionen der erfassten Verhaltensweisen sind Tabelle 1 zu entnehmen. Für jede Gruppe wurden die beobachteten AI in einer 15 x 15-Sieger-Verlierer-Matrix eingetragen. Auf der Grundlage dieser Aufzeichnungen berechneten wir folgende Parameter:

- Anzahl AI pro Tag und Gruppe insgesamt,
- Anzahl AI bezogen auf die verschiedenen Dyadentypen (alt-alt, neu-neu, alt-neu),
- Anteil der innerhalb von vier Tagen aufeinander treffenden unbekannten Dyaden.

Tab. 1: Definitionen der erfassten Verhaltensweisen
Definitions of recorded behavioural patterns

Begriff	Definition
Agonistische Interaktion (AI)	Aggressives Verhalten zwischen zwei Sauen mit physischem Kontakt (Beißen, Stoßen, Lateralkampf) • beginnt mit erstem physischen Kontakt • endet mit Zeigen submissiver Verhaltens-weisen durch einen der beiden Kampfpartner (Flucht) bei entschiedenem Kampf bzw. durch Auseinandergehen der beiden Kampfpartner bei unentschiedenem Ausgang
Sieger der AI	Sau, die die zweite an der AI beteiligte Sau zur Flucht bewegt
Verlierer der AI	Sau, die am Ende einer AI die Flucht ergreift
Unentschiedener Ausgang einer AI	Am Ende einer AI kein eindeutiger Verlierer/Sieger zu ermitteln, es werden keine eindeutigen Unterlegenheitsgesten gezeigt

Die statistische Analyse der Daten erfolgte mithilfe von SPSS 16.0 unter Nutzung nichtparametrischer Testverfahren und univariater Varianzanalysen.

In den Zeiträumen 1 bis 24 und 72 bis 96 Stunden nach der Gruppierung wurde das Liegeverhalten analysiert. In elf der 22 Versuchsdurchgänge erfolgte zusätzlich noch eine Auswertung drei Wochen nach Einstallung neuer Sauen. Dazu wurden alle in diesem Zeitraum auftretenden Abliegevorgänge (für alte und neue Sauen), alle Sauen, neben die sich hingelegt wurde und der Ort innerhalb der Bucht, an dem der Liegevorgang stattfand (Strohfläche oder Fressstand) erfasst. Der Liegenachbar durfte dabei maximal 1 m entfernt liegen. Berechnet wurden auf dieser Grundlage:

- die tägliche Anzahl Abliegevorgänge für alte und neue Sauen,
- der bevorzugte Liegenachbar für alte und neue Sauen.

Die statistische Bearbeitung der Daten erfolgte mit SPSS 16.0 über nichtparametrische Testverfahren.

3 Ergebnisse

3.1 Agonistische Interaktionen

Insgesamt wurden 3039 AI in den 22 Versuchsdurchgängen erfasst. Durchschnittlich traten am ersten Tag nach Einstallung neuer Sauen 45,2 AI, am zweiten Tag 35,3 AI, am dritten Tag 35,1 AI und am 4. Tag 30 AI pro Sauengruppe auf. Der überwiegende Anteil der AI fand mit der Beteiligung mindestens einer neu eingestallten Sau statt.

Da die Anzahl agonistischer Interaktionen keine Normalverteilung aufwies, wurden die Werte zunächst durch Bildung des dekadischen Logarithmus transformiert, sodass eine Normalverteilung gegeben war. Bei der anschließenden Analyse der Daten mittels univariater Varianzanalyse (feste Faktoren = Tag, Vorgruppierung, Gruppe genestet im Effekt Vorgruppierung), zeigte sich, dass die Anzahl AI an Tag 1 signifikant über der Anzahl AI an den restlichen drei Beobachtungstagen lag. Die Faktoren „Tag“, „Vorgruppierung“ und „Gruppe genestet im Effekt Vorgruppierung“ beeinflussten die Anzahl AI signifikant ($p < 0{,}001$) (Tab. 2).

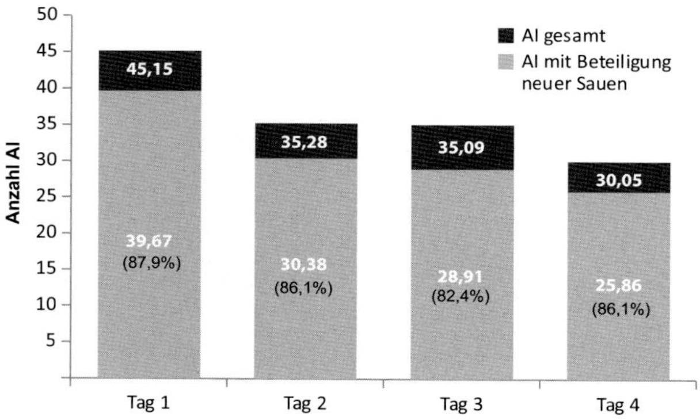

Abb. 1: Rohmittelwerte für die Anzahl AI pro Tag und Gruppe

Mean number of AI per day and round

Bezogen auf die einzelne Sau in der Gruppe ergab sich eine durchschnittlichen Anzahl von 6,4 AI pro Sau am Tag 1, 4,8 AI pro Sau am Tag 2, 4,9 AI pro Sau am Tag 3 und 4,1 AI pro Sau am Tag 4.

Die zwei Untergruppen „alte“ und „neue“ Sauen waren unterschiedlich häufig in die auftretenden AI verwickelt (Tab. 3).

Über alle Tage betrachtet traten innerhalb der Gruppe der alten Sauen 0,5 AI pro Dyade (n = 45 Dyaden), zwischen alten und neuen Sauen 2,3 AI pro Dyade (n = 50 Dyaden) und innerhalb der

Tab. 2: Zurücktransformierte LSQ-Mittelwerte und Standardfehler für Anzahl AI (über alle Durchgänge)
Transformed LSQ-means and standard error (all rounds included)

Faktor		LSQ-Mittelwert, zurücktransformiert	Standardfehler zurücktransformiert
Tag	1	42,85	1,06
	2	33,19	1,06
	3	32,36	1,06
	4	28,70	1,06
Vorgruppierung	Neue vorgruppiert	31,92	1,04
	Neue nicht vorgruppiert	42,36	1,07

Tab. 3: Anzahl AI an Tagen 1 bis 4 aufgeteilt nach Zugehörigkeit der beteiligten Sauen (über alle Durchgänge)
Number of AI during day 1 to 4 according to involved sows (all rounds included)

	Dyadentypen											
	alte gegen alte (45 Dyaden)				alte gegen neue/ neue gegen alte (50 Dyaden)				neue gegen neue (10 Dyaden)			
Tage	1 (n = 21)	2 (n = 21)	3 (n = 22)	4 (n = 21)	1 (n = 21)	2 (n = 21)	3 (n = 22)	4 (n = 21)	1 (n = 21)	2 (n = 21)	3 (n = 22)	4 (n = 21)
Mittelwert	5,5	4,9	6,2	4,2	36,8	27,5	26,6	24,2	2,9	2,9	2,4	1,7
Minimum	0	1	0	0	20	13	12	12	0	0	0	0
Maximum	19	14	24	15	62	50	60	43	13	15	12	7

Gruppe der neuen Sauen 1 AI pro Dyade (n = 10 Dyaden) auf.

Für die Anzahl AI innerhalb der Gruppe „alte Sauen“ oder die Anzahl AI innerhalb der Gruppe „neue Sauen“ gab es keine signifikanten Unterschiede zwischen den Tagen 1 bis 4 nach Gruppierung. Für die Anzahl AI zwischen alten und neuen Sauen lassen sich jedoch signifikante Unterschiede feststellen (Abb. 2), wobei sich der Tag 1 von allen anderen Tagen nach Einstallung unterscheidet, während die Tage 2, 3 und 4 untereinander keine statistisch abzusichernde Unterschiede erkennen lassen.

In einer Gruppe von 15 Sauen gibt es 105 verschiedene Dyaden. Die zehn bereits

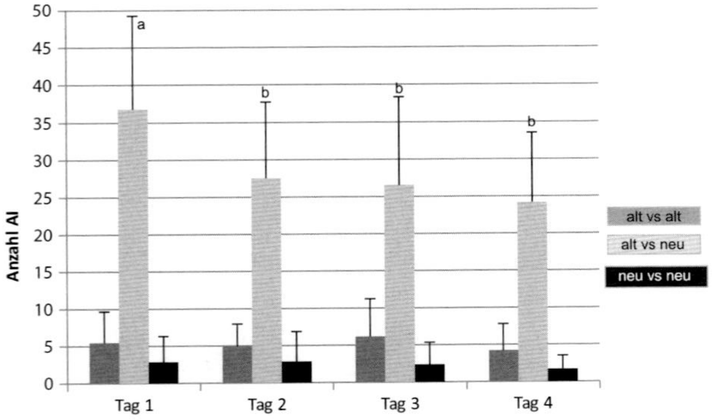

Abbildung 2: Anzahl AI an den Tagen 1 bis 4 bezogen auf die verschiedenen Dyadentypen (unterschiedliche hochgestellte Buchstaben kennzeichnen signifikante Unterschiede)
Number of AI during days 1 to 4 according to involved sows (different letters show significant differences)

seit mindestens drei Wochen in der Gruppe befindlichen Sauen haben ihre Beziehung zueinander schon vor Einstallung der fünf neuen Sauen klären können, d.h. die 45 Dyaden innerhalb der „alten" Sauen können als bekannt und geklärt angesehen werden. Bei Eingliederung fünf neuer Sauen, die zuvor vorgruppiert wurden, werden auch die Dyaden innerhalb der „neuen" Sauen als bekannt angesehen (10 Dyaden), sodass noch 50 unbekannte Dyaden zwischen neuen und alten Sauen bestehen, die zuvor nicht aufeinandergetroffen sind. Wurden die fünf neuen Sauen vor Einstallung in die Gruppe nicht vorgruppiert, erhöht sich die Anzahl der unbekannten Dyaden auf 60 (50 Dyaden + 10 Dyaden). Die Werte für den Anteil der an den Tagen 1 bis 4 aufeinandertreffenden unbekannten Dyaden zeigen keine Normalverteilung, sodass sie zur weiteren Analyse durch Transformierung mithilfe des dekadischen Logarithmus in eine Normalverteilung gebracht wurden. Innerhalb des viertägigen Beobachtungszeitraums nach dem Einstallen neuer Sauen trafen 64,33 % (zurücktransformierter Mittelwert) aller unbekannten Dyaden mindestens einmal in Form einer AI aufeinander. Etwa 36 % (zurücktransformierter Mittelwert) aller unbekannten Dyaden trafen jedoch innerhalb der ersten vier Tage nicht in einer AI aufeinander. Scheinbar ist es in einigen Fällen nicht nötig, dass die Tiere kämpfen müssen, sondern ihre Beziehung in der Gruppe wahrscheinlich durch „subtilere", im Video bei der gleichzeitigen Beobachtung von 15 Sauen nicht zu erfassende Interaktionen (z.B. Blickkontakt, Drohgebärden) klären können. Bei der anschließenden Analyse der Daten mittels univariater Varianzanalyse (feste Faktoren = Tag, Vorgruppierung, Gruppe genestet im Effekt Vorgruppierung) zeigt sich, dass die Faktoren „Vorgruppierung" und „Gruppe genestet in Vorgruppierung" den Anteil in Form einer AI aufeinandertreffender Dyaden nicht signifikant beeinflussen, während der Faktor „Tag" einen hochsignifikanten Einfluss hat. Mit 39,1 % trifft im Vergleich zu allen anderen Tagen am Tag 1 der signifikant größte Anteil der unbekannten Dyaden aufeinander ($p < 0{,}001$). Auch der Anteil am Tag 2 liegt signifikant ($p < 0{,}05$) über dem Anteil von Tag 3 und Tag 4 (Abb. 3).

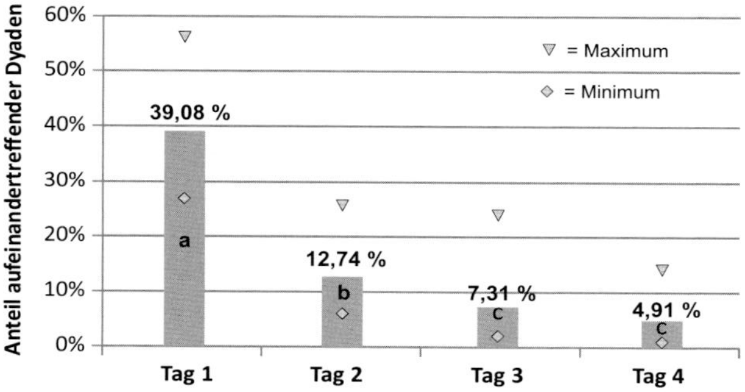

Abb. 3: Anteil in Form einer AI aufeinandertreffender unbekannter Dyaden für Tage 1 bis 4 (zurücktransformierte LSQ-Mittelwerte), über 22 Durchgänge (unterschiedliche Buchstaben kennzeichnen signifikante Unterschiede)
Mean number of unknown dyads meeting within the first 4 days after mixing (transformed LSQ-means), including all 22 rounds (different letters show significant differences)

3.2 Bevorzugter Liegenachbar

Insgesamt wurden bei der Beobachtung von 22 Versuchsgruppen 12 454 Abliegevorgänge erfasst. Dabei wurden 19,7 % Liegevorgänge im Fressstand beobachtet. In 28,8 % legte sich die Sau allein auf die Strohfläche oder die bereits liegenden Sauen entstammten alle derselben Untergruppe (die sich ablegende Sau konnte somit nicht zwischen Liegepartnern aus den zwei Untergruppen „wählen"). Lediglich in 2,3 % aller beobachteten Abliegevorgänge legten sich die Sauen zwischen zwei bereits liegende Sauen verschiedener Untergruppen, eine eindeutige Entscheidung, ob sich die abliegende Sau neben eine Sau aus derselben Untergruppe legte, war in diesen Fällen also nicht möglich. In knapp 50 % aller Abliegevorgänge (das entspricht eine Zahl von 6 134 Abliegevorgängen) konnte jedoch eindeutig festgestellt werden, ob die abliegende Sau sich neben eine Sau aus derselben Untergruppe oder neben eine Sau aus der „fremden“ Untergruppe legte. Diese Abliegevorgänge wurden für die Analyse des bevorzugten Liegepartners genutzt.

Am Tag 1 nach Einstallung unterschied sich die durchschnittliche Anzahl Abliegevorgänge pro Sau in 24 Stunden zwischen alten und neuen Sauen höchstsignifikant ($p < 0{,}001$): Alte Sauen zeigten 14,9 Abliegevorgänge pro Sau, während es bei den neuen Sauen 21,2 Abliegevorgänge pro Sau waren. Vier Tage nach Einstallung war noch ein hochsignifikanter Unterschied ($p < 0{,}01$) zwischen den beiden Untergruppen zu beobachten (alte Sauen 13,8 Abliegevorgänge pro Sau, neue Sauen 17,7 Abliegevorgänge pro Sau). Drei Wochen nach der Einstallung gab es zwischen alten und neuen Sauen keinen signifikanten Unterschied in der Anzahl der Abliegevorgänge pro Sau in 24 Stunden mehr (Abb. 4). Innerhalb der Untergruppe „alte Sauen“ unterschied sich die Anzahl Abliegevorgänge an den verschiedenen Tagen nach Einstallung neuer Sauen nicht signifikant. Bei den neuen Sauen verringerte sich die Anzahl der Abliegevorgänge von Tag 1 zu Tag 4 ($p < 0{,}05$) und näherte sich drei Wochen nach Einstallung den Werten der alten Sauen an.

Sowohl in der Gruppe der alten als auch in der Gruppe der neuen Sauen fanden an den Tagen 1, 4 und 21 nach Einstallung neuer Sauen signifikant ($p < 0{,}001$) mehr Abliegevorgänge neben einer Sau derselben Untergruppe statt, als man bei einer zufälligen Verteilung erwarten würde (Tab. 4).

Allerdings nahm die Anzahl von Abliegevorgängen neben einer bekannten Sau sowohl innerhalb der alten als auch innerhalb der neuen Sauen zwischen den einzelnen Tagen höchstsignifikant ($p < 0{,}001$) ab.

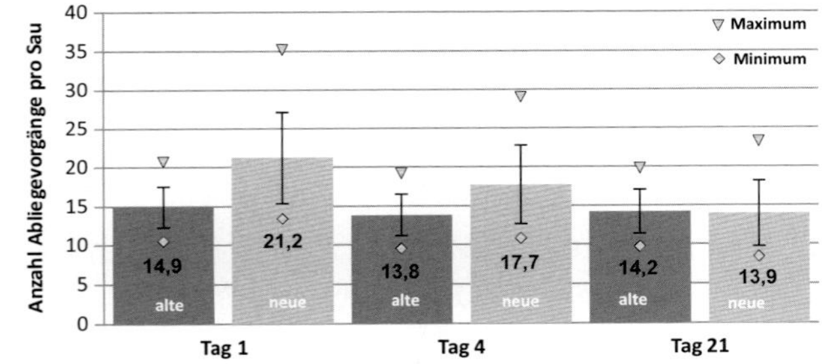

Abb. 4: Durchschnittliche Anzahl Abliegevorgänge pro Sau in 24 h (alte Sauen: keine sign. Unterschiede, neue Sauen: Tag 1 zu Tag 4 $p < 0{,}05$ und Tag 1 zu Tag 21 $p < 0{,}01$)
Average number of lying down per sow and day (old sows: no significant differences, new sows: day 1to day 4 $p < 0.05$ and day 1 to day 21 $p < 0.01$)

Tab. 4: Beobachtete und erwartete Häufigkeit für Abliegevorgänge neben einer bekannten oder unbekannten Sau
Observed versus expected frequency for lying down next to a known or unknown sow

		ALT		NEU	
		beobachtet	erwartet	beobachtet	erwartet
Tag 1	neben bekannt	96,8 %	64,3 %	94,3 %	28,6 %
	neben unbekannt	3,2 %	35,7 %	5,7 %	71,4 %
Tag 4	neben bekannt	90,4 %	64,3 %	81,1 %	28,6 %
	neben unbekannt	9,6 %	35,7 %	18,9%	71,4 %
Tag 21	neben bekannt	74,6 %	64,3 %	46 %	28,6 %
	neben unbekannt	25,4 %	35,7 %	54 %	71,4 %

4 Schlussfolgerung

Nach der Einstallung neuer Sauen in eine dynamische Gruppe kommt es vor allem innerhalb der ersten 24 Stunden zum vermehrten Auftreten agonistischer Interaktionen. Der überwiegende Teil dieser AI tritt zwischen Sauen der zwei Untergruppen „alte" und „neue" (also zwischen zuvor unbekannten) Sauen auf, sodass die Funktion der AI in der Etablierung einer neuen Rangordnung innerhalb der Sauengruppe gesehen werden kann. Die Ergebnisse, dass am Tag 1 und 4 nach Einstallung die durchschnittliche Anzahl Abliegevorgänge bei den neuen Sauen signifikant höher ist als bei den alten Sauen und dass innerhalb der neuen Sauen an Tag 1 und Tag 4 durchschnittlich mehr Abliegevorgänge pro Sau und Tag auftreten als drei Wochen nach der Einstallung, kann als Kennzeichen für vermehrte Unruhe in der Gruppe im Zeitraum nach der Einstallung interpretiert werden. Davon sind besonders die neu eingestallten Sauen betroffen. Vertreibungen vom Liegeplatz durch alte Sauen können genau wie vermehrt auftretende AI mit Beteiligung neuer Sauen eine Ursache dafür sein. Zwar entspricht die Zahl der Abliegevorgänge neben einer Sau derselben Untergruppe auch drei Wochen nach Einstallung noch nicht den bei einer zufälligen Verteilung erwarteten Werten, jedoch nimmt die Präferenz für einen Liegenachbar derselben Untergruppe mit zunehmender Zeit nach Einstallung neuer Sauen signifikant ab. Diese Beobachtung kann als innerhalb von drei Wochen sehr deutlich fortschreitende Integration der neuen Untergruppen in die dynamische Sauengruppe gewertet werden.

5 Literatur

Arey, D. S.; Edwards, S. A. (1998): Factors influencing aggression between sows after mixing and the consequences for welfare and production. Livest. Prod. Sci. 56, 61–70

Bauer, J. (2005): Untersuchungen zur Gruppenbildung von Sauen unter Verhaltens-, Gesundheits- und Leistungsaspekten. Dissertation Justus-Liebig-Universität Giessen

Borberg, A.C. (2008): Analyse der agonistischen Interaktionen bei der Gruppierung von Sauen mit oder ohne Eber. Dissertation Justus-Liebig-Universität Giessen

Hoy, S.; Bauer, J. (2005): Dominance relationships between sows dependent on the time interval between separation and reunion. Appl. Anim. Behav. Sci. 90, 21–30

Mendl, M.; Zanella, A. J.; Broom, D. M. (1992): Physiological and reproductive correlates of behavioural strategies in female domestic pigs. Anim. Behav. 44, 1107–1121

Moore, A. S.; Gonyou, H. W.; Ghent, A. W. (1993): Integration of newly introduced and resident sows following grouping. Appl. Anim. Behav. Sci. 38, 257–267

Pedersen, L. J.; Rojkittikhun, T.; Einarrson, S.; Edquist, L.-E. (1993): Postweaning grouped sows: effects of aggression on hormonal patterns and oestrus behaviour. Appl. Anim. Behav. Sci. 38, 25–39

Simmins, P. H. (1993): Reproductive performance of sows entering stable and dynamic groups after mixing. Anim. Prod. 57, 293–298

Verena Krauss, Steffen Hoy
Justus-Liebig-Universität, Institut für Tierzucht und Haustiergenetik, Bismarckstr. 16, 35390 Gießen

Grundlagenuntersuchung zum Flucht- und Erkundungsverhalten bei Reitpferd-Hengsten in Abhängigkeit vom Ausbildungsstand

Basic investigation of explorative and flight behaviour in sport horse stallions with regard to the level of schooling

Kristina Goslar, Willa Bohnet

Zusammenfassung

Ziel dieser Studie war die Untersuchung des Flucht- und Erkundungsverhaltens von Pferden anhand von verschiedenen Verhaltenstests. Dazu wurden drei Gruppen von insgesamt 70 Reitpferd-Hengsten untersucht, die sich in drei verschiedenen Stadien der Ausbildung befanden. Als Testparameter wurde die Annäherungszeit der Hengste an ein unbekanntes Objekt im Novel-Object-Test, an ein fluchtauslösendes Objekt im Startling-Test und an einen unbekannten Menschen im Personentest gemessen und die Unterschiede zwischen den drei Gruppen untersucht. Außerdem wurde die Fluchtreaktion der Pferde im Startling-Test näher betrachtet. Alle drei Testsituationen wurden zweimal im Abstand von einer Woche durchgeführt.

Die Ergebnisse zeigten in allen drei Testsituationen einen Einfluss der Testwoche auf das Annäherungsverhalten der Hengste. Im Startling-Test und im Personentest wurde ein Einfluss des Ausbildungsstandes der Pferde sichtbar. Die Reaktion der Pferde auf das fluchtauslösende Objekt ließ sich in verschiedene Kategorien einteilen.

Summary

The aim of the study presented here was to examine flight behaviour and explorative behaviour in horses by means of different behaviour tests. 70 sport horse stallions, divided into three groups according to their level of schooling, were investigated. Test parameters were the approaching time of the stallions towards an unknown object in the Novel-Object-Test, towards a flight-eliciting object in the Startling-Test and towards an unknown person in the Human-Approach-Test, and test parameters were compared between the three groups of horses. Furthermore, the flight reaction in the Startling-Test was more closely examined. All tests were repeated one week later.

The results show that the week of testing had an influence on the horses' approach behaviour in all three tests. In the Startling-Test and the Human-Approach-Test, the horses' level of schooling had an influence on their behaviour. The reactions of the horses towards the flight-eliciting object could be classified into different categories.

1 Einleitung

Das Individualverhalten von Pferden setzt sich zusammen aus dem artgemäßen Verhalten (Tierart: Pferd), dem angeborenen Verhalten (genetische Variationen: Rasse, Linie) und dem individuell erworbenen Verhalten (Lernen). Bereits Fohlen und Jungpferde zeigen individuelle Variationen in ihrem Verhalten, sodass man ihnen ein unterschiedliches Temperament und eine eigene Persönlichkeit zuordnen kann. Temperament wird beschrieben als die biologische (genetische) Basis, aus der sich die Persönlichkeit als Resultat aus Umwelteinflüssen und Erfahrungen entwickelt (Hausberger 2008).

Fluchtverhalten gehört zum Normalverhalten des Pferdes. Es dient der Gefahrvermeidung. Für das Steppentier Pferd mit seinem leistungsfähigen Bewegungsapparat ist es eine effektive Möglichkeit, einer potenziellen Gefahr zu entgehen.

Erkundungsverhalten dient dem Informationsgewinn und der selbstständigen Lernerfahrung des Pferdes. Durch das Sammeln von Erfahrungen kann eine unnötige Flucht vermieden werden. Deshalb besteht ein enger Zusammenhang zwischen Flucht- und Erkundungsverhalten.

Sich plötzlich bewegende und unbekannte Gegenstände und Situationen sind die am stärksten Stress-provozierenden Stimuli (Forkman et al. 2007), mit denen ein Reitpferd aber während der Nutzung immer wieder konfrontiert sein wird.

Diese Studie untersucht den Einfluss des Ausbildungsstandes der Pferde auf das individuelle Flucht- und Erkundungsverhalten.

2 Tiere, Material und Methode

Die Untersuchung wurde an 70 Hengsten durchgeführt, die alle zum Zeitpunkt der Tests im Landgestüt Celle (Niedersachsen, Deutschland) aufgestallt waren. Die Pferde wurden nach ihrem Ausbildungsstand in drei Gruppen eingeteilt. Gruppe 1 (Gr. 1) bestand aus 18 Hengsten im Alter von drei Jahren, deren Ausbildung zum Reitpferd neun Monate vor dem Testbeginn startete. Gruppe 2 (Gr. 2) setzte sich aus 17 Deckhengsten verschiedenen Alters (4 bis 20 Jahre) zusammen; ihr Ausbildungsstand variierte altersentsprechend. Beginn der Ausbildung dieser Hengste war ebenfalls im Alter von drei Jahren. Gruppe 3 (Gr. 3) bestand aus 35 dreijährigen Hengsten, die zum Testzeitpunkt erst seit vier Monaten in der Ausbildung waren. Die Tests wurden in einer 14,8 x 14,8 m großen Arena durchgeführt, die in einer Reithalle der Hengstprüfungsanstalt des Landgestüts abgetrennt wurde. Die Reithalle war den Pferden bekannt, sie wurde allerdings ausschließlich für das tägliche Training der Pferde genutzt. Die Pferde hatten zuvor noch nie die Gelegenheit, sich völlig frei in der Reithalle zu bewegen. Jedes Pferd wurde einzeln untersucht, ohne visuellen Kontakt zu Artgenossen. Zwischen den Testsituationen wurde das Pferd aus der Testarena hinausgeführt um die für die jeweilige Situation veränderten Bedingungen zu schaffen. Anschließend wurde das Pferd wieder in die Arena hineingeführt und vom Führstrick losgelassen. Das Pferd lief daraufhin frei in der Testarena, ohne menschlichen Einfluss durch Führen oder Reiten. Alle Tests wurden mit einem Camcorder gefilmt. Zum Aufwärmen und um vergleichbare Ausgangsbedingungen zu schaffen, wurde jedes Pferd 30 Minuten vor Testbeginn nach einem vorgegebenen Schema longiert.

Testsituationen:

1. **Novel-Object-Test**: Ein unbekanntes Objekt (Schwimmspielzeug) wurde in der Mitte der Testarena platziert. Die Annäherungszeit an das Objekt bis zur Berührung mit dem Maul wurde gemessen.
2. **Startling-Test**: Ein Objekt (anderes Schwimmspielzeug) wurde aus der Mitte der Arena mit einer Geschwindigkeit von 3,65 m/s an den Rand gezogen. Das Verhalten bei der Fluchtreaktion und die anschließende Annäherungszeit an das Objekt wurden analysiert.
3. **Personentest**: Eine unbekannte Person stand in der Mitte der Testarena. Die Zeit bis zur Kontaktaufnahme des Pferdes mit dem Menschen wurde ermittelt.

Die maximal untersuchte Zeit pro Testsituation betrug fünf Minuten. Jedes Pferd wurde nach sieben Tagen ein zweites Mal untersucht (1. Woche = Wo. 1 und 2. Woche = Wo. 2). Die Objekte wurden ausgetauscht um einen möglichen Lerneffekt zu minimieren. Die unbekannte Person war identisch, um ein gleiches Verhalten des Menschen zu sichern.

Die Annäherungszeit in allen drei Testsituationen und das Fluchtverhalten der Pferde in den ersten fünf Sekunden nach Bewegung des Objektes im Startling-Test wurden mithilfe der Videoaufzeichnungen analysiert.

Die Daten (Annäherungszeiten) wurden einer deskriptiven Analyse unterzogen. Die Daten wurden visuell per Q-Q-Plot und dem Shapiro-Wilk-Test auf Normalverteilung geprüft. Die linksschief verteilten Daten ergaben nach Logarithmierung eine Normalverteilung. Das geometrische Mittel und die geometrische Streuung wurden bestimmt. Die Analyse wurde mit der statistischen Software SAS, Version 9.1 (SAS Institute, Cary, NC, USA) ausgeführt. Es wurde eine zweifaktorielle Varianzanalyse mit den Faktoren Woche und Altersgruppe durchgeführt. Für den paarweise Einzelvergleich wurde der post-hoc Tukey-Test (a= 0,05) verwendet. Die Signifikanzgrenzen wurden wie folgt definiert:

- signifikant: $p < 0,05$ (*)
- hochsignifikant: $p < 0,01$ (**)
- höchstsignifikant: $p < 0,001$ (***)

3 Ergebnisse

3.1 Novel-Object-Test

Im Novel-Object-Test näherten sich 55 Pferde in beiden Wochen dem unbekannten Objekt innerhalb der fünf Minuten an. 13 Pferde zeigten in einer der beiden Wochen keine

Tab. 1: Annäherung der Pferde im Novel-Object-Test
Approaching of the horses in the Novel-Object-Test

Gruppe group	Woche week	n gesamt n total	n angenähert n approaching	n nicht angenähert n not approaching
1	1	18	16	2
1	2	18	18	0
2	1	17	17	0
2	2	17	11	6
3	1	35	31	4
3	2	35	30	5

Tab. 2: Ergebnisse des post-hoc Tukey-Tests bezüglich der Annäherungszeiten im Novel-Object-Test
Results of the post-hoc Tukey-Test regarding the appraoching time in the Novel-Object-Test

Effekt / effect		p-Wert / p-value
Gr. 1 Wo. 1	Gr. 2 Wo. 1	0,3938
Gr. 1 Wo. 1	Gr. 3 Wo. 1	0,7287
Gr. 2 Wo. 1	Gr. 3 Wo. 1	0,1820
Gr. 1 Wo. 2	Gr. 2 Wo. 2	0,8731
Gr. 1 Wo. 2	Gr. 3 Wo. 2	0,6402
Gr. 2 Wo. 2	Gr. 3 Wo. 2	0,8242
Gr. 1 Wo. 1	Gr. 1 Wo. 2	0,0034 **
Gr. 2 Wo. 1	Gr. 2 Wo. 2	0,0014 **
Gr. 3 Wo. 1	Gr. 3 Wo. 2	0,0028 **

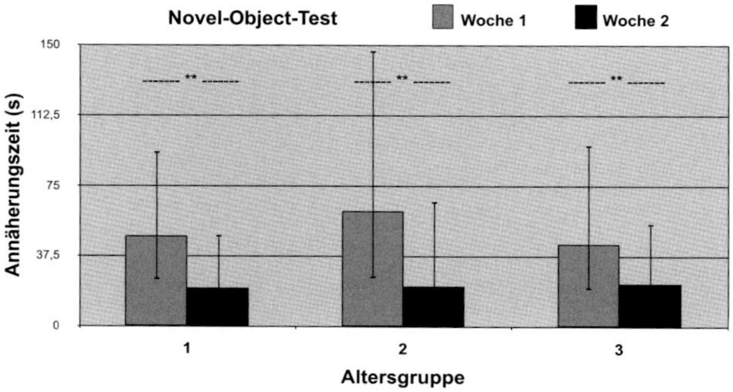

Abb. 1: Annäherungszeit im Novel-Object-Test von drei Altersgruppen zu zwei Zeitpunkten
Approaching time in the Novel-Object-Test of three age groups at two points in time

Annäherung an das Objekt innerhalb der vorgegebenen Testdauer. Zwei Pferde näherten sich weder in der ersten noch in der zweiten Testwoche dem Objekt an (Tab. 1).

Der Vergleich der Annäherungszeiten der Hengste zeigte in Woche 1 nur geringe Unterschiede zwischen den drei Altersgruppen. In Woche 2 war kein Unterschied zwischen den Altersgruppen erkennbar. Insgesamt gesehen ist der Einfluss der Altersgruppe auf die Zeit der Annäherung an das Novel-Object nicht signifikant.

Allerdings zeigte die Testwoche einen hochsignifikanten Einfluss auf die Annäherungszeiten. In allen drei Altersgruppen näherten sich die Pferde in Woche 2 deutlich schneller an als in Woche 1 (Tab. 2 und Abb. 1).

3.2 Startling-Test

Im Startling-Test löste die Bewegung des Objektes zuverlässig eine Fluchtreaktion aus. In der zweiten Testwoche reagierten zwei Pferde nicht mit Flucht.

61 Pferde näherten sich nach der Bewegung des Objektes innerhalb der untersuchten Zeit von fünf Minuten an das Objekt an. Drei Pferde zeigten eine Annäherung an das Objekt nur in einer der beiden Testwochen. Vier Pferde näherten sich weder in der ersten noch in der zweiten Woche innerhalb der vorgegebenen Zeit an (Tab. 3). Bei zwei Pferden konnte wegen eines Protokollfehlers jeweils nur eine der beiden Wochen ausgewertet werden.

Im Vergleich der Annäherungszeiten an das fluchtauslösende Objekt in der ersten Woche zeigten die Hengste aus Gruppe 3 eine schnellere Annäherung als die Hengste aus Gruppe 1 und Gruppe 2. Dabei ist aber nur der Unterschied zwischen Gruppe 3 und Gruppe 2 signifikant.

Tab. 3: Annäherung der Pferde im Startling-Test
Approaching of the horses in the Startling-Test

Gruppe group	Woche week	n gesamt n total	n angenähert n approaching	n nicht angenähert n not approaching
1	1	18	16	2
1	2	18	15	3
2	1	16	14	2
2	2	16	14	2
3	1	35	34	1
3	2	35	34	1

Tab. 4: Ergebnisse des post-hoc Tukey-Tests bezüglich der Annäherungszeiten im Startling-Test
Results of the post-hoc Tukey-Test regarding the appraoching time in the Startling-Test

Effekt / effect		p-Wert / p-value
Gr. 1 Wo. 1	Gr. 2 Wo. 1	0,6915
Gr. 1 Wo. 1	Gr. 3 Wo. 1	0,0645
Gr. 2 Wo. 1	Gr. 3 Wo. 1	0,0269 *
Gr. 1 Wo. 2	Gr. 2 Wo. 2	0,0093 **
Gr. 1 Wo. 2	Gr. 3 Wo. 2	0,5980
Gr. 2 Wo. 2	Gr. 3 Wo. 2	0,0004 ***
Gr. 1 Wo. 1	Gr. 1 Wo. 2	0,0018 **
Gr. 2 Wo. 1	Gr. 2 Wo. 2	0,4145
Gr. 3 Wo. 1	Gr. 3 Wo. 2	0,0027 **
Gr. 1 gesamt	Gr. 2 gesamt	0,0326 *
Gr. 1 gesamt	Gr. 3 gesamt	0,0950
Gr. 2 gesamt	Gr. 3 gesamt	< 0,0001 ***

In der zweiten Testwoche bestand nahezu kein Unterschied in der Annäherungszeit von Gruppe 1 im Vergleich zu Gruppe 3. Die Hengste aus Gruppe 1 näherten sich hoch signifikant und die Hengste aus Gruppe 3 höchstsignifikant schneller an als die Hengste aus Gruppe 2.

Der Vergleich der Annäherungszeiten innerhalb der Gruppen zwischen Woche 1 und Woche 2 zeigte in Gruppe 1 und in Gruppe 3 eine hochsignifikant schnellere Annäherung an das Objekt in der zweiten Testwoche. In Gruppe 2

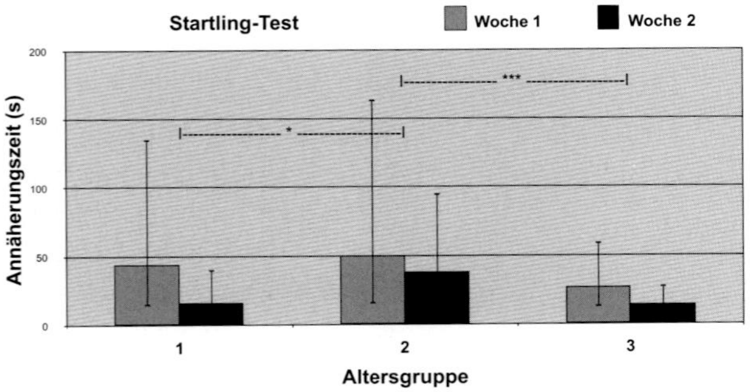

Abb. 2: Annäherungszeit im Startling-Test von drei Altersgruppen zu zwei Zeitpunkten
Approaching time in the Startling-Test of three age groups at two points in time

Tab. 5: Fluchtreaktionen der Pferde im Startling-Test
Flight reactions of the horses in the Startling-Test

Gruppe group	n gesamt n total	keine Fluchtreaktion no flight reaction	Flucht im Schritt flight in walk	Flucht im Trab flight in trot	Flucht im Galopp flight in galopp	Erkundungsverhalten innerhalb von fünf Sekunden explorative behaviour within five seconds
Wo.1 Gr.1	18	0	1	3	14	6
Wo.1 Gr. 2	17	0	2	1	14	3
Wo. 1 Gr. 3	35	0	3	2	30	11
Wo. 2 Gr. 1	18	1	0	1	16	10
Wo. 2 Gr. 2	17	1	0	1	15	3
Wo. 2 Gr. 3	35	0	4	1	30	24

Tab. 6: Annäherung der Pferde im Personentest
Approaching of the horses in the Human-Approach-Test

Gruppe group	Woche week	n gesamt n total	n angenähert n approaching	n nicht angenähert n not approaching
1	1	18	17	1
1	2	18	18	0
2	1	17	16	1
2	2	17	17	0
3	1	35	28	7
3	2	35	32	3

gab es zwar eine geringgradig schnellere Annäherung in der zweiten Woche, aber dieser Unterschied war ohne Signifikanz.

Bei Betrachtung der Altersgruppen allgemein (ohne Unterscheidung von Woche 1 und Woche 2) zeigten die Hengste aus Gruppe 1 und Gruppe 3 lediglich geringe Unterschiede in der Annäherungszeit. Die Pferde aus Gruppe 1 näherten sich signifikant und die Pferde aus Gruppe 3 näherten sich höchstsignifikant schneller an als die Pferde aus Gruppe 2 (Tab. 4 und Abb. 2).

Die Untersuchung des Verhaltens der Pferde in den ersten fünf Sekunden nach der Bewegung des Objektes zeigte, dass sich die Reaktionen der Pferde in verschiedene Kategorien einteilen lassen. Das Ausmaß der Reaktionen reichte von „Keine Fluchtreaktion“ über eine Fluchtreaktion im Schritt, im Trab und im Galopp. Dabei war die Flucht im Galopp in allen drei Pferdegruppen die häufigste Reaktion. In 57 Testsituationen konnte festgestellt werden, dass die Fluchtreaktion bereits innerhalb von fünf Sekunden eingestellt wurde und die Hengste sich deutlich in Richtung des fluchtauslösenden Objektes orientierten (Erkundungsverhalten) (Tab. 5).

In 59 Fällen zeigten die Pferde in der zweiten Testwoche eine Fluchtreaktion aus der gleichen Kategorie wie in der ersten Woche. In fünf Fällen fiel die Reaktion geringer aus als in der ersten Woche, in sechs Fällen steigerte sich die Reaktion in Woche 2.

Tab. 7: Ergebnisse des post-hoc Tukey-Tests bezüglich der Annäherungszeiten im Personentest
Results of the post-hoc Tukey-Test regarding the appraoching time in the Human-Approach-Test

Effekt / effect		p-Wert / p-value
Gr. 1 Wo. 1	Gr. 2 Wo. 1	0,0893
Gr. 1 Wo. 1	Gr. 3 Wo. 1	0,1369
Gr. 2 Wo. 1	Gr. 3 Wo. 1	0,6645
Gr. 1 Wo. 2	Gr. 2 Wo. 2	0,0079 **
Gr. 1 Wo. 2	Gr. 3 Wo. 2	0,0365 *
Gr. 2 Wo. 2	Gr. 3 Wo. 2	0,3362
Gr. 1 Wo. 1	Gr. 1 Wo. 2	0,1110
Gr. 2 Wo. 1	Gr. 2 Wo. 2	0,5160
Gr. 3 Wo. 1	Gr. 3 Wo. 2	0,1441
Gr. 1 gesamt	Gr. 2 gesamt	0,0023 **
Gr. 1 gesamt	Gr. 3 gesamt	0,0122 *
Gr. 2 gesamt	Gr. 3 gesamt	0,3281

3.3 Personentest

Im Personentest näherten sich 59 Pferde innerhalb der Testzeit von fünf Minuten an den Menschen an. Zehn Pferde näherten sich nur in einer der beiden Testwochen an die unbekannte Person an. Ein Pferd näherte sich in beiden Wochen nicht innerhalb der untersuchten Zeit an (Tab. 6).

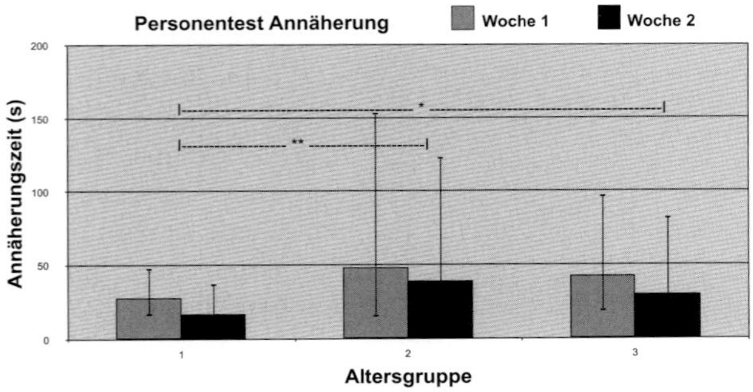

Abb. 3: Annäherungszeit im Personentest von drei Altersgruppen zu zwei Zeitpunkten
Approaching time in the Human-Approach-Test of three age groups at two points in time

Der Vergleich der Annäherungszeiten an den Menschen zeigte keinen Unterschied zwischen den drei Pferdegruppen in der ersten Testwoche. In Woche 2 näherten sich die Pferde aus Gruppe 1 hochsignifikant schneller an als die Pferde aus Gruppe 2 und signifikant schneller als die Pferde aus Gruppe 3. Zwischen den Pferden aus Gruppe 2 und Gruppe 3 bestand nur ein geringer Unterschied in der Annäherungszeit in Woche 2, dieser war ohne Signifikanz. Bei Betrachtung der Gruppen insgesamt ohne Unterscheidung der beiden Testwochen zeigten die Hengste aus Gruppe 1 eine hochsignifikant schnellere Annäherung an die Testperson als die Hengste aus Gruppe 2 und eine signifikant schnellere Annäherung als die Hengste aus Gruppe 3. Zwischen den Hengsten aus Gruppe 2 und Gruppe 3 bestand kein signifikanter Unterschied (Tab. 7 und Abb. 3).

4 Diskussion

Die Reaktion auf flucht- oder angstauslösende Situationen wird sowohl von genetischen Faktoren (Rasse, Linie) als auch von Umweltbedingungen bzw. individuellen Lebenserfahrungen beeinflusst (Hausberger 2008). In unserer Studie lebten alle Pferde unter den gleichen Haltungsbedingungen und ihre Ausbildung und das darauf folgende Training wurden in der gleichen Art und Weise durchgeführt. Die Pferde unterschieden sich zum Zeitpunkt der Untersuchung vor allem in ihrem Ausbildungsstand. Dies scheint einen Effekt auf das Flucht- und Erkundungsverhalten der Pferde zu haben.

Neugier und Erkundungsverhalten sind besonders bei Fohlen stark ausgeprägt. Sie gelten neben dem Spiel als der „Hauptmotor zum selbstständigen Lernen" (ZEITLER-FEICHT 2008). Wissenschaftliche Studien besagen, dass junge Pferde leichter und bereitwilliger lernen als erwachsene Pferde. Sie können sich besser an Veränderungen sowohl auf physischer Ebene als auch in ihrem sozialen Umfeld anpassen (MCDONNELL 1999). Dieser Effekt spiegelt sich auch in einem Teil der Ergebnisse unserer Studie wieder.

LANSADE et al. (2008 a, 2008 b) zeigten, dass sich Tests mit unbekannten Objekten und Personen und erschreckenden Reizen zur Untersuchung des Flucht- und Erkundungsverhalten von Pferden eignen.

Im Novel-Object-Test zeigte sich in unseren Untersuchungen lediglich ein Einfluss der Woche auf das Erkundungsverhalten. Die Pferde näherten sich in der zweiten Testwoche schneller an das unbekannte Objekt an. Dies zeigt, dass die Pferde die Gesamtsituation lernen, unabhängig von ihrem Ausbildungsstand. Dieser Effekt zeigte sich ebenfalls im Startling-Test und im Personentest.

Im Startling-Test zeigten die Pferde aus Gruppe 1 und aus Gruppe 3 eine schnellere Annäherung an das fluchtauslösende Objekt als die Pferde aus Gruppe 2. Dieses Ergebnis kann mit einem ausgeprägteren Erkundungsverhalten der Pferde aus diesen beiden Gruppen aufgrund ihres Alters erklärt werden. Ein fluchtauslösendes Objekt wird schneller erkundet, die Neugier ist bei diesen jüngeren Pferden größer.

Das Verhalten von Pferden gegenüber Menschen ist oft eine Kombination aus ihrem individuellen Temperament und den Erfahrungen, die sie bisher mit Menschen gemacht haben. Untersuchungen von VISSER et al. (2008) zeigten einen Anstieg der Frequenz der Berührung eines unbekannten Menschen innerhalb einer Trainingsperiode von fünf Wochen. Dabei hatte die Trainingsmethode (traditionelle Ausbildung vs. „alternative, freundliche" Trainingsmethode) keinen Einfluss auf die Ergebnisse. Die Trainingsmethode der Pferde, die an unserer Untersuchung teilnahmen, war bei allen Pferden die gleiche traditionelle Ausbildung. Die Pferde zeigten aber Unterschiede zwischen den drei Gruppen, also zwischen den verschiedenen Ausbildungsständen.

Im Personentest nahmen die Pferde aus Gruppe 1 schneller Kontakt zu der unbekannten Testperson auf als die Pferde aus Gruppe 2 und aus Gruppe 3. Die Pferde aus Gruppe 1 waren zum Testzeitpunkt drei Jahre alt und zeigen somit aufgrund ihrer Jugend wie bereits erwähnt ein deutlich ausgeprägtes Erkundungsverhalten. Die Pferde der Gruppe 2 befanden sich in verschiedenen Stadien der Ausbildung, waren aber bereits deutlich länger im Training als die Pferde der Gruppe 1 und Gruppe 3. Diese Pferde assoziierten die Reithalle, in der die Tests durchgeführt wurden wahrscheinlich mit einer Arbeits-/Trainingssituation, da die Halle ausschließlich dafür genutzt wird. Sie hatten in dieser Situation schon gelernt auf die Signale von Menschen zu reagieren und weniger selber zu agieren. Die Pferde aus Gruppe 3 waren zwar zum Testzeitpunkt im gleichen Alter wie die Pferde aus Gruppe 2, aber bei ihnen lag der Beginn der Ausbildung erst vier Monate zurück. Vor diesen vier Monaten änderte sich das Leben dieser Pferde erheblich. Sie wurden von der Gruppenhaltung auf dem Aufzuchtsgestüt in Einzelboxenhaltung umgestallt und das Anreiten begann. Ein solches einschneidendes Erlebnis kann dazu führen, dass diese Pferde sich Menschen gegenüber zurückhaltender verhalten.

LANSADE et al. (2008 a, 2008 b) konnten eine Korrelation zwischen den Reaktionen von Pferden in Tests zum Erkundungsverhalten (u. a. Novel-Object-Test) und Fluchtverhalten (plötzliches Aufspannen eines Regenschirmes) und eine Persistenz des Verhaltens über die Zeit von 1,7 Jahren feststellen. Daraus kann man eine Vorhersagbarkeit der individuellen Reaktionen von Pferden ableiten. Unsere Ergebnisse über die Persistenz des Verhaltens zwischen den zwei Testwochen zeigen bisher lediglich eine Tendenz. So blieb die Fluchtreaktion der Pferde im Startling-Test bei 59 von 70 Pferden gleich, das entspricht 84,3 %. Hier müssen die Daten aber erst noch intensiver untersucht werden. Die weitere Auswertung unserer Studie befasst sich ebenfalls mit der Korrelation zwischen den verschiedenen Testsituationen und es soll untersucht werden, ob es einen Zusammenhang zwischen den Annäherungszeiten und dem Ausdrucksverhalten gibt.

5 Schlussfolgerung

Zusammenfassend kann gesagt werden, dass der Ausbildungsstand der Pferde keinen Einfluss auf das Erkunden eines unbekannten Objektes hat. Bei der Annäherung an ein fluchtauslösendes Objekt und an einen unbekannten Menschen waren dagegen deutliche Unterschiede bezüglich des Ausbildungszustandes zu erkennen. Das Verhalten der Pferde bei einem sich plötzlich bewegendes Objekt lässt sich in Kategorien einteilen.

Danksagungen

Wir bedanken uns für die Unterstützung unserer Untersuchung bei der Tierärztlichen Vereinigung für Tierschutz e. V. (TVT), dem Landgestüt Celle und der Firma Eggersmann GmbH & Co KG.

6 Literatur

FORKMAN, B. et al. (2007): A critical review of fear tests used on cattle, pigs, sheep, poultry and horses. Phys. & Beh. 92, 340–374

HAUSBERGER, M. (2008): Temperament and personality in horses: an overview. In: Proceedings of the International Equine Science Meeting 2008, Hg. Krueger, K., Wald, S. 10

LANSADE, L. et al. (2008 a): Fearfulness in horses: A temperament trait stable across time and situations. Appl. Anm. Beh. Sci. 115, 182–200

LANSADE, L. et al. (2008 b): Reactivity to humans: A temperament trait of horses which is stable across time and situations. Appl. Anm. Beh. Sci. 114, 492–508

VISSER, K. et al. (2008): Effect of training method on response of horses to a human approach test. In: In: Proceedings of the International Equine Science Meeting 2008, Hg. Krueger, K., Wald, S. 54

ZEITLER-FEICHT, M (2008): Handbuch Pferdeverhalten. Stuttgart, 2. Auflage

Kristina Goslar, Willa Bohnet
Institut für Tierschutz und Verhalten, Stiftung Tierärztliche Hochschule Hannover,
Bünteweg 2, 30559 Hannover

Chronopsychobiologische Regulationsdiagnostik (CRD) zur Beurteilung von Belastungssituationen und Bestimmung von Stressregulationstypen bei Pferden

Chronopsychobiological regulation diagnosis (CRD) to assess the situations of strain and to categorize horses in stress regulation types

Diana Stucke, Willa Bohnet

Zusammenfassung

In dieser Untersuchung wurde überprüft, ob die für die Stressmessung beim Menschen etablierte chronopsychobiologische Regulationsdiagnostik (CRD) mithilfe des smardwatch®-Systems auch beim Pferd psychische Belastungssituationen aussagekräftig widerspiegelt und sich Pferde ähnlich wie Menschen anhand eines Dreiphasenentspannungstests in unterschiedliche Stressregulationstypen einteilen lassen. Hierfür wurden 16 Pferde je zwei Testsituationen ausgesetzt, die im Zusammenhang mit Erkundungs- und Fluchtverhalten standen (Novel-Object-Test und Startling-Test). Während dieser Belastungssituationen wurden mit dem smardwatch®-System die elektrophysiologischen Parameter Hautwiderstand, Hautpotenzial und Muskelaktivität erfasst. Als physiologische Vergleichsparameter wurden vor, während und nach der Belastung insgesamt vier Speichelproben zur Kortisolbestimmung entnommen.

Die smardwatch®-Messtechnik ist geeignet, die physiologischen Werte Hautwiderstand, Hautpotenzial und Muskelaktivität von Pferden aufzunehmen. Mit ihr können regulatorische Prozesse festgestellt und chronobiologische Regulationszustände auch beim Pferd definiert werden. Entsprechend der relativen Instabilitäten der Regulation der Körperfunktionen in Phase II und Phase III des Dreiphasenentspannungstests konnten auch beim Pferd vier Stressregulationstypen definiert werden: **Stressbeherrscher, -bewältiger, -kompensierer und Stressnichtbewältiger**.

Die Kortisolwerte stiegen im Verlauf der Testsituationen an. Der Speichelkoritisolanstieg war im Mittel in der zweiten Testwoche niedriger als in der ersten. Die Stressreaktion der Pferde durch den Test war somit in der zweiten Woche geringer. Die Stresstypen allerdings veränderten sich zu gleichen Teilen zum Besseren, zum Schlechteren oder blieben gleich.

Ein Vergleich der chronobiologischen Regulationszustände mit gleichzeitig erfassten Verhaltensmustern der Pferde steht noch aus.

Die chronopsychobiologische Regulationsdiagnostik (CRD) ist derzeit als Ergänzung zu ethologischen Verfahren zur Beurteilung von Belastungssituationen bei Pferden geeignet.

Summary

In this study we examined, if the chronopsychobiological regulation diagnosis (CRD) with the smardwatch®-system which is established to assess specific strain in humans, is also able to reflect convincing specific strain in horses. We checked furthermore, if we can categorize horses in four stress regulation types like humans. We put sixteen horses in two test situations, which are in context with explorative and flight behaviour (novel-object-test and startling-test). While these situations of strain the system smardwatch® measured the elektro-physiolological parameters skin resistance, skin potential and electrical muscle activity. Furthermore we took four samples of saliva before, during and after the situations of strain to set the cortisol concentration and compare it with the chronopsychobiological parameters.

The smardwatch®-measurement technology is able to measure the physiological parameters skin resistance, skin potential and electrical muscle activity of horses. Regulatory processes and chronobiological regulatory states can be defined also in horses. Depending on the proportions of unstable regulation processes during and after the situations of strain, four types of regulation can be defined: the Control-, Cope-, Compensate- and Non-cope-type.

The cortisol value increased during the test situations. The mean cortisol-rise was in the second week lower than in the first week. Therefore the horses experienced less stress in the second week. Although the types of regulation improved, got worse or stayed unchanged in same parts.

The comparison of the chronobiological regulatory states with simultaneously observed behaviour patterns still has been due.

The chronopsychobiological regulation diagnosis (CRD) is present suited to assess situations of strain in horses for the completion of ethological behaviour assessment.

1 Einleitung

Die Reaktion von Pferden in Stresssituationen spielt eine wichtige Rolle in der Mensch-Pferd-Beziehung. Zurzeit gibt es etwa 1,5 bis 2 Millionen aktive Reiter. In den Statistiken der Sportunfälle steht Reiten als Ursache (bei weiblichen Reitern) zwar an erster Stelle, doch konnte in einer Untersuchung von Heitkamp et al. (1998) an 115 erfahrenen Turnierreitern gezeigt werden, dass sich 52 % der Befragten Verletzungen ausschließlich beim Umgang mit Pferden zugezogen hatten. Diese Unfälle sind meist darauf zurückzuführen, dass der Mensch das Verhalten des Pferdes nicht richtig einschätzt.

Ein wichtiges Mittel zur Interpretation des Verhaltens von Pferden auch in Stresssituationen ist ihr Ausdrucksverhalten. Bisher gibt es aber nur relativ wenig wissenschaftlich fundierte Kenntnisse über die Aussagekraft des Ausdrucksverhaltens, insbesondere wenn es darum geht, Belastungssituationen im Sinne der §§ 2, 3 und 5 TierSchG objektiv zu bewerten (keine – nicht erhebliche Schmerzen, Leiden oder Schäden in Zusammenhang mit Haltung, Ausbildung, Training von Pferden). Nicht invasive Erfassungsmethoden physiologischer Daten aus Speichel, Kot und Harn, telemetrische Herzfrequenz- und Aktivitätsmessungen und die Analyse von Tierlauten erleichtern heutzutage die Beurteilung, ohne dass die Tiere dadurch belastet werden. In vielen Fragestellungen zur Stressbelastung von Pferden können die physiologischen Stressparameter jedoch nicht direkt erhoben werden, weil die Situation kein Zugriff auf die Tiere erlaubt.

Schwierig bleibt außerdem die objektive Beurteilung von Befindlichkeiten, da Empfindungen und Gefühle nur subjektiv wahrnehmbare Qualitäten sind, die von einer Reihe innerer und äußerer Faktoren abhängen.

Die chronopsychobiologische Regulationsdiagnostik (CRD) ermöglicht durch eine nicht invasive, telemetrische Messung der Vorgänge des vegetativen Nervensystems Befindlichkeiten der Tiere abzuleiten.

2 Tiere, Material und Methode

2.1 Tiere und Datenerhebung

Die Untersuchung wurde mit 16 dreijährigen Hengsten des Niedersächsischen Landgestüts Celle durchgeführt. Die Pferde wurden zwei Testsituationen ausgesetzt, die im Zusammenhang mit Erkundungs- und Fluchtverhalten standen (Novel-Object-Test und Startling-Test). Die Testsituationen wurden in einer 14,8 x 14,8 m großen abgetrennten Fläche in einer geschlossenen Reithalle, die den Pferden bekannt war, durchgeführt. Die Versuche wurden mit jedem Pferd im Abstand von genau einer Woche einmal wiederholt. Beim Novel-Object-Test wurde dem Pferd in dem oben genannten Feld ein unbekannter Gegenstand (aufblasbares Schwimmtier) platziert. Der Test wurde beendet, wenn das Pferd das Objekt berührt hatte oder spätestens nach fünf Minuten. Die Testwiederholung wurde mit einem anderen unbekannten Schwimmtier durchgeführt. Beim Startling-Test wurde das Pferd nacheinander mit zwei Flucht auslösenden Umweltreizen konfrontiert: 1. ein sich bewegendes Objekt (Schwimmtier, definierte Geschwindigkeit, Testwiederholung anderes Objekt), 2. ein lautes, plötzliches Geräusch (vier Schüsse, definierte Frequenz und Lautstärke, Testwiederholung anderes Geräusch (Applaus)). Nach jedem Fluchtreiz hatte das Pferd fünf Minuten Zeit sich dem Objekt wieder anzunähern, bzw. den Geräuschreiz zu verarbeiten.

Während dieser potenziell Stress auslösenden Situationen trugen die Pferde das smardwatch®-Gerät am Hals auf der Haut. Es wurde mithilfe einer Power-Flex®-Bandage hinter den Ganaschen fixiert.

Die Elektroden des Messgeräts erfassten die physiologischen Parameter Hautwiderstand, Hautpotenzial und Muskelaktivität in Form von Datenzeitreihen, die per Funk in Echtzeit auf den Computer übertragen wurden. Eine Datenzeitreihe definierte sich in diesem Fall durch zehn Messwerte pro Sekunde. Diese chronobiologischen Daten wurden mithilfe einer biorhythmometrischen Zeitreihenanalyse ausgewertet (Fritz 2005).

Um eine Stressregulationstypeneinteilung vornehmen zu können, wurden die Daten im Rahmen eines Dreiphasenentspannungstests (Balzer und Hecht 1996) aufgenommen. Dabei wurden folgende Phasen definiert:

- **Phase I:** Ruhemessung in der Box (15 min),
- **Phase II:** Erleben des Stressors (Novel-Object-Test + Startling-Test, max. 15 min) und
- **Phase III:** Stressverarbeitung in der Halle (7 min).

Die chronopsychobiologische Regulationsdiagnostik (CRD) ist in der Schlaf- und Stressforschung des Menschen schon seit 1989 etabliert (Balzer und Hecht 1989). Um die Methode auch beim Pferd wissenschaftlich korrekt einzuführen, wurden zur Absicherung der chronobiologischen Ergebnisse Kortisolwerte aus dem Speichel der Pferde bestimmt. Kortisol ist ein biochemischer Stressparameter der im Speichel ebenfalls nicht invasiv bestimmt werden kann. Dazu wurden von jedem Pferd vier Speichelproben entnommen: je ein Ruhewert vor und nach den Testsituationen (Probe 0 und 2) und zwei Proben in Abhängigkeit der Testsituationen (Probe 1b und 1c). Die Pferde wurden in der Woche vor den Tests an die Entnahmetechnik gewöhnt, um eine eventuelle Stressbelastung durch die Entnahme zu vermeiden. Der Speichel wurde mit einer Cortisolsalivette® (Sarstedt) und einer Kornzange gewonnen.

2.2 Methode und Datenbearbeitung

Die vegetativen Reaktionen eines Organismus auf Reize können über die elektrophysiologischen Parameter Hautwiderstand, Hautpotenzial und Muskelaktivität dargestellt werden.

Der **Hautwiderstand** gibt Aufschluss über die elektrische Leitfähigkeit der Haut und wird u. a. von der Schweißdrüsenaktivität der ekkrinen Schweißdrüsen, die durch den Sympathikus gesteuert werden, beeinflusst (Boucsein 1988). Über die Messung des Hautwiderstandes zwischen zwei Hautarealen lässt sich über die Menge des abgegebenen Schweißes (emotionales Schwitzen) eine Korrelation zur Aktivität des Sympathikus herstellen. Der elektrische Hautwiderstand reflektiert demnach die *emotionell-sympathischen* Reaktionen.

Die Differenz summarischer Zellpotenziale auf der Hautoberfläche wird durch den Parameter **Hautpotenzial** gemessen. Das Hautpotenzial wird vorwiegend parasympathisch gesteuert und spiegelt deshalb vegetativ-kognitive Reaktionen wider (Bureš 1960).

Das **Elektromyogramm** stellt die Registrierung bioelektrischer Aktivitäten von Muskeln dar. Es reflektiert Muskelaktionspotenziale, die spontan oder willkürlich innerviert auftreten können. Daher reflektiert das Elektromyogramm die *motorischen* Reaktionen des Individuums (Ferstl 2005).

Die in Zeitreihen vorliegenden physiologischen Parameter werden durch eine biorhythmometrische Analyse nach Balzer und Hecht (1988) wie folgt ausgewertet.

Eine Zeitreihe enthält die folgenden Anteile:

- Quasistationäre Anteile (langsam veränderliche Anteile mit Trend)
- Stochastische Anteile (kein Trend, keine reproduzierbaren Ereignisse)
- Periodische Anteile (kein Trend, reproduzierbare Maxima und Minima).

Die biorhythmometrische Zeitreihenanalyse (oder auch Regulationsanalyse) beinhaltet folgende mathematische Schritte:

1. *Trendanalyse* mittels gleitender Mittelung: Die quasistationären Anteile werden von den stochastischen und periodischen Anteilen getrennt;
2. *Dynamikanalyse*
   - Autokorrelationsanalyse
     → Bestimmung des Maximums der Autokorrelation
   - Leistungsdichtespektrum (über die Autokovarianz)
     → Bestimmung des rel. Maximums des Leistungsdichtespektrums
     Mittels Autokorrelationsfunktion und Leistungsdichtespektrum wird innerhalb eines Fensters (Fensterbreite 20 Daten) die Periode mit der größten Auftrittswahrscheinlichkeit bestimmt.

- Berechnung von Modellfunktionen mittels Fourieranalyse
  Durch das Verschieben des Fensters durch die Zeitreihe entsteht eine neue Zeitreihe, welche die Änderung einer Periode über die Zeit (**Dynamikfunktion: Zeitreihendarstellung der Periodenvariabilität**) darstellt. Mittels dieser Methode werden gleichzeitig stochastische Anteile von den periodischen getrennt.
- Erstellung der **Dynamikfunktion** durch Auswahl des günstigsten Modells mittels Methode der kleinsten Quadrate

Die Differenzierung der Dynamikfunktion über die Zeit gestattet es, stabile und instabile Regulationsvorgänge nachzuweisen:

3. *Zustandsanalyse*
   Die Häufigkeiten der in einem definierten Analysezeitraum (Datenfenster 20) auftretenden Perioden werden in einem Säulendiagramm dargestellt (**Zustandsfunktion**). Kurze Perioden werden links, lange Perioden rechts im Bild aufgetragen. Dadurch ergeben sich für die einzelnen Regulationszustände typische Bilder, die durch das **„Periodische System der Regulationszustände (PSR)“** (Balzer und Hecht 2000) definiert und bewertet werden können (Abb. 1).

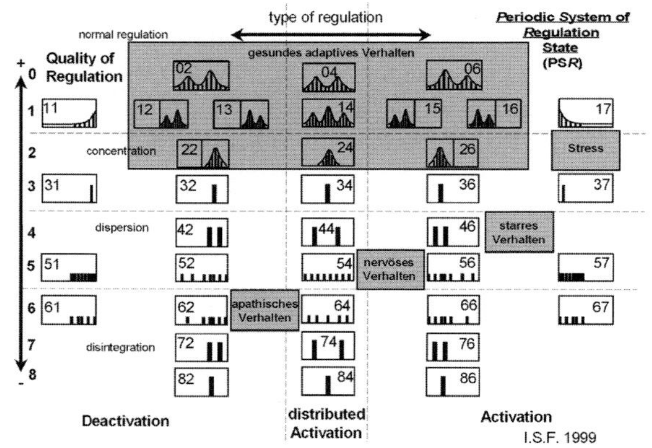

Abb. 1: Periodisches System der Regulationszustände (PSR) nach Balzer und Hecht 2000
Periodic System of Regulatory States (PSR) (Balzer and Hecht 2000)

Unter einem **Regulationszustand** wird ein für eine bestimmte Zeit quasistationärer Zustand eines Regulationssystems verstanden, der durch charakteristische Regulationsvorgänge gekennzeichnet ist.

Im PSR (Abb. 1) wird auf der vertikalen Ebene die **Regulationsgüte** (Quality of Regulation) dargestellt. Sie gibt Auskunft darüber, in welcher Form die Perioden verteilt sind. Bei einer gesunden, adaptiven Regulation sind die Perioden relativ gleichmäßig verteilt (Zustände 02–06; 12–16; 22–26). Je starrer die Regulation ist, desto weniger Perioden kommen vor (Zustand 37 entspricht einer totalen Verkrampfung z.B. bei chronischem Stress). In einem komplett desynchronisierten Zustand dagegen kommen einige Perioden mit gleicher Häufigkeit vor und sind ähnlich einem Chaos gleich verteilt (z.B. Zustand 64, nervöses (56) bis apathisches Verhalten (62)).

Auf der horizontalen Ebene des PSR ist der **Aktivierungsgrad** oder **Regulationstyp** (Type of Regulation) abgebildet. Entscheidend hierfür ist, ob schnelle Regulationsvorgänge (kurze Perioden) = *Aktivierung* (alle Bilder rechts von Zustand 04 bis 74) oder langsame Regulationsvorgänge (lange Perioden) = *Deaktivierung* (alle Bilder links von Zustand 04 bis 74) vorherrschen. Die Zustände 04 bis 74 entsprechen einer *verteilten Aktivierung*. Eine gute Regulation ist durch den Wechsel kurzer und langer Perioden gekennzeichnet.

Die Regulationszustände und ihre Variation geben Auskunft darüber, wann das regulatorische System belastet, bzw. überlastet ist.

Die Bestimmung der **Stressregulationstypen** erfolgte nach dem Reiz-Reaktionsprinzip. Die drei Phasen, bestehend aus Entspannungs-Ruhephase, Reizphase und Postphase, mussten aufgrund unterschiedlicher Zeitdauern normiert werden, um vergleichbare Stabilitäts-Instabilitäts-Kennwerte je Phase zu bekommen. Es wird die relative Stabilität bzw. Instabilität der Regulation in allen drei Parametern berechnet. Dazu wird von Datenpaar zu Datenpaar der Dynamikfunktion bestimmt, ob sich die Periodenlänge ändert. Wenn die Periode sich ändert, ist sie instabil, wenn sie gleich bleibt, wird sie als stabil bewertet. Die prozentualen Verhältnisse der bestimmten Instabilitäten zwischen den drei Phasen des Tests charakterisieren dann den Stressregulationstyp. Vier Typen wurden definiert:

- Beherrscher (BH)
- Bewältiger (BW)
- Kompensierer (KP)
- Nichtbewältiger (NBW).

Die Speichelkortisolbestimmung erfolgte mit einem Cortisol ELISA® (IBL Hamburg) aus der Humanmedizin. Die Proben wurden bis zur weiteren Verarbeitung bei – 21 °C konserviert.

3 Ergebnisse

Die elektrophysiologischen Parameter Hautwiderstand, Hautpotenzial und Muskelaktivität konnten mit dem smardwatch®-Gerät auf der Haut des Pferdes gemessen werden (Abb. 2).

Durch die biorhythmometrische Analyse konnten auch Regulationszustände definiert werden. Als Beispiel sind in Abbildung 3 und 4 die am häufigsten vorkommenden

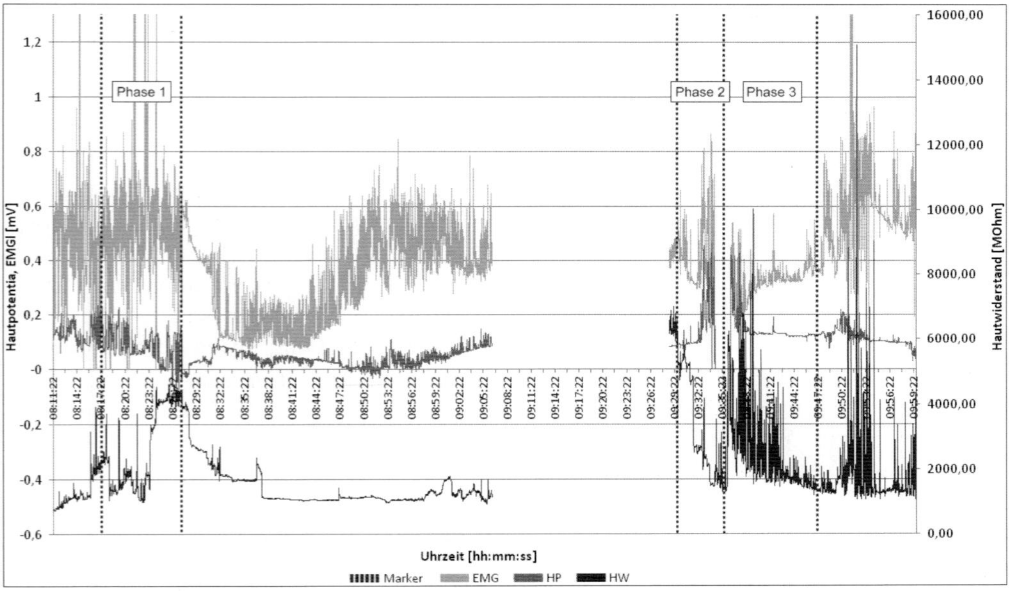

Abb. 2: Originaldaten des Hengstes Hardenberg in den drei Messphasen in der ersten Testwoche
Original data of the stallion Hardenberg of the three phases in the first week

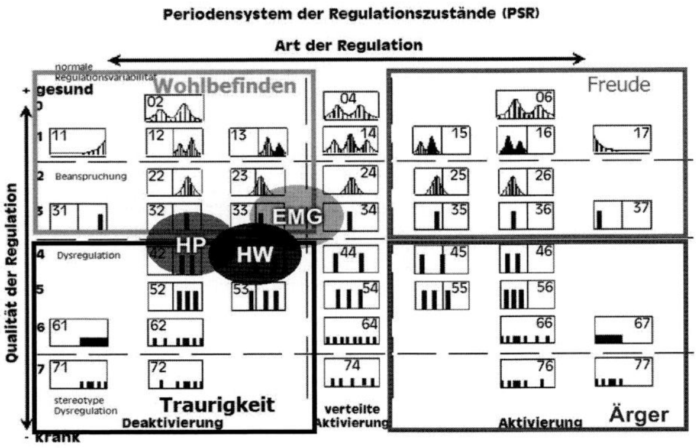

Abb. 3: Die am häufigsten vorkommenden Regulationszustände des Pferdes Special One während der Ruhephase in der ersten Testwoche

The most frequently found regulatory states of the stallion Special One during the calm period in the first week

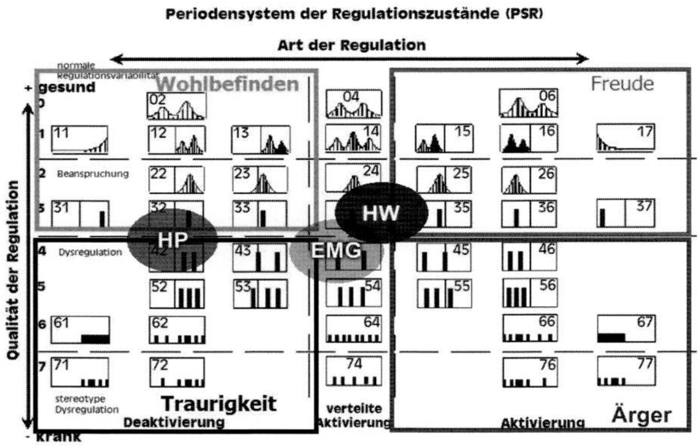

Abb. 4: Die Regulationszustände von Special One während der Ruhephase in der zweiten Testwoche

The most frequently found regulatory states of Special One during the calm period in the second week

Regulationszustände des Pferdes Special One während der Ruhemessung in der ersten und zweiten Woche dargestellt.

Die drei Parameter sind farblich unterschiedlich dargestellt: das Elektromyogramm (motorische Reaktionen) lila, das Hautpotenzial (vegetativ-kognitive Reaktionen) grün und der Hautwiderstand (vegetativ-emotionale Reaktionen) blau. Das Pferd befindet sich in beiden Wochen in einem deaktivierten Gesamtzustand, wobei in der zweiten Woche der Hautwiderstand leichte Aktivierung und Freude anzeigt. Eine Deaktivierung im Bereich des Wohlbefindens ist bei einer guten Ruhemessung zu erwarten.

Ein Vergleich der situativ bestimmten Regulationszustände der einzelnen Pferde mit den gleichzeitig erfassten Verhaltensänderungen während der Stresssituationen soll noch durchgeführt werden.

Mathematisch konnten die Pferde auch in Stressregulationstypen eingeteilt werden. Es zeigte sich, dass sie den Stress oft in allen drei Parametern unterschiedlich verarbeiteten. Der Stressbeherrscher bewältigt den Stressreiz am besten. Über den Stressbewältiger, den Kompensierer bis hin zum Stressnichtbewältiger wird die Stressverarbeitung immer schlechter. Im Vergleich beider Wochen verbesserten sich einige Pferde im Stressregulationstyp, einige blieben gleich und andere verschlechterten sich (Tab. 1). Es wurde die Hypothese aufgestellt, dass die Verschlechterung bzw. Verbesserung des Stresstyps mit dem Verlauf der Ruhemessung zusammenhängen könnte. Um dies zu überprüfen wurden die am häufigsten vorkommenden Regulationszustände in allen drei Parametern während der Phase 1 bestimmt. Es konnte jedoch kein direkter Zusammenhang zwischen einem schlechteren Regulationszustand in der Ruhephase und einer Verschlechterung im Stresstyp insgesamt festgestellt werden.

Tab. 1: Stressregulationstypen in Woche 1 und 2 aufgeschlüsselt nach den drei Parametern HW, HP, EMG (BH = Beherrscher, BW = Bewältiger, KP = Kompensierer, NBW = Nichtbewältiger)
Stress regulation types in week 1 and 2 divided up into the three parameters Hp, Hw, EMG (BH = Control-, BW = Cope-, KP = Compensate-, NBW = Non-Cope-type)

Pferdename	Woche 1			Woche 2		
	Emotional HW	Kognitiv HP	Motorisch EMG	Emotional HW	Kognitiv HP	Motorisch EMG
Denzel Washington	BW	BW	KP	BH	NBW	BH
Dundee	BW	NBW	NBW	BW	KP	NBW
Dürrenmatt	NBW	KP	NBW	BW	NBW	BH
Esperanto	BH	NBW	BH	KP	KP	KP
Hardenberg	BW	KP	KP	KP	BW	BW
Rabauke	BH	BW	KP	BW	KP	BW
Randalf	KP	KP	BW	BH	BW	BW
Royal Bayou	BH	BW	NBW	KP	KP	BH
Royal Matcho	BH	KP	NBW	BW	NBW	BH
Etienne	BW	BW	BW	BW	BH	KP
Sir Hasso	KP	BH	BW	BW	BW	NBW
Serenus	NBW	BW	KP	BW	NBW	BW
Simpson	KP	NBW	KP	BW	BW	BW
Special One	NBW	BW	BW	NBW	NBW	KP
Stanley	BW	KP	KP	BW	NBW	BW
Symphoniker	KP	KP	KP	BW	BH	BH

Die Speichelkortisolwerte stiegen im Verlauf der Testsituationen deutlich an. Die über den Median gemittelten Kortisolwerte waren in der zweiten Testwoche deutlich niedriger als in der ersten. Der Verlauf des Kortisols (Abb. 5), sowie die von GOSLAR (2009) ausgewerteten ethologischen Parameter zeigten, dass die Pferde im Mittel in der zweiten Testwoche eine geringere Stressreaktion durchlebten. Dies bestätigten die bis jetzt eingeteilten Stresstypen nicht.

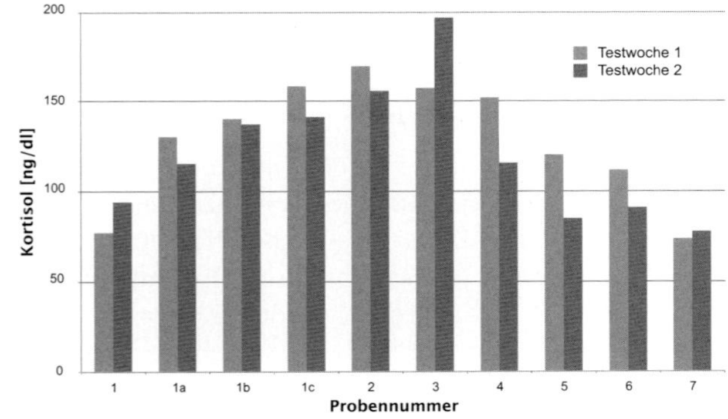

Abb. 5: Medianwerte (n = 16) der Speichelkortisolkonzentrationen in der ersten bzw. zweiten Woche
Median of salivatory cortisol concentration in the first and second week

4 Diskussion

Die vorgestellten Ergebnisse sind Teil einer Studie mit 64 Pferden. Ziel dieser Studie ist es, einen abschließenden Vergleich mit den von GOSLAR (2009) zeitsynchron an den gleichen Pferden aufgenommenen ethologischen Parametern durchzuführen. Dadurch soll eine Verbindung zwischen nichtinvasiv gewonnenen physiologischen bzw. biochemischen Parametern und den Verhaltensänderungen der Pferde in den Belastungssituationen hergestellt werden.

Die hier berechnete Stresstypeneinteilung der Pferde hat sich in dem Kortisolverlauf und dem bis jetzt ausgewerteten Verhalten (schnellere Annäherungszeiten an die Objekte in der zweiten Woche) nicht widergespiegelt. Die Grundlage für die Stresstypeneinteilung ist der Dreiphasenentspannungstest, welcher nach dem Reiz-Reaktionsprinzip funktioniert. Ursprünglich wurde der Test am Menschen mit klar definierten Verhaltensphasen und nur mit dem Parameter Hautwiderstand durchgeführt: zehn Minuten Entspannung, eine Minute permanente Stressoreinwirkung und wieder zehn Minuten Stressverarbeitung/Ruhe (Balzer und Hecht 1996). In der vorliegenden Untersuchung war die Reizphase relativ lang (max. 15 min) und durch Beobachtungszeiten für die Verhaltensbeurteilung unterbrochen. Dies führte möglicherweise zu Problemen bei der Stresstypeneinteilung. Pferde die eine geringe Stressreaktion auf die Reize zeigten, verarbeiteten den Stress eventuell schon in den fünf Minuten zwischen den einzelnen Reizen, was hier aber als Reizphase gerechnet wurde. Außerdem konnten sich die Pferde in dieser Zeit mit anderen Umgebungsreizen beschäftigen, die ebenfalls das klare Reiz-Reaktionsverhältnis überlagert haben könnten. Eine Stressreaktion ist immer individuell, aber Sinn der Typeneinteilung ist es die Art der Stressreaktion und des Verhaltens in gewissem Maße voraussagen zu können. Somit sollte sich der Stresstyp eigentlich nur durch einschneidende Erfahrungen, bzw. im Verlauf eines langen Lebens verändern.

Um zu überprüfen, ob eine genauer definierte Reizphase zu einer anderen Typeneinteilung der gleichen Pferde führt, sollen die zu einer Reizphase zusammengefassten Testsituationen (Novel-Object-Test, Startling-Test) je einzeln im Rahmen eines Dreiphasenentspannungstestes ausgewertet und die ermittelten Stressregulationstypen erneut mit dem Verhalten und dem Kortisolanstieg der Pferde verglichen werden.

5 Schlussfolgerung

Aus den noninvasiv erhobenen chronobiologischen Daten können mittels biorhythmometrischer Analyse periodische Informationen verifiziert und Aussagen über Aktivierungs- und Regulationszustände bei Pferden gemacht werden.

Die Stresstypeneinteilung muss anhand eines neu definierten Dreiphasenentspannungstests erneut überprüft werden. Desweiteren müssen die Quervergleiche zwischen Biochemie (Kortisol) und Physiologie (chronobiologische Parameter) noch genauer vorgenommen werden, um Zusammenhänge feststellen zu können.

6 Literatur

BALZER, H.-U.; HECHT, K. (1988): Dynamic of processes – a possibility to analyses physiological parameters. Supplement to „The Physiologist", Vol. 31 (1)

BALZER, H.-U.; HECHT, K. (1989): Ist Stress noninvasiv zu messen? Wiss. Ztschr. Der HU Berlin, R. Med. 38, 456–460

BALZER, H.-U.; HECHT, K. (1996): Categorization of different Personality Typs with respect to susceptibility to stress and coping skills. Eigth International Montreux Congress on Stress, Abstracts, 1

BALZER, H.-U.; HECHT, K. (2000): Chrono-Psycho-Physiologische Regulationsdignostik (CRD). Ein neuer Weg zur objektiven Bestimmung von Gesundheit und Krankheit. In: Stressmanagement, Katastrophenmedizin, Regulationsmedizin, Prävention, Hg. Hecht, K. und Balzer, H.-U. 1. Berliner Stress-Forschung-Tage 1999, 134–155 (Pabst. Science Publishers, 2000)

BOUCSEIN, W. (1988): Elektrodermale Aktivität. Berlin, Heidelberg, New York: Springer Verlag

BUREŠ, J. (1960): Electrophysiological methods in biological research. Prag (Czechoslovak Academy of Sciences)

FERSTL, E. (2005): Untersuchung von Zusammenhängen zwischen psychophysiologischen Reaktionen und dem Leistungsverhalten von Musikern in Auftrittssituationen. Dissertation, Universität Mozarteum Salzburg

FRITZ, M. (2005): Eine Methode zur Klassifizierung von Regelvorgängen biologischer und musikalischer Prozesse mit Hilfe eines künstlichen neuronalen Netzes. Dissertation, Universität Mozarteum Salzburg

GOSLAR, K.; BOHNET, W. (2009): Grundlagenuntersuchung zum Flucht- und Erkundungsverhalten bei Reitpferd-Hengsten in Abhängigkeit vom Ausbildungsstand. KTBL-Schrift 479

HEITKAMP, H.-C.; HORSTMANN, T.; HILLGERIS, D. (1998): Riding and handling injuries in experienced riders. Der Unfallchirurg 101 (2), 122–128

Diana Stucke
Institut Tierschutz und Verhalten, Stiftung Tierärztliche Hochschule Hannover
Wedemarkstraße 32, 30900 Wedemark
Willa Bohnet
Institut für Tierschutz und Verhalten, Stiftung Tierärztliche Hochschule Hannover
Bünteweg 2, 30559 Hannover

Möglichkeiten und Probleme der Anwendung tierbezogener Messgrößen bei der Beurteilung der Tiergerechtheit auf landwirtschaftlichen Betrieben – Ergebnisse und Erfahrungen aus dem Projekt Welfare Quality®

Potentials and problems of the use of animal-related measures for the on-farm animal welfare assessment – results and experiences from the EU-project Welfare Quality®

Ute Knierim, Christoph Winckler

Zusammenfassung

Ein Ziel des europäischen Forschungsprojekt Welfare Quality® war es, ein valides, zuverlässiges und praxisgerechtes System für die Beurteilung der Tiergerechtheit auf landwirtschaftlichen Betrieben zu entwickeln, das gleichzeitig die Anliegen der Bürger adressiert. Aus Validitätsgründen finden sich bevorzugt tierbezogene Messgrößen des Wohlergehens in den für Rind, Schwein und Huhn erarbeiteten Beurteilungsprotokollen. Vor dem Hintergrund der Ergebnisse und Erfahrungen aus Welfare Quality® wird in diesem Beitrag im Überblick die Eignung der verschiedenen Messgrößen des Verhaltens und der Tiergesundheit unter Berücksichtigung der Kriterien Validität, Reliabilität und Durchführbarkeit der Erhebung in Praxisbetrieben diskutiert. Im Bereich des Spontanverhaltens eignen sich verschiedene kurzfristig auftretende Verhaltensweisen (z.B. soziale Interaktionen) für Erhebungen im hier diskutierten Rahmen. Dagegen sind als valide betrachtete, aber selten auftretende Verhaltensweisen (z.B. Stereotypien) häufig nicht zuverlässig in der begrenzten Beobachtungszeit erhebbar. Verhaltenstests sind in einer begrenzten Zeit durchführbar, im Vergleich zu Spontanverhalten besteht aber größere Unsicherheit bezüglich der Validität. Weiterhin erscheint die relativ neue Methode der qualitativen Verhaltensbeurteilung als reliabel und praktikabel für Praxiserhebungen, wenn auch noch Fragen zur Validität bestehen. Bei der seit langem etablierten Beurteilung des äußeren Tierzustands bestehen die größten Herausforderungen in der erforderlichen Stichprobengröße und deren repräsentativer Auswahl. Schlachtbefunde können gut standardisiert erhoben werden; hier ist in Zukunft auch der Einsatz automatisierter Erfassungsverfahren denkbar. Auf die Berücksichtigung von Behandlungsinzidenzen klinischer Erkrankungen wurde im Welfare Quality®-Projekt aus Gründen der unzureichenden Validität und Reliabilität (z.B. bezüglich unterschiedlicher Einstufung der Behandlungswürdigkeit, Qualität der Aufzeichnungen) verzichtet. Die Verwendung der jetzt vorgelegten Welfare Quality®-Beurteilungsprotokolle erscheint bei gleichzeitig notwendiger Weiterentwicklung empfehlenswert.

Summary

It was one aim of the European Integrated Project Welfare Quality® to develop valid reliable and feasible on-farm animal welfare assessment systems that reflect citizens' concerns. Due to reasons of validity, preferably animal-based measures have been selected for the on-farm welfare assessment protocols elaborated for cattle, pigs and domestic fowl. Based on results and experiences from Welfare Quality® in this brief review we will discuss behaviour and health measures with regard to the central criteria validity, reliability and feasibility. With respect to spontaneous behaviours, short-lasting events such as social interactions are suitable measures for the purpose at hand. However, apparently valid but rare behaviours such as stereotypies often cannot be reliably recorded in the short observation time available. Behavioural tests can be carried out in a limited period of time, but validity is often more questionable compared to spontaneous behaviour measures. Qualitative behaviour assessment has recently been developed and appears to be reliable as well as feasible for on-farm assessments, although there are still questions concerning validity. Clinical scoring of animals since long has been well established. Here the severest challenges are the sample sizes required and the choice of representative samples. Information obtained at the slaughterhouse may be easier to standardise; automatic measurements may also be used in future. Treatment incidences of clinical diseases have not been included in the Welfare Quality® assessment protocols for validity and reliability reasons (e. g. varying intervention thresholds on individual farms or consistency of records). In conclusion, application of the recently published Welfare Quality® assessment protocols is recommended, while they should be constantly improved.

1 Einleitung

Einer europäischen Umfrage zur Einstellung der Bürger zum Tierschutz in der Lebensmittelkette zufolge (EUROBAROMETER 2007), halten die Bürger den Schutz landwirtschaftlicher Nutztiere für wichtig und wünschen mehrheitlich mehr Informationen über die Bedingungen, unter denen die Nutztiere gehalten werden. In Übereinstimmung damit wird im Aktionsplan der Europäischen Union für den Schutz und das Wohlbefinden von Tieren 2006–2010 (EC COMMISSION 2006) erwogen, ein spezielles Marketing- und Informationssystem bezüglich Tierschutz einzuführen. Eine Voraussetzung hierfür ist aber ein valides, zuverlässiges und praxisgerechtes Beurteilungssystem der Tiergerechtheit auf landwirtschaftlichen Betrieben, das gleichzeitig die Anliegen der Bürger adressiert. Dies stellt eine große Herausforderung für die Wissenschaft dar. Unumstritten ist, dass das Wohlergehen der Tiere, um dessen Sicherung es zentral geht (KNIERIM 2001), viele Dimensionen hat und deshalb eine Vielzahl verschiedener Messgrößen des Wohlergehens in die Beurteilung einbezogen werden sollte (DUNCAN und FRASER 1997, DAWKINS 2001). Dagegen stehen die Auswahl geeigneter Messgrößen und die Aggregierung der Ergebnisse zu einer Gesamtbeurteilung noch in erheblicher Diskussion.

Seit 2004 und bis Ende 2009 wird in dem Europäischen Forschungsprojekt Welfare Quality® unter Beteiligung von 44 sozial- und nutztierwissenschaftlichen Institutionen in 17 Ländern an der oben genannten Aufgabenstellung gearbeitet. Basierend auf den im

Projekt ermittelten Verbraucherwünschen und Marktstrategien des Handels wurden vier Grundsätze postuliert, denen Tierhaltung möglichst weitgehend entsprechen sollte: gute Ernährung, gute Haltungsbedingungen, gute Gesundheit und Ermöglichung artgemäßen Verhaltens. Unter dem Dach dieser Grundsätze wurde wiederum eine Reihe von Kriterien der Tiergerechtheit festgelegt, deren Grad der Erfüllung jeweils durch verschiedene Messgrößen erfasst werden kann (Welfare Quality® consortium 2009 a, b, c). Als wichtiger Grundsatz für die Auswahl der Messgrößen galt, dass diese vornehmlich tierbezogen und weniger haltungs- und managementbezogen sein sollten. Die letztgenannten Messgrößen haben den großen Vorteil einer einfachen Erhebbarkeit, sowohl hinsichtlich des zeitlichen Aufwands als auch der notwendigen Kenntnisse der erhebenden Person. Auch bei der Zuverlässigkeit, also in Bezug auf die Übereinstimmung der Ergebnisse zwischen verschiedenen Beurteilern (Inter-observer-Reliabilität) oder zwischen verschiedenen Beurteilungen durch dieselbe Person (Intra-Observer-Reliabilität), bestehen häufig Vorteile. Ihr großer Nachteil liegt aber in ihrer potenziell geringen Validität aufgrund ihrer indirekten Natur und der komplexen Interaktionen mit anderen haltungs- und managementbezogenen Einflussgrößen und dem Tier selbst, die nur zu bedingt voraussagbaren Ergebnissen bezüglich des Wohlergehens der Tiere führen. Allerdings muss auch für tierbezogene Messgrößen gezeigt werden, dass diese tatsächlich einen Aspekt des Wohlergehens widerspiegeln (Validitität), und hinsichtlich Reliabilität und Durchführbarkeit bestehen erhebliche Herausforderungen.

Entsprechend den beiden Hauptkomponenten des Wohlergehens, Befinden und körperlicher Zustand (Dawkins 2001), die zu den Hauptindikatoren Verhalten und Gesundheit führen, werden wir mit Bezug auf die Kriterien Validität, Reliabilität und Durchführbarkeit im Folgenden diskutieren, welche tierbezogenen Messgrößen für die Beurteilung der Tiergerechtheit auf Praxisbetrieben zur Verfügung stehen und welche Auswahl für die in Welfare Quality® entwickelten Beurteilungsprotokolle für Rinder, Schweine und Hühner (Welfare Quality® consortium 2009 a, b, c) getroffen wurde.

2 Tierverhalten

2.1 Spontanverhalten

Die Beobachtung von Spontanverhalten bringt durch ihre wenig intervenierende Natur und vergleichsweise einfache Durchführbarkeit Vorteile für die Anwendung auf Praxisbetrieben mit sich. Allerdings verbieten sich Messgrößen mit Bezug auf Zeitbudgets, wie die Liegedauer bei Milchkühen, schon allein dadurch, dass nur Beobachtungen über einen langen Zeitraum zu aussagekräftigen Ergebnissen führen. Automatisierte Verhaltenserfassungen wurden zwar im Experiment erfolgreich eingesetzt (Wechsler et al. 2000; O'Driscoll et al. 2009), kommen aber aus Kosten- und Praktikabilitätsgründen (Datenlogger müssten in einem zweiten Betriebsbesuch wieder eingesammelt werden) für routinemäßige Erhebungen auf Praxisbetrieben noch nicht in Frage. Daher reduziert sich derzeit die Auswahl von Verhaltensparametern auf solche, die eher kurzfristig auftreten, wie beispielsweise Sozialverhaltensweisen oder beim Liegeverhalten das Abliegen oder Aufstehen.

Hinsichtlich der Inter-Observer-Reliabilität ist es bei den in Frage kommenden Verhaltensparametern bei entsprechendem Training, klaren Definitionen der Verhaltensweisen und geeigneten Beobachtungsmethoden (z.B. Begrenzung der zu beobachteten Tierzahl bei Behaviour Sampling) möglich, akzeptable bis gute Ergebnisse zu erreichen (Forkman und Keeling im Druck, siehe aber grundsätzliche Diskussion zu diesem Thema bei Knierim und Winckler im Druck). Selbstverständlich müssen, wie für die anderen Messgrößen des Verhaltens auch, mögliche Störgrößen wie Tageszeit oder Beobachterwirkungen durch ein entsprechend standardisiertes Beobachtungsprotokoll so weit wie möglich minimiert bzw. kontrolliert werden. Bei bestimmten Bedingungen, z.B. sehr großen Tiergruppen oder unübersichtlichen Haltungsverfahren, sind reliable Beobachtungen in der Praxis allerdings kaum möglich.

Ein Problem stellt selten auftretendes Verhalten dar, insbesondere, wenn es ungleichmäßig und unvorhersagbar über die Zeit verteilt auftritt. In Kurzzeitbeobachtungen können hier nur weitgehend zufällige Ergebnisse erzielt werden, von denen somit auch nicht zu erwarten ist, dass sie bei wiederholten Messungen auf einem Betrieb über die Zeit zu konsistenten Ergebnissen führen. Bedauerlicherweise gilt dies für eine Reihe von Verhaltensparametern, die an sich höchst relevant für die Beurteilung des Wohlergehens sein könnten, z.B. Spielverhalten bei adulten Tieren, z.T. Stereotypien oder gestörtes Abliege- und Aufstehverhalten. Solche Verhaltensweisen sind also im vorgegebenen Rahmen nicht zuverlässig erhebbar. Die Problematik möglicherweise inkonsistenter Ergebnisse über die Zeit besteht aber auch bezüglich einiger häufiger auftretender Verhaltensweisen. Die Sensitivität von Verhalten gegenüber kurzfristigen Einflüssen, die aber nicht unbedingt relevant für die grundsätzliche Einstufung der Tiergerechtheit sind, stellt ein grundsätzliches Problem dar, das bisher unzureichend berücksichtigt wurde (Knierim und Winckler im Druck). Es ist umso bedeutender, je weniger häufig die Beurteilung auf dem Betrieb wiederholt wird und je größer die ökonomischen oder anderweitigen Konsequenzen der Beurteilung sind.

Die meisten Spontanverhaltensweisen sind als Indikatoren des Wohlergehens augenscheinlich valide, auch wenn die Bedeutung der quantitativen Ausprägung häufig fraglich ist. In Welfare Quality® wurde diesem Problem generell, auch bezüglich der weiteren Indikatoren, mit Experteneinschätzungen begegnet (Botreau et al. im Druck). Für einzelne Verhaltensparameter ist deren Validität dagegen noch unzureichend geklärt. Beispielsweise wird zwar von sozialem Lecken im Grundsatz erwartet, dass es mit positiven Emotionen verbunden ist, es ist aber fraglich, ob hohe Frequenzen von sozialem Lecken in einer Herde tatsächlich ein besseres Befinden der Einzeltiere widerspiegeln. Im Gegenteil gibt es Hinweise, dass Lecken dem Abbau sozialer Spannungen, der Eigenstimulierung oder -beruhigung dienen könnte und somit eher der Erleichterung von Belastungen der Tiere (ausführlicher diskutiert in Knierim und Winckler im Druck).

Unter Berücksichtigung der oben genannten Kriterien wurden für die Welfare Quality®-Beurteilungsprotokolle im Bereich des Spontanverhaltens folgende Messgrößen selektiert: agonistische Interaktionen (außer bei Masthühnern und -kälbern), teils im Verhältnis zu kohäsiven Interaktionen; Ruheverhalten bei Rindern (Dauer des Abliegevorgangs bei Milchkühen und Mastrindern, Häufigkeit des Anstoßens beim Abliegen und Anteil nicht vollständig auf der Liegefläche liegender Milchkühe, Liegepositionen bei Mastkälbern); Thermoregulationsverhalten (Schweine, Hühner); Spielverhalten bei Mastkälbern, orale Verhaltensstörungen bei Mastkälbern und Sauen, Erkundungsverhalten bei Schweinen sowie Nutzung der Einstreu und des Auslaufs bei Legehennen.

2.2 Verhaltenstests

Mithilfe von Verhaltenstests sollen Informationen zugänglich gemacht werden, die anderweitig nur durch aufwendige Beobachtung des Spontanverhaltens erhältlich wären. Relativ gut untersuchte Verhaltenstests, die für die Beurteilung der Tiergerechtheit relevant sind, gibt es zur Mensch-Tier-Beziehung (Waiblinger et al. 2006) und zur generellen Furchtsamkeit (Forkman et al. 2007). Beispiele sind Tests zur Ausweichdistanz der Tiere gegenüber einem Beurteiler oder Novel-Object-Tests. Es gab auch Versuche, neue Tests zu entwickeln, beispielsweise von Schulze Westerath et al. (2009), einen modifizierten Novel-Object-Test bei Mastbullen zur Einschätzung der Stimulierung des Explorationsverhaltens durch die alltäglichen Haltungsbedingungen. Dieser war jedoch nur begrenzt erfolgreich und kam daher in den Welfare Quality®-Beurteilungsprotokollen nicht zum Einsatz.

Grundsätzlich stehen dem Vorteil, dass die gewünschten Informationen in einer klar begrenzten Zeit zu erhalten sind, im Vergleich zum Spontanverhalten eine größere Unsicherheit hinsichtlich der Validität aufgrund der stark beeinflussten Beobachtungssituation und einer Reihe methodischer Fragen, wie sie von de Passillé und Rushen (2005) für Tests zur Mensch-Tier-Beziehung ausführlich diskutiert werden, gegenüber. Auch hier besteht beispielsweise wieder die Frage, wie wiederholbar Testergebnisse tatsächlich über die Zeit sind. Auf der anderen Seite ist festzustellen, dass bezüglich der genannten Verhaltenstests bereits eine größere Zahl von Untersuchungen zu Validitäts- und Reliabilitätsaspekten vorliegt als zu vielen Spontanverhaltensweisen. Aufgrund der vorliegenden Informationen wurde entschieden, Verhaltenstests zur Mensch-Tier-Beziehung sowie bei Legehennen einen Novel-Object-Test in die Welfare Quality®-Beurteilungsprotokolle einzubeziehen.

2.3 Qualitative Verhaltensbeurteilung

Die qualitative Verhaltensbeurteilung (Qualitative Behaviour Assessment) ist eine Methode, bei der der Beobachter die wahrgenommenen Details des Verhaltens und der Haltung eines Tieres oder einer Tiergruppe unter Berücksichtigung des Kontextes integrierend mit Begriffen beschreibt, die sich auf deren emotionalen Ausdruck beziehen (Wemelsfelder et al. 2001; Wemelsfelder und Lawrence 2001). Beispiele solcher Begriffe sind „entspannt", „angespannt", „frustriert" oder „zufrieden". Die ursprünglich entwickelte Methode arbeitet mit dem Ansatz des Free-Choice-Profiling (FCP), bei dem die Beurteiler ihre eigenen beschreibenden Begriffe entwickeln und bei der Beurteilung anwenden. Allerdings ist für das Free-Choice-Profiling aus statistischen Gründen eine Mindestzahl von zehn Beurteilern erforderlich. Eine solch aufwendige Prozedur ist folglich im hier diskutierten Rahmen nicht praktikabel. Stattdessen werden für die verschiedenen Tierarten feste Listen beschreibender Begriffe vorgegeben, die aus vorangegangenen Beurteilungen mit Free-Choice-Profiling abgeleitet und auf ihre Anwendbarkeit überprüft worden sind (z. B. Knierim et al. 2007). Für die einzelnen Begriffe wird nach einer Beobachtungszeit von insgesamt 10 bis 20 Minuten jeweils bestimmt, in welchem Ausmaß diese wahrzunehmen sind. Die Einzelbeurteilungen werden sodann mithilfe aggregierender statistischer Verfahren, z. B. einer Hauptkomponentenanalyse, zusammengefasst. Im Rahmen der Welfare Quality®-Beurteilung wird der Score der Hauptkomponente 1, die sich über alle beurteilten Tierarten hinweg als Achse von negativer zu positiver Stimmung beschreiben lässt (Wemelsfelder et al.

2008), als Messgröße bezüglich des Kriteriums „Vorhandenseins positiver Empfindungen" genutzt. Tests der Inter-Observer-Reliabilität bezüglich dieser Scores bei den Tierarten Huhn, Schwein und Rind haben mit einer Ausnahme akzeptable bis gute Beobachterübereinstimmungen ergeben (Wemelsfelder et al. 2008). Auch die experimentelle Überprüfung, inwieweit die Umgebungsbedingungen die Beurteilung des emotionalen Ausdrucks der Tiere beeinflusst, hier bei einzelnen Schweinen im Free-Choice-Profiling, hat zu akzeptablen Ergebnissen geführt (Wemelsfelder et al. 2009). Diese relativ neue Methode erscheint also als reliabel und höchst praktikabel. Dennoch sind weitere Untersuchungen zu weiteren Aspekten der Validität und Reliabilität sinnvoll und notwendig.

3 Tiergesundheit

3.1 Tierbeurteilungen

Die Beurteilung des äußeren Tierzustands wird bereits seit Jahrzehnten herangezogen, um zu erfassen, inwieweit Umweltbedingungen den Tieren angemessen sind, inwieweit es den Tieren unter diesen Bedingungen also gelingt, Schäden zu vermeiden (Ekesbo 1966). Schäden können auch verhaltensbedingt sein, und häufig wird deren Erhebung aus Durchführbarkeits- und Reliabilitätsgründen den entsprechenden Verhaltensbeobachtungen vorgezogen, z.B. bezüglich Federpicken, Kannibalismus oder Schwanzbeißen. Erfasst werden können Integumentveränderungen (Haarkleid/Gefieder, Haut, Hautanhangsgebilde), Veränderungen der Muskulatur und Gelenke, Bewegungsstörungen/Lahmheiten, Anzeichen von klinischen Erkrankungen, Körperkondition und Verschmutzungen.

In der Regel werden Einzeltiere beurteilt und Kriterien wie Art, Grad, Größe und Lokalisation von Veränderungen erfasst. Grundsätzlich bieten sich relativ einfache Kategorien für die Erfassung im Praxisbetrieb an. Gegenüber der rein visuellen Beurteilung erleichtert eine zusätzliche Palpation die Abgrenzung von verschiedenen Veränderungen, z.B. von Gelenksschwellungen, erfordert aber einen erhöhten Aufwand hinsichtlich der Fixierung der zu untersuchenden Tiere. Abhängig von Tierart und -kategorie kann der direkte Kontakt mit den Tieren erschwert oder aus Sicherheitsgründen unerwünscht sein (z.B. Mastbullen). Automatisierte Erfassungssysteme, die beispielsweise für die Lahmheitsdetektion bei Milchkühen entwickelt wurden (Pastell et al. 2008) kommen für routinemäßige Erhebungen nicht in Frage. Die größten Herausforderungen bei der Erhebung in Praxisbetrieben liegen jedoch, auch bei geringem Zeitaufwand je Einzeltier, in der erforderlichen Stichprobengröße (Mullan et al. 2009) sowie in der repräsentativen Wahl der Stichprobe, um zuverlässige Aussagen über den Zustand einer Tiergruppe oder Herde zu erhalten.

Für viele der oben genannten Parameter wie Integumentveränderungen oder das Vorliegen klinischer Symptome liegen erstaunlich wenige Angaben zur Reliabilität vor. Relativ gut untersucht wurde die Reliabilität der Gangbeurteilung bei Rindern (z.B. Engel et al. 2003; March et al. 2007), Geflügel (z.B. Butterworth et al. 2007) und Schweinen (z.B. Main et al. 2000). Gute Übereinstimmung zwischen zwei Beobachtern wurde auch für Schwellungen am Karpal- und Tarsalgelenk von Rindern berichtet (Danuser und Regula 2001), als wenig wiederholbar erwies sich jedoch beispielsweise die Beurteilung von Zitzenverletzungen (Zurbrigg et al. 2005). Eigene Erfahrungen im Welfare Quality®-Projekt bestätigen, dass die Wiederholbarkeit der Erfassung von Hautschäden oder Zeichen klinischer Erkrankungen häufig lediglich ein akzeptables Niveau erreicht. Möglichkeiten zur Verbesserung der Übereinstimmung bestehen in der Überarbeitung und Schärfung von Definitionen oder auch in einer Reduktion der Anzahl an Kategorien (Brenninkmeyer et al. 2007). Letzteres geht jedoch auch mit einem Verlust an Unterscheidungsgenauigkeit einher. Eingehendes Training und (wiederholte) Überprüfung der Beobachterübereinstimmung sind in jedem Fall erforderlich.

Auch die Konsistenz der Befunde über längere Zeitabschnitte hinweg wurde bisher nur wenig untersucht. Saisonale Einflüsse, z. B. durch Weidegang, sind zu erwarten; die meisten Parameter reflektieren jedoch eher mittel- bis langfristige Einflüsse der Haltungsumwelt auf das Tier und sollten daher zumindest keinen starken kurzfristigen Schwankungen unterliegen. So lagen die Korrelationen zwischen im Abstand von zwei Monaten durchgeführten Erhebungen in Milchviehbetrieben für Lahmheitsprävalenz, Verletzungen des Tarsalgelenks und Verschmutzung der Hinterhand im Bereich von mindestens 0,7 (Winckler et al. 2007).

Viele der oben genannten Parameter werden als augenscheinlich valide betrachtet. Eingehendere diagnostische Verfahren mit höherer Aussagekraft verbieten sich im Hinblick auf den damit verbundenen Aufwand für routinemäßige Erhebungen in Praxisbetrieben. Daher wird z. B. der Gangbeurteilung gegenüber einer detaillierten Erfassung von Klauenveränderungen der Vorzug gegeben. Rushen et al. (2007) konnten darüber hinaus mittels Applikation von Lokalanästhetika zeigen, dass als Lahmheit interpretierte Abweichungen im Gang von Rindern mit großer Wahrscheinlichkeit schmerzbedingt sind. Dagegen steht eine experimentelle Validierung für viele andere Messgrößen des Tierzustandes noch aus. Auch hier ist häufig unklar, in welchem Maß unterschiedliche Ausprägungen von Veränderungen das Wohlergehen beeinträchtigen. Dies trifft z. B. auf Hautläsionen wie Schwielen, leichte Schwellungen oder Wunden zu. Weiterführende, experimentelle Studien zu diesem Themenbereich sind wünschenswert.

Pathologische Veränderungen, die Aussagen über das Wohlergehen der Tiere im Erzeugungsbetrieb zulassen, können auch post mortem am Schlachtbetrieb erhoben werden. Die Vorteile liegen in der leichteren Standardisierung der Erfassung und Schulung der Beurteiler sowie der Möglichkeit, auch innere Organe in die Beurteilung einzubeziehen. Darüber hinaus können im Schlachtbetrieb eher automatisierte Erfassungsverfahren eingesetzt werden, wie sie derzeit z. B. für Fußballenveränderungen bei Mastgeflügel entwickelt werden (De Jong et al. 2008).

Für die Welfare Quality®-Beurteilungsprotokolle wurden als direkt auf dem Betrieb erhobene Messgrößen Schäden und pathologische Veränderungen des Integuments sowie der Gliedmaßen, Lahmheiten, klinische Symptome für Atemwegsprobleme, Verdauungsstörungen und Reproduktionsstörungen (nur Milchkühe, Sauen), Körperkondition sowie Sauberkeit der Tiere (beide nicht Legehennen) berücksichtigt.

Aus logistischen Gründen werden Schlachtbefunde im Rahmen der Welfare Quality®-Protokolle nur bei Tierkategorien, die gruppenweise oder in großer Zahl geschlachtet werden, erhoben. Es handelt sich dabei um Veränderungen der Lunge und des Brustfells (Mastschweine, Mastkälber), der Leber (Mastschweine), des Pansens (Mastkälber) sowie um Brustblasen und Veränderungen des Sprunggelenks beziehungsweise der Fußballen bei

Broilern. Bei Broilern wird zusätzlich der Anteil aufgrund klinischer Erkrankungen verworfener Tiere erfasst.

3.2 Behandlungsinzidenzen und andere Informationsquellen

Viele Erkrankungen sind für das Wohlergehen der Tiere hoch relevant, erfordern aber entweder ausgefeilte diagnostische Verfahren, die im Rahmen von Praxiserhebungen nicht durchführbar erscheinen, oder längere Beobachtungszeiträume, um die Auftretenshäufigkeit sicher abschätzen zu können. In diesem Zusammenhang wird häufig die Berücksichtigung von Behandlungsinzidenzen auf der Basis von Betriebsaufzeichnungen vorgeschlagen (z.B. WHAY et al. 2003).

Im Welfare Quality®-Projekt wurde darauf allerdings aus Gründen der unzureichenden Validität und Reliabilität verzichtet. Zum einen wird die Behandlungswürdigkeit von Krankheitssymptomen häufig betriebsindividuell unterschiedlich eingestuft, sodass das Fehlen von Behandlungen nicht mit dem Freisein von für das Wohlergehen relevanten Krankheitserscheinungen gleichzusetzen ist; in diesem Zusammenhang sind auch nicht behandelte Tiere zu sehen, die der Schlachtung zugeführt werden. Zum anderen ist oft auch die Qualität der Aufzeichnungen im Hinblick auf Vollständigkeit, Diagnosestellung und Abgrenzung prophylaktischer von therapeutischen Behandlungen mangelhaft. Zumindest die letztgenannten Probleme werden jedoch in zentral organisierten Datenbanken wie in Skandinavien oder dem so genannten Tiergesundheitsmonitoring in Österreich (EGGER-DANNER et al. 2009) verringert.

Alternativ zu Behandlungsaufzeichnungen kann der Gehalt an somatischen Zellen in der Milch als Maß für das Auftreten klinischer Mastitiden herangezogen werden, auch wenn zeitweise Zellzahlerhöhungen auch andere als krankheitsbedingte Gründe haben können und die Grenzwerte immer wieder diskutiert werden. Diese Information fällt im Rahmen der Milchleistungskontrolle für einen Großteil der Betriebe an und geht auch in das Welfare Quality®-Beurteilungsprotokoll für Milchkühe ein.

Auch Mortalität (alle Tierkategorien) und Merzungsrate (Geflügel) sind aufgrund ihrer hohen Aussagekraft hinsichtlich der Tiergerechtheit Bestandteil der Welfare Quality®-Protokolle, obwohl hier ebenfalls ein Einfluss betriebsindividueller Entscheidungen zur Merzung zu erwarten ist. Zudem liegen insbesondere in der Rinder- und Schweinehaltung dazu häufig keine Aufzeichnungen vor, sodass unsicherere Angaben von den Betriebsleitern erfragt werden müssen. Hier könnten jedoch über eine Schnittstelle mit den Herkunftssicherungs- und Informationssystemen für Tiere in Zukunft zuverlässige Daten bereitgestellt werden.

4 Schlussfolgerungen

Für die Beurteilung der Tiergerechtheit auf landwirtschaftlichen Betrieben steht eine recht große Bandbreite tierbezogener Messgrößen bezüglich des Tierverhaltens und der Tiergesundheit zur Verfügung, die sowohl aussagekräftig bezüglich des Wohlergehens der Tiere und kurzfristig erhebbar sind, sodass der Rahmen einer maximal eintägigen Erhebung nicht überschritten wird, als auch zu intersubjektiv wiederholbaren Ergebnissen führen können. Allerdings wurde gleichzeitig im Rahmen der Untersuchungen im Welfare

Quality®-Projekt deutlich, wie gering der publizierte Kenntnisstand hinsichtlich Reliabilität und teilweise auch Validität tierbezogener Messgrößen des Wohlergehens ist. Trotz der noch bestehenden erheblichen methodischen Herausforderungen, gibt es für die Beurteilung der Tiergerechtheit aus unserer Sicht aus grundsätzlichen Validitätserwägungen keine überzeugende Alternative zum Einsatz tierbezogener Messgrößen, allerdings in Kombination mit haltungs- und managementbezogenen, wo diese aussagekräftig sind. Dies bedeutet gleichzeitig, dass es dringend weiterer Untersuchungen zu diesen Messgrößen bedarf. Dennoch halten wir es für vertretbar, die Anwendung von Beurteilungsprotokollen der Tiergerechtheit, wie sie aus dem Welfare Quality®-Projekt vorgelegt wurden, bereits jetzt zu empfehlen, da derzeit keine bessere Alternative zur Verfügung steht. Auf der Grundlage der zunehmenden Erfahrungen mit der Anwendung solcher Protokolle und weiterer zu erwartender Untersuchungsergebnisse können diese beständig weiter entwickelt werden.

5 Literatur

Brenninkmeyer, C.; Dippel, S.; March, S.; Brinkmann, J.; Winckler, C. (2007): Reliability of a subjective lameness scoring system for dairy cows. Animal Welfare 16, 127–129

Botreau, R.; Veissier, I.; Capdeville, J.; Perny, P. (im Druck): Overall assessment of cow welfare – strategy followed in Welfare Quality®. Animal Welfare 19, 4

Butterworth, A.; Knowles, T. G.; Whittington, P.; Matthews, L.; Rogers, A.; Bagshaw, C. S. (2007): Validation of broiler chicken gait scoring training in Thailand, Brazil and New Zealand. Animal Welfare 16, 177–179

Danuser, J.; Regula, G. (2001): Evaluation der Ökomassnahmen und Tierhaltungsprogramme; Bereich Artgerechte Tierhaltung. Vierter Zwischenbericht, Bundesamt für Landwirtschaft, Bern, Schweiz

Dawkins, M. S. (2001): How can we recognize and assess good welfare? In: Coping with Challenge: Welfare in Animals including Humans. Dahlem Workshop Report, Hg. Broom, D.M., Dahlem University Press, Berlin, 63–76

De Jong, I. C.; Gerritzen, M.; Reimert, H.; Fritsma, E.; Pieterse, C. (2008): Automated measurement of foot pad lesions in broiler chickens. In: Proceedings 4th International Workshop on the Assessment of Animal Welfare at Farm and Group Level. 10.–13.09.2008, Ghent, Belgium, S. 32

De Passillé, A. M.; Rushen, J. (2005): Can we measure human-animal interactions in on-farm animal welfare assessment? Some unresolved issues. Appl. Anim. Beh. Sci. 92, 3, 193–209

Duncan, I. J. H.; Fraser, D. (1997): Understanding animal welfare. In: Animal Welfare, Hg. Appleby, M.C., Hughes, B.O., CAB International, Wallingford, 19–31

EC Commission (2006): Commission working document on a community action plan on the protection and welfare of animals 2006-2010. Strategic basis for the proposed actions. Sec (2006) 65, Commission of the European Communities, Brussels, Belgium

Egger-Danner, C.; Fürst, C.; Mayerhofer, M.; Rain, C. (2009): Jahresbericht 2008. ZuchtData EDV-Dienstleistungen GmbH, Wien

Ekesbo, I. (1966): Disease incidence in tied and loose housed dairy cattle. Acta Agriculturae Scandinavica Supplementum 15, 1–74

Engel, B.; Bruin, G.; Andre, G.; Buist, W. (2003): Assessment of observer performance in a subjective scoring system: visual classification of the gait of cows. Jour. of Agri. Sci. 140, 317–333

Eurobarometer (2007): Attitudes of EU citizens towards Animal Welfare. Special Eurobarometer 270, Brussels, Belgium

FORKMAN, B.; BOISSY, A.; MEUNIER-SALAÜN, M. C.; CANALI, E.; JONES, R. B. (2007): A critical review of fear tests used on cattle, pigs, sheep, poultry and horses. Physiology & Behavior 92, 340–374

FORKMAN, B.; KEELING, L. (im Druck): Assessment of animal welfare measures for dairy cattle, bulls and calves. Welfare Quality reports, Cardiff, UK

KNIERIM, U. (2001): Grundsätzliche ethologische Überlegungen zur Beurteilung der Tiergerechtheit bei Nutztieren. Deutsche Tierärztliche Wochenschrift 109, 261–266

KNIERIM, U.; LENTFER, T.; STAACK, M.; WEMELSFELDER, F. (2007): Wie reliabel ist eine qualitative Beurteilung des Befindens von Legehennen? In: Aktuelle Arbeiten zur artgemäßen Tierhaltung 2007, KTBL-Schrift 461, 135–142

KNIERIM, U.; WINCKLER, C. (im Druck): On-farm welfare assessment in cattle – validity, reliability and feasibility issues and future perspectives with special regard to the Welfare Quality® approach. Animal Welfare 19, 4

MAIN, D. C. J.; CLEGG, J.; SPATZ, A.; GREEN, L. E. (2000): Repeatability of a lameness scoring system for finishing pigs. Veterinary Record 147, 574–576

MARCH, S.; BRINKMANN, J.; WINKLER, C. (2007): Effect of training on the inter-observer reliability of lameness scoring in dairy cattle. Animal Welfare 16, 131–133

MULLAN, S.; BROWNE, W. J.; EDWARDS, S. A.; BUTTERWORTH, A.; WHAY, H. R.; MAIN, D. C. J. (2009): The effect of sampling strategy on the estimated prevalence of welfare outcome measures on finishing pig farms. Appl. Anim. Beh. Sci. 119, 39–48

O'DRISCOLL, K.; BOYLE, L.; HANLON, A. (2009): The effect of breed and housing system in dairy cow feeding and lying behaviour. Appl. Anim. Beh. Sci. 116, 156–162

PASTELL, M.; KUJALA, M.; AISLA, A. M.; HAUTALA, M.; POIKALAINEN, V.; PRAKS, J.; VEERMAE, I.; AHOKAS, J. (2008): Detecting cow's lameness using force sensors. Computers and Electronics in Agriculture 64, 34–38

RUSHEN, J., POMBOURCQ, E., DE PASSILLÉ, A. M. (2007): Validation of two measures of lameness in dairy cows. Appl. Anim. Beh. Sci. 106, 173–177

SCHULZE WESTERATH, H.; LAISTER, S.; WINCKLER, C.; KNIERIM, U. (2009): Exploration as an indicator of good welfare in beef bulls: An attempt to develop a test for on-farm assessment. Appl. Anim. Beh. Sci. 116, 2–4, 126–133

WAIBLINGER, S.; BOIVIN, X.; PEDERSEN, V.; TOSI, M.-V.; JANCZAK, A. M.; VISSER, E. K.; JONES, R. B. (2006): Assessing the human-animal relationship in farmed species: a critical review. Appl. Anim. Beh. Sci. 10, 13/4, 185–242

WECHSLER, B.; SCHAUB, J.; FRIEDLI, K.; HAUSER, R. (2000): Behaviour and leg injuries in dairy cows kept in cubicle systems with straw bedding or soft lying mats. Appl. Anim. Beh. Sci 69, 3, 189–197

WELFARE QUALITY® CONSORTIUM (2009 a): Welfare Quality® Assessment protocol for cattle. Lelystad, The Netherlands

WELFARE QUALITY® CONSORTIUM (2009 b): Welfare Quality® Assessment protocol for pigs. Lelystad, The Netherlands

WELFARE QUALITY® CONSORTIUM (2009 c): Welfare Quality® Assessment protocol for poultry. Lelystad, The Netherlands

WEMELSFELDER, F.; LAWRENCE, A. B. (2001): Qualitative assessment of animal behaviour as an on-farm welfare-monitoring tool. Acta Agriculturae Scandinavica Section A Animal Science 30, 21–25

WEMELSFELDER, F.; HUNTER, T. E. A.; MENDL, M. T.; LAWRENCE, A. B. (2001): Assessing the 'whole animal': a free choice profiling approach. Anim. Beh. 62, 209–220

WEMELSFELDER, F.; KNIERIM, U.; DE ROSA, G.; NAPOLITANO, F.; HASLAM, S. (2008): The development of qualitative behaviour assessment as an on-farm welfare inspection tool. In: Book of Abstracts 4th International Workshop on the Assessment of Animal Welfare at Farm or Group Level, 10.–13.09.2008, Hg. Koene, P., Ghent, Belgium, S. 52

Wemelsfelder, F.; Nevison, I.; Lawrence, A. B. (2009): The effect of perceived environmental background on qualitative assessments of pig behaviour. Anim. Beh. 78, 477–484

Whay, H. R.; Main, D. C. J.; Green, L. E.; Webster, A. J. F. (2003): Animal-based measures for the assessment of welfare state of dairy cattle, pigs and laying hens: Consensus of expert opinion. Animal Welfare 12, 2, 205–217

Winckler, C.; Brinkmann, J.; Glatz, J. (2007): Long-term consistency of selected animal-related welfare parameters in dairy farms. Animal Welfare 16, 197–199

Zurbrigg, K., Kelton, D., Anderson, N., Millmann, S. (2005): Tie-Stall design and its relationship to lameness, injury, and cleanliness on 317 Ontario dairy farms. Journal of Dairy Science 88, 3201–3210

Danksagung

Das Welfare Quality®-Forschungsprojekt wurde von der Europäischen Kommission innerhalb des 6. Forschungsrahmenprogramms, Vertragsnr. FOOD-CT-2004-506508, kofinanziert. Der Text stellt die Sichtweisen der Autoren dar und entspricht nicht notwendigerweise der Position der Kommission, die nicht für den Gebrauch der Information haftet.

Ute Knierim
Fachgebiet Nutztierethologie und Tierhaltung, Fachbereich Ökologische Agrarwissenschaften, Universität Kassel, Nordbahnhofstraße 1a, 37213 Witzenhausen
Christoph Winckler
Institut für Nutztierwissenschaften/Department für Nachhaltige Agrarsysteme, Universität für Bodenkultur (BOKU), Gregor Mendel-Strasse 33, A-1180 Wien

Zur Nutzung eines Lernautomaten durch eine Gruppe von Zwergziegen – Ziegen suchen kognitive Herausforderungen

On the use of an automated learning device by group-housed dwarf goats – goats seek cognitive challenges

JAN LANGBEIN, KATRIN SIEBERT, GERD NÜRNBERG

Zusammenfassung

Die Studie untersucht die Nutzung eines in die Gruppenbucht integrierten Lernautomaten (LA) durch eine Gruppe Zwergziegen. Es wurde außerdem untersucht, ob die Ziegen den LA auch dann noch nutzten, wenn die dort eingesetzte Belohnung konkurrierend auch ohne zusätzlichen kognitiven Aufwand verfügbar war. In einer ersten Periode (W) wurden die Ziegen trainiert einen Schalter an einem Wasserautomaten (WA) zu drücken, um 35 ml Trinkwasser zu erhalten. In zwei folgenden Perioden (P1 und P2) lernten die Tiere zwei visuelle 4-fach Diskriminierungsprobleme am LA. Bei richtiger Wahl erhielten sie als Belohnung ebenfalls eine Portion Wasser. In zwei anschließenden Experimentalperioden (P2r und P3) war Wasser über je fünf Tage gleichzeitig über den WA und den LA verfügbar. Wir untersuchten die Nutzung des LA in diesen beiden Perioden, wobei das Diskriminierungsproblem in P2r bekannt war, während die Ziegen in P3 ein neues Problem lernen mussten. Die Anzahl an Schalterbetätigungen, die eine Wasserausgabe zur Folge hatte (alle Aktionen am WA und/oder alle richtigen Aktionen am LA), war in allen Versuchsperioden (W, P1, P2, P2r und P3) stabil. Wenn Wasser simultan über den WA und den LA angeboten wurde (P2r und P3), führten die Tiere 1/3 aller täglichen Schalterbetätigungen am LA aus. Aufgrund der unterschiedlichen Erfolgsrate in P2r und P3 deckten die Tiere dadurch 23,0 % (P2r) bzw. 13,8 % (P3) ihres täglichen Wasserbedarfs über den LA. Es zeigte sich eine signifikante Korrelation zwischen dem individuellen Lernerfolg und der Nutzung des LA sowohl in P2r ($r_s = 0,73$; $p < 0,05$) als auch in P3 ($r_s = 0,74$; $p < 0,05$). Die Ergebnisse weisen darauf hin, dass kognitive Herausforderungen und insbesondere ihre erfolgreiche Bewältigung, über die reale Belohnung hinaus, möglicherweise auch eine intrinsische Belohnungskomponente für die Tiere beinhalten.

Summary

We investigated the use of an automated learning device (LA) by group-housed dwarf goats. Additionally, we studied whether the goats continued to operate the LA to get a reward when the same amount of reward was available concurrently without additional cognitive effort. In a first period (W), goats were trained to press a button at a waterer (WA) to get 35 ml of drinking water. In two following periods (P1 and P2), the goats were trained to discriminate two different sets of visual shapes at the LA to get the same amount of water for correct trials as a reward. Finally, in two experimental periods (P2r and P3), water was concurrently available at the WA and the LA for five days. We analysed the use of the LA while the WA was concurrently accessible: (a) while the goats were presented with the discrimination problem that they had learned previously (P2r); and (b) while they were given a new problem to learn (P3). The total number of button presses that triggers the delivery of water was stable throughout W, P1, P2, P2r and P3. When water was concurrently available at the WA and the LA (P2r, P3), the goats constantly directed 1/3 of all daily button presses to the LA. By doing so, they gained 23.0 % (P2r) and 13.8 % (P3) of daily drinking water at the LA. We found a strong correlation between individual learning success and the use of the LA in P2r ($rs = 0.73$; $p < 0.05$) and P3 ($rs = 0.74$; $p < 0.05$). Results indicate that cognitive challenges, and especially successful coping with the challenge, could have intrinsic reinforcing properties beyond the reward.

1 Einleitung

Es wird postuliert, dass kognitive Herausforderungen und ihre erfolgreiche Bewältigung durch Tiere eine wesentliche Voraussetzung für deren Wohlbefinden darstellen und eine Unterstimulation negative Auswirkungen haben kann (Carlstead und Shepherdson 2000). Künstliche Haltungsumwelten bieten Tieren im Vergleich zu freilebenden Wildtieren aber nur wenig sensorische Stimulation und eingeschränkte Möglichkeiten ihre kognitiven Fähigkeiten einzusetzen. Deshalb betonen neuere Ansätze zum Wohlbefinden von Tieren zunehmend die Rolle von kognitiven Prozessen (Boissy et al. 2007 a) und von positiven emotionalen Effekten, wenn ein Tier die Bewältigung einer spezifischen Herausforderung lernt (Paul et al. 2005). Gegenwärtig wird diskutiert inwieweit die Integration artgerechter Herausforderungen in den Stallalltag landwirtschaftlicher Nutztiere positive Emotionen in den Tieren auslösen kann und damit zu einem verbesserten Wohlbefinden beiträgt (Meehan und Mench 2007; Boissy et al. 2007 b; Manteuffel et al. 2009). Während positives operantes Training als eine Form von kognitiven Herausforderungen zur Anreicherung der Umwelt und zur Verbesserung des Managements bei Zootieren schon seit mehreren Jahren erfolgreich praktiziert wird, in deren Folge Stereotopien und Selbstbeschädigungen der Tiere verringert werden konnten (Laule et al. 2003; Bloomsmith et al. 2007), gibt es zur Integration von speziesspezifischen kognitiven Aufgaben in den Haltungsalltag von Nutztieren erst wenige Ansätze. Erste Studien haben hier positive Auswirkungen von langfristiger kognitiver Herausforderung etwa auf das Stress- und das Immunsystem sowie die Fleischqualität gezeigt (Langbein et al. 2004; Ernst et al. 2006; Puppe et al. 2007). Der Nachweis von positiven emotionalen Zuständen infolge der erfolgreichen Bewältigung von kognitiven Herausforderungen steht allerdings noch aus. Meehan und Mench (2007) haben kürzlich in einer herausragenden Publikation zu Grundlagen von kognitiver Verhaltensanreicherung gefordert, dass „... the idea that being involved in a problem solving experience is itself rewarding, even when the experience is also externally rewarded, should also be examined."

Das Ziel der aktuellen Untersuchung bestand darin, erstens, zu untersuchen, wie Zwergziegen eine automatische Lernapparatur, die in das Haltungsabteil integriert war, zum Erlernen von visuellen Diskriminierungsproblemen nutzten und zweitens, ob die Tiere die Lernapparatur auch dann noch aufsuchten, wenn die dort verabreichte Belohnung konkurrierend auch ohne kognitiven Aufwand frei verfügbar war. Dieser experimentelle

Ansatz basiert auf dem Prinzip des „contrafreeloading" (CFL; OSBORNE 1977), wonach Tiere bereit sind, für eine Belohnung zu arbeiten, während dieselbe Belohnung auch frei zur Verfügung steht. Während in bisherigen Versuchen zum CFL nur der motorische Aufwand modifiziert wurde, war es in der vorliegenden Untersuchung ein zusätzlicher kognitiver Aufwand, den die Tiere bewältigen mussten.

2 Versuchstiere, Versuchsdesign und Methoden

2.1 Versuchstiere und Haltung

Als Versuchstiere wurden zwölf weibliche, juvenile Zwergziegen aus dem Bestand des FBN eingesetzt. Die mit Stroh eingestreute Haltungsbucht (~ 12 m^2) enthielt neben einer Kletterpyramide, einer Heuraufe und einem Rundfütterer zusätzlich einen Wasserautomaten (WA) und ein extra Abteil mit dem Lernautomaten (LA). Die Tiere erhielten 300 g Kraftfutter pro Tag und Tier. Trinkwasser wurde in den verschiedenen Versuchsperioden ausschließlich über den WA und/oder den LA angeboten. Alle Tiere trugen einen Responder zur elektronischen Identifikation und Registrierung am WA oder LA.

2.2 Der Wasserautomat (WA) und der Lernautomat (LA)

Der WA bestand aus einem Druckschalter etwa in Augenhöhe der Tiere und einer 20 cm darunter befindlichen Tränkschale. Beides war in einem Kasten untergebracht dessen Öffnung verschlossen werden konnte, um den Zugang zum WA temporär zu sperren (Tab. 1). Bei jeder Betätigung des Druckschalters (mit der Nase) erhielten die Tiere 35 ml Trinkwasser in die Tränkschale. Wenn generell verfügbar, stand der WA den Tieren rund um die Uhr zur Verfügung.

Der LA war in einem extra Abteil in der Haltungsbucht untergebracht. Die Funktion des LA wurde bereits ausführlich beschrieben (LANGBEIN et al. 2007 b). Wenn ein Tier den LA betrat wurden auf einem TFT-Display in vier virtuellen Sektoren vier unterschiedliche Zeichen präsentiert, ein belohntes Zeichen (S^+) und drei verschiedene unbelohnte Zeichen (S^-). Jedem Zeichen war ein Druckschalter zugeordnet, den die Tiere mit der Nase betätigen konnten. Bei Wahl von S^+ wurden 35 ml Trinkwasser als Belohnung in die 20 cm darunter befindliche Tränkschale ausgegeben. Die Anordnung der Zeichen auf dem Bildschirm wechselte nach jeder Wahl. Das Abteil mit dem Lernautomaten konnte zeitweise gesperrt werden (Tab. 1). Wenn generell verfügbar, stand der LA den Tieren rund um die Uhr zur Verfügung. Dabei gab es keine Beschränkung hinsichtlich der Anzahl der Wahlen eines Tieres am LA.

Die Funktionalität des WA und des LA war dahingehend identisch, dass die Ziegen an beiden einen Schalter drücken mussten, um eine Portion Trinkwasser in die darunterliegende Tränkschale zu erhalten. Am LA mussten die Ziegen zusätzlich ein Diskriminierungsproblem lösen. In Tabelle 1 sind die Perioden, in denen ausschließlich der WA oder der LA oder aber beide den Tieren zur Wasserversorgung zur Verfügung standen, dargestellt.

2.3 Trainingsperioden

Nach dem Absetzen wurden die Tiere umgestallt und schrittweise an die Wasserausgabe am LA angelernt (LANGBEIN et al. 2004). Zum Abschluss dieses Trainings erhielten die Tiere ein erstes Diskriminierungsproblem mit einem offenen Kreis als S⁺ und drei leeren Sektoren als S⁻. Zwei Tiere lernten dieses Problem nicht im vorgegebenen Zeitraum (13 d) und wurden aus der Gruppe genommen. Somit betrug die Versuchstierzahl für alle weiteren Analysen 10. Danach lernten die Tiere über fünf Tage den Umgang mit dem WA (Tab. 1). Der Zugang zum LA war in dieser Periode versperrt. Zum Abschluss des Trainings lernten die Ziegen über jeweils zehn Tage zwei verschiedene 4-fach Diskriminierungsprobleme (Abb. 1).

Tab. 1: Übersicht über die einzelnen Versuchsperioden, ihre Dauer und ob die Tiere Trinkwasser ausschließlich am Wasserautomaten (WA), am Lernautomaten (LA) oder konkurrierend an beiden Geräten erhielten
Time schedule of the different periods of the study, its duration and where animals gained its drinking water, at the WA, at the LA or concurrently at both devices

Periode	Dauer	Wasser verfügbar über
Training		
W	5d	WA
P1	10d	LA
P2	10d	LA
Experiment		
P2r	5d	LA und WA
	5d	LA
P3	5d	LA und WA
	5d	LA

Abb. 1: Übersicht über die Diskriminierungsprobleme in den verschiedenen Versuchsperioden: P1 (oben links); P2/P2r (unten links) und P3 (oben rechts). Das belohnte Symbol S⁺ ist in dieser Abbildung jeweils links oben dargestellt
The discrimination problems: P1 (upper left); P2/P2r (lower left); and P3 (upper right). The rewarded symbol (S⁺) within each task is placed in the upper left corner in this example

2.4 Experimentalperioden

In zwei Experimentalperioden (P2r und P3) war Trinkwasser an Tag 1 bis 5 sowohl am WA als auch am LA und an Tag 6 bis 10 ausschließlich am LA verfügbar (Tab. 1). Das Diskriminierungsproblem war in P2r identisch zu P2 während den Tieren in P3 ein neues Problem präsentiert wurde (Abb. 1). An Tag 1 bis 5 sollte untersucht werden, ob die Tiere den LA auch dann nutzten, wenn Wasser konkurrierend auch ohne kognitiven Aufwand am WA verfügbar war, während Tag 6 bis 10 dazu diente, die Aufmerksamkeit der Tiere wieder verstärkt auf den LA zu fokussieren.

2.5 Datenanalyse und statistische Auswertung

Der tägliche Lernerfolg wurde als der prozentuale Anteil richtiger Wahlen pro Tag in den Perioden P1, P2, P2r und P3 berechnet. Außerdem wurde in P1, P2 und P3 die Anzahl an Wahlen bis zum Erreichen des definierten Lernkriteriums (46 % Richtigwahl) als die absolute Lernleistung (TtC) berechnet. Um den Einfluss des Diskriminierungsproblems auf die absolute Lernleistung zu testen, wurde eine „repeated measurement ANOVA" innerhalb eines gemischten Modells gerechnet (SAS 9.1). Wir nutzten ein Modell mit der Versuchsperiode als fixen

Faktor und dem Tier als sich wiederholender Faktor innerhalb jeder Periode. Paarweise Vergleiche zwischen den Perioden erfolgten über post hoc Analysen mittels multiplem Tukey-Kramer-Test.

Die Anzahl aller Schalterbetätigungen, die eine Wasserausgabe zur Folge hatten (PWALA) wurde als Äquivalent für die Gesamtwasseraufnahme der Tiere für die Tage 1 bis 5 in den Perioden W, P1, P2, P2r and P3 berechnet. PWALA fasst alle Aktionen am WA und/oder alle erfolgreichen Aktionen am LA zusammen. Außerdem wurde die Anzahl der Aktionen am WA (PWA) für die Tage 1 bis 5 in W, P2r and P3 berechnet.

In den Zeiträumen, in denen der WA und der LA konkurrierend verfügbar waren (P2r und P3) wurde der prozentuale Anteil der Aktionen am LA an der Summe aller Schalteraktionen am WA und am LA berechnet (%PLA). %PLA stellt die anteilige Nutzung des LA bei gleichzeitiger Verfügbarkeit des WA dar. Schließlich wurde der prozentuale Anteil der erfolgreichen Aktionen am LA an der Summe aller Aktionen, die eine Wasserausgabe zur Folge hatten, berechnet (%SPLA). %SPLA ist das Äquivalent der anteiligen Wasseraufnahme am LA bei gleichzeitiger Verfügbarkeit von Wasser am WA. Mittels „repeated measurement ANOVA" innerhalb eines gemischten Modells wurde der Einfluss der Versuchsperiode bzw. des Tages innerhalb der Periode auf die Parameter PWALA, PWA, %PLA und %SPLA untersucht. Dabei wurden die Periode und der Tag als fixe Effekte und das Tier als sich wiederholender Faktor behandelt. Paarweise Vergleiche zwischen den Perioden erfolgten über post hoc Analysen mittels multiplem Tukey-Kramer-Test. Mittels Rangkorrelation nach Spearman wurde der Zusammenhang zwischen dem individuellen Lernerfolg und %PLA bzw. %SPLA in P2r und P3 berechnet. Dazu wurden die jeweiligen Parameter über die fünf Versuchstage gemittelt. In diese Analyse wurden nur die Tiere einbezogen, die in beiden Perioden täglich mindestens fünf Aktionen am LA ausführten (n = 9).

3 Ergebnisse

3.1 Lernleistung und Wasserkonsum

Die Lernkurven in den einzelnen Versuchsperioden sind in Abbildung 2 dargestellt. In P1 und P2 erreichten die Ziegen das Lernkriterium innerhalb von fünf Tagen. In P2r fällt der Lernerfolg an den Tagen 1 bis 5 auf Werte um das Lernkriterium ab. Außerdem war die Variabilität des Lernerfolgs an den Tagen 1 bis 5 sehr groß. In P3 lag der Lernerfolg an den Tagen 1 bis 5 unter dem Lernkriterium. Ein kontinuierlicher Anstieg war ab Tag 3 festzustellen. Das Lernkriterium wurde an Tag 8 erreicht. Die Versuchsperiode hatte einen signifikanten Einfluß auf TtC ($F_{2,29}$ = 9,69, p < 0,014). TtC war in P2 und P3 kleiner als in P1 (p < 0,05). Die geschätzten Werte für TtC betrugen 468,0 (P1), 302,0 (P2) and 228,0 (P3).

Die tägliche Anzahl aller Schalterbetätigungen, die die Ausgabe von Wasser zur Folge hatten (PWALA), war über alle Versuchsperioden stabil. Sowohl die Periode als auch der Tag innerhalb der Periode (1 bis 5) hatten keinen Einfluss auf diesen Parameter. Der Wert von PWALA variierte zwischen 23,7 in P3 und 28,5 in P2r. Das entspricht einer täglichen Wasseraufnahme zwischen 0,83 und 0,99 l.

Die mittlere tägliche Anzahl Aktionen am WA (PWA) betrug 26,0 (W), 22,8 (P2r) und 21,0 (P3). Die Periode hatte einen schwachen Einfluss auf PWA ($F_{2;126}$ = 2,96, p < 0,055). PWA war in P3 geringer als in W (p < 0,047). Außerdem hatte die Wechselwirkung Periode

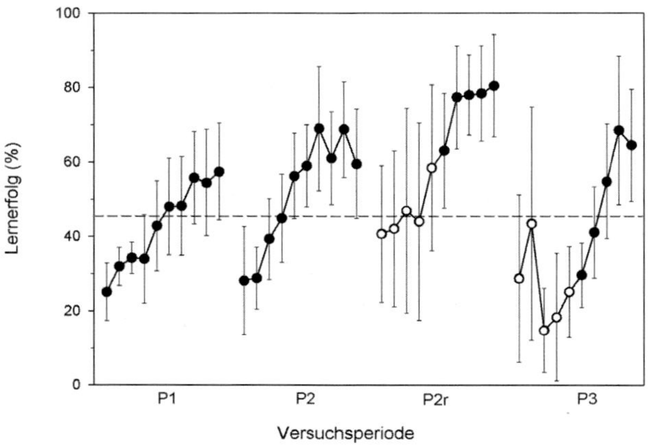

Abb. 2: Täglicher Lernerfolg einer Gruppe von Zwergziegen (n=10) in drei visuellen Diskriminierungsproblemen (P1, P2 und P3). In P2r war das Problem dasselbe wie in P2. An schwarz markierten Tagen war Trinkwasser nur am LA verfügbar, an weiß markierten Tagen konkurrierend auch am WA.

Daily learning success of dwarf goats (n=10) in three different visual discrimination problems (P1, P2, P3). In P2r, the discrimination problem was the same as in P2. On days marked in black the LA was the only source of drinking water, while on days marked in white water was concurrently available at the WA.

x Tag einen signifikanten Einfluss auf PWA ($F_{8;126}$ = 2,48, p < 0,015). PWA war an Tag 1 von P2r signifikant höher als an mehreren anderen Tag in W und P3 (p < 0,05).

3.2 Nutzung des LA bei gleichzeitiger Verfügbarkeit des WA

Wir konnten keinen Einfluss der Versuchsperiode oder des Tages innerhalb der Periode auf die Nutzung des LA in P2r und P3 nachweisen. Der Mittelwert für %PLA betrug in P2r 34,3 % und in P3 32,1 %. Das heißt, bei gleichzeitigem Angebot von Trinkwasser über den LA und den WA führten die Ziegen 1/3 aller täglichen Aktionen zum Wassererwerb am LA aus. Dabei fand keine Abnahme über die fünf Versuchstage statt. Allerdings gab es große individuelle Unterschiede in der Nutzung des LA. Während manche Ziegen bis zu 90 % aller täglichen Aktionen am LA ausführten, lag dieser Wert bei anderen Tieren deutlich unter 30 % (Tab. 2). Resultierend aus der Nutzung des LA und dem aktuellen Lernerfolg in P2r und P3 lag der prozentuale Anteil erfolgreicher Aktionen am LA (%SPLA) in P2r bei 23,0 % und in P3 bei 13,8 %. Während die Versuchsperiode einen signifikanten Einfluss auf %SPLA hatte ($F_{1,81}$ = 7.38, p < 0.008) war dies für den Tag oder die Wechselwirkung von Periode x Tag nicht nachzuweisen. Wie bei %PLA gab es auch für %SPLA große individuelle Schwankungen. Mittels Spearman'scher Rangkorrelation konnte eine signifikante Beziehung sowohl zwischen Lernerfolg und %PLA (P2r, rs = 0,73; P3, rs = 0,74) als auch zwischen Lernerfolg und %SPLA (P2r, rs = 0,75; P3, rs = 0,76) nachgewiesen werden.

Tab. 2: A: %PLA für die Tage 1 bis 5 in P2r und P3 während der WA ebenfalls verfügbar war. %PLA wurde berechnet als der prozentuale Anteil der Aktionen am LA im Verhältnis zur Summe aller Schalterbetätigungen am LA und am WA. B: %SPLA für die Tage 1 bis 5 in P2r und P3 während der WA ebenfalls verfügbar war. %SPLA wurde berechnet als der prozentuale Anteil erfolgreicher Aktionen am LA im Verhältnis zu allen Schalterbetätigungen am LA und am WA, die eine Wasserausgabe zur Folge hatten.
A: %PLA for days one to five in P2r and P3, while the WA was also accessible. %PLA was calculated as the percentage of button presses at the LA in relation to the total number of all button presses at the LA and the WA. B: %SPLA for days one to five in P2r and P3, while the WA was also accessible. %SPLA was calculated as the percentage of successful button presses at the LA in relation to the total number of button presses at the LA and the WA that triggered the delivery of water.

		A										B									
Periode	Tag	1	2	3	4	5	6	7	8	9	10	1	2	3	4	5	6	7	8	9	10
	1	25	0	28	19	20	47	0	29	40	6	7	0	11	11	6	29	0	17	13	5
	2	42	0	9	65	49	62	8	64	42	31	18	0	0	54	27	46	6	50	17	16
P2r	3	44	28	77	26	0	78	29	91	42	2	30	7	60	17	0	65	0	84	22	2
	4	52	20	57	7	9	89	15	83	4	0	43	9	25	4	5	83	3	80	0	0
	5	47	0	81	52	21	59	24	38	36	15	43	0	65	40	13	52	4	33	21	10
	1	35	9	85	56	25	41	0	34	68	0	4	5	50	17	19	11	0	5	44	0
	2	70	0	61	0	36	50	0	8	33	0	26	0	36	0	14	18	0	8	22	0
P3	3	58	0	80	0	58	0	0	67	32	9	15	0	52	0	12	0	0	15	12	0
	4	45	0	35	8	19	41	3	50	66	9	5	0	15	0	0	17	0	30	25	3
	5	27	66	0	42	40	80	16	67	76	0	6	38	0	9	5	55	6	31	58	0

4 Diskussion

4.1 Zur Nutzung des Lernautomaten unter praxisnahen Bedingungen

Optimale Formen der Verhaltensanreicherung für Tiere in Gefangenschaft sollen Elemente von Neuheit enthalten, komplexes Verhalten auslösen, mental stimulierend wirken (verbunden mit der Möglichkeit eine Belohnung zu erlangen) und Tieren eine gewisse Vorhersagbarkeit und Kontrolle ihrer Umwelt ermöglichen (Poole 1998). Der Lernautomat (LA), den wir entwickelt haben, erfüllt alle diese Ansprüche langanhaltend. Er war während des Trainings der Diskriminierungsaufgaben die einzige Wasserquelle in der Haltungsbucht, sodass die Tiere gezwungen wurden, sich mit ihm zu beschäftigen. Andererseits stand es den Tieren frei, wann sie sich am LA aufhielten und wie viele Aktionen sie dort ausführten. Dadurch war es für die Ziegen letztendlich möglich, auch ohne Diskriminierung der Zeichen am Display ausreichend Trinkwasser zu bekommen (Langbein et al. 2007 a). Dieses offene Design ist wichtig, wenn man in der Zukunft ähnliche kognitive Beschäftigungsautomaten mit der Ausgabe essenzieller Ressourcen koppeln will. Die Versuche haben gezeigt, dass die Wasserversorgung der Tiere hochgradig stabil war, egal ob Trinkwasser über den LA, den WA oder an beiden Automaten angeboten wurde. Auch bei geringem Lernerfolg zu Beginn von P1 und P2 haben die Ziegen zu jedem Zeitpunkt ausreichend Wasser abgerufen.

Lediglich an Tag 1 von P2r war ein erhöhter Wasserverbrauch, bedingt durch die stark erhöhte Nutzung des WA, festzustellen. Der WA war an diesem Tag zum ersten mal wieder zugänglich, nachdem die Tiere ihr Wasser über die letzten 20 Tage (P1, P2) ausschließlich am LA erhalten hatten. Die intensive Nutzung des WA zeigt, dass die Ziegen seine Funktion und Funktionalität in dieser Zeit nicht vergessen hatten. Außerdem kann sich das Interesse an generell bekannten Objekten oder Haltungseinrichtungen vorübergehend erhöhen, wenn man diese über längere Zeiträume entfernt und dann wieder zugänglich macht (Gifford et al. 2007; Trickett et al. 2008). Der Rückgang der Nutzung auf normales Niveau nach nur einem Tag zeigt außerdem, dass das übersteigerte Interesse am erneut verfügbaren WA schnell wieder abnimmt. Ähnliche Effekte hat man auch bei Objekten zur Verhaltensanreicherung von Schweinen festgestellt (Apple und Craig 1992; Van de Weerd et al. 2003).

4.2 Ziegen suchen kognitive Herausforderungen

Wenn Trinkwasser in P2r und P3 konkurrierend am WA und am LA verfügbar war, agierten die Ziegen weiterhin auf einem, im Vergleich zu den vorangegangenen Trainingsperioden geringeren, aber stabilen Niveau am LA. Im Mittel wurden ein Drittel aller täglichen Aktionen zum Wassererwerb hier ausgeführt, wobei einige Tiere bis zu 90 % aller Aktionen auf den LA richteten und folglich auch den Großteil ihres Tageswasserbedarfs hier bezogen. Erwähnenswert ist darüber hinaus, dass die Tiere auch in P3 bei deutlich geringerem Lernerfolg und folglich vergleichsweise geringerer Wasserausbeute, dieses Niveau über die fünf Versuchstage hielten. Die Frage ist: Was veranlasste die Tiere weiterhin am LA zu operieren, während die Belohnung gleichzeitig ohne kognitiven Aufwand am WA zur Verfügung stand? Wenn ein Tier es vorzieht für eine Belohnung zu arbeiten, während die gleiche Belohnung konkurrierend auch ohne diesen Aufwand verfügbar ist, bezeichnet man dieses Phänomen als *contrafreeloading* (CFL; Osborne 1977). In den letzten 40 Jahren wurden verschiedene Erklärungen für das Auftreten von CFL formuliert. Das *information primacy model* (Inglis et al. 1997) geht dabei von einem *trade off* zwischen der Notwendigkeit der aktuellen Ressourcenmaximierung und dem Bedarf nach Informationen über mögliche alternative Ressourcen und damit größerer Sicherheit für die zukünftige Ressourcensicherheit aus. In derselben Arbeit wurde eine Reihe äußerer Umstände definiert, unter denen CFL in geringerem Umfang (unnatürliche experimentelle Umstände und erhöhte Unsicherheit der Umwelt) oder aber verstärkt auftreten sollte (langes vorangegangenes Training). Die Wasserausgabe nach vorangegangener Diskriminierung visueller Zeichen ist allerdings keine sehr natürliche Situation für Zwergziegen und die Chance, Wasser am LA zu erhalten, war in P3 ungleich geringer als in P2r. Trotzdem zeigten die Tiere in beiden Perioden ein gleichbleibend hohes Niveau der Nutzung des LA. Deshalb erklärt das *information primacy model* nur unzureichend die Nutzung des LA bei konkurrierender Verfügbarkeit des WA.

In verschiedenen Arbeiten wurde betont, dass die Vorhersagbarkeit von positiv verstärkenden Stimuli und noch wichtiger, deren Kontrolle, direkte positive Auswirkungen auf das Wohlbefinden von Tieren haben kann (Markowitz et al. 2005; Bassett und Buchanan-Smith 2007). Selbstbestimmtes, operantes Training, wie beim Einsatz des LA, ist ein Weg, Tieren die Anwendung ihrer kognitiven Fähigkeiten zur Erlangung der Kontrolle über eine spezifische Belohnung zu ermöglichen. Allerdings ist in unserer Studie nicht nur die Kontrolle über die Belohnung relevant, denn Trinkwasser war am WA auch ohne zusätzliche kognitive Aufwendungen verfügbar. In ersten Arbeiten zu CFL wurde postuliert, dass die operante Handlung selbst (Jensen 1963), bzw. die Ausführung von appetitiven Verhalten generell, belohnend wirkt (Hughes und Duncan 1988; Manteuffel et al. 2009). Darüber hinaus haben Arbeiten an Affen gezeigt, dass kognitive Herausforderungen und insbesondere ihre erfolgreiche Bewältigung infolge eigenen Lernens, eine intrinsische Belohnung für Tiere darstellen (Harlow et al. 1950; Watson et al. 1999). Wichtig dabei ist, dass die operante Handlung ein klares Ergebnis zur Folge hat und dem Tier ein schnelles eindeutiges feedback liefert (Csikszentmihalyi 1988). In dieselbe Richtung weisen Studien von Hagen und Broom (2004), die eine größere Erregung und verstärkte Anzeichen von Wohlbefinden bei Kühen feststellen konnten, die sich den Zugang zu einer Belohnung durch Lernen selbst erarbeitet hatten, im Vergleich zu anderen Tieren, denen die Belohnung frei zugänglich war. Die Ergebnisse unserer Arbeit interpretieren wir in demselben Sinne. Nicht nur die externe Belohnung, sondern auch der selbst gelernte und dadurch kontrollierte Zugang zu dieser Belohnung, verbunden mit der immer neuen Herausforderung ein Diskriminierungsproblem zu lösen, scheint einen intrinsischen Wert für die Tiere darzustellen. Dies gilt umso mehr für erfolgreich handelnde Tiere, wie die Korrelation zwischen dem Lernerfolg und der tatsächlichen Nutzung des LA zeigt.

Wir schlussfolgern, dass die Integration von artgerechten kognitiven Herausforderungen zur umfassenden und lang anhaltenden Bereicherung des Alltags von Tieren in Gefangenschaft genutzt werden kann und ihr Wohlbefinden steigert.

5 Literatur

Apple, J. K.; Craig, J. V. (1992): The influence of pen size on toy preference of growing pigs. Appl. Anim. Behav. Sci. 35, 149–155

Bassett, L.; Buchanan-Smith, H. M. (2007): Effects of predictability on the welfare of captive animals. Appl. Anim. Behav. Sci. 102, 223–245

Bloomsmith, M. A.; Marr, M. J.; Maple, T. L. (2007): Addressing nonhuman primate behavioral problems through the application of operant conditioning: Is the human treatment approach a useful model? Appl. Anim. Behav. Sci. 102, 205–222

Boissy, A.; Arnould, C.; Chaillou, E.; Desire, L.; Duvaux-Ponter, C.; Greiveldinger, L.; Leterrier, C.; Richard, S.; Roussel, S.; Saint-Dizier, H.; Meunier-Salaun, M. C.; Valance, D.; Veissier, I. (2007 a): Emotions and cognition: A new approach to animal welfare. Anim. Welfare 16, 37–43

Boissy, A.; Manteuffel, G.; Jensen, M. B.; Moe, R. O.; Spruijt, B.; Keeling, L. J.; Winckler, C.; Forkman, B.; Dimitrov, I.; Langbein, J.; Bakken, M.; Veissier, I.; Aubert, A. (2007 b): Assessment of positive emotions in animals to improve their welfare. Physiol. Behav. 92, 375–397

Carlstead, K. C.; Shepherdson, D. J. (2000): Alleviating stress in zoo animals with environmental enrichment. In: The biology of animal stress. Hgs. Moberg, G. P.; Mench, J. A., New York, 337–54, CABI Publishing

Csikszentmihalyi, M. (1988): Optimal Experience: Psychological Studies of Flow in Consciousness. Cambridge University Press, Cambridge

Ernst, K.; Tuchscherer, M.; Kanitz, E.; Puppe, B.; Manteuffel, G. (2006): Effects of attention and rewarded activity on immune parameters and wound healing in pigs. Physiol. Behav. 89, 448–456

Gifford, A. K.; Cloutier, S.; Newberry, R. C. (2007): Objects as enrichment: Effects of object exposure time and delay interval on object recognition memory of the domestic pig. Appl. Anim. Behav. Sci. 107, 206–217

Hagen, K.; Broom, D. M. (2004): Emotional reactions to learning in cattle. Appl. Anim. Behav. Sci. 85, 203–213

Harlow, H. F.; Harlow, M. K.; Meyer, D. R. (1950): Learning motivated by a manipulation drive. J. Exp. Psychol. 40, 228–234

Hughes, B. O.; Duncan, I. J. H. (1988): The notion of ethological 'need', models of motivation and animal welfare. Anim. Behav. 36, 1696–1707

Inglis, I. R.; Forkman, B.; Lazarus, J. (1997): Free food or earned food? A review and fuzzy model of contrafreeloading. Anim. Behav. 53, 1171–1191

Jensen, G. D. (1963): Preference for bar pressing over freeloading as a function of number of rewarded presses. J. Exp. Psychol. 65, 451–454

Langbein, J.; Siebert, K.; Nürnberg, G.; Manteuffel, G. (2007 a): Learning to learn during visual discrimination in group housed dwarf goats (*Capra hircus*). J. Comp. Psychol. 121, 447–456

Langbein, J.; Nürnberg, G.; Manteuffel, G. (2004): Visual discrimination learning in dwarf goats and associated changes in heart rate and heart rate variability. Physiol. Behav. 82, 601–609

Langbein, J.; Siebert, K.; Nürnberg, G.; Manteuffel, G. (2007 b): The impact of acoustical secondary reinforcement during shape discrimination learning of dwarf goats (*Capra hircus*). Appl. Anim. Behav. Sci. 103, 35–44

Laule, G. E.; Bloomsmith, M. A.; Schapiro, S. J. (2003): The use of positive reinforcement training techniques to enhance the care, management , and welfare of primates in laboratory. J. Appl. Anim. Welf. Sci. 6, 163–173

Manteuffel, G.; Langbein, J.; Puppe, B. (2009): From operant learning to cognitive enrichment in farm animal housing: bases and applicability. Anim. Welfare 18, 87–95

Markowitz, H.; Eckert, K.; McMillan, F. D. (2005): Giving power to animals. In: Mental Health and Well-being in Animals. Hg. D.McMillan, Blackwell Publishing, 201–9

Meehan, C. L.; Mench, J. A. (2007): The challenge of challenge: Can problem solving opportunities enhance animal welfare? Appl. Anim. Behav. Sci. 102, 246–261

Osborne, S. R. (1977): Free food (contrafreeloading) phenomenon - review and analysis. Anim. Learn. Behav., 5, 221–235

Paul, E. S.; Harding, E. J.; Mendl, M. (2005): Measuring emotional processes in animals: the utility of a cognitive approach. Neurosci. Biobehav. R. 29, 469–491

Poole, T. B. (1998): Meeting a mammal`s psychological needs - Basic principles. In: Environmental enrichment for captive animals. Hgs. Shepherdson, D. J.; Mellen, J. D.; Hutchins, M.: Washington, London, 83–94, Smithsonian Institution Press

Puppe, B.; Ernst, K.; Schön, P. C.; Manteuffel, G. (2007): Cognitive enrichment affects behavioural reactivity in domestic pigs. Appl. Anim. Behav. Sci. 105, 75–86

Trickett, S. L.; Guy, J. H.; Edwards, S. A. (2008): The role of novelty in environmental enrichment for the weaned pig. Appl. Anim. Behav. Sci. 116, 45–51

Van de Weerd, H. A.; Docking, C. M.; Day, J. E. L.; Avery, P. J.; Edwards, S. A. (2003): A systematic approach towards developing environmental enrichment for pigs. Appl. Anim. Behav. Sci. 84, 101–118

Watson, S. L.; Shively, C. A.; Voytko, M. L. (1999): Can puzzle feeders be used as cognitive screening instruments? Differential performance of young and aged female monkeys on a puzzle feeder task. Am. J. Primatol. 49, 195-202

Jan Langbein, Katrin Siebert, Gerd Nürnberg
Forschungsinstitut für die Biologie Landwirtschaftlicher Nutztiere, 18196 Dummerstorf

Der Einfluss verschiedener Fressgittertypen auf agonistische Interaktionen bei Ziegen in Abhängigkeit von der Behornung

The influence of different types of feed barriers on agonistic interactions of goats depending on presence of horns

Eva M. Nordmann, Nina M. Keil, Christine Graml, Claudia Schmied, Janine Aschwanden, Rupert Palme, Susanne Waiblinger

Zusammenfassung

In der vorliegenden Untersuchung wurde überprüft, ob verschiedene Fressgittertypen bei der Gruppenhaltung von Ziegen in Laufställen einen Einfluss auf die Häufigkeit agonistischer Interaktionen am Fressplatz haben. An 55 Ziegen in vier Gruppen wurden die Fressgittertypen Nackenrohr, Palisade Metall, Palisade Holz und Diagonalgitter getestet. Es wurden an acht Tagen für jeweils 1,5 Stunden je Fressgittertyp agonistische Verhaltensweisen der Ziegen im Fressbereich beobachtet. Für die statistische Analyse wurde je Verhaltensparameter ein lineares gemischte Effekte Modell verwendet. Der Fressgittertyp hatte einen signifikanten Einfluss auf alle fünf analysierten agonistischen Verhaltensweisen, wobei bei drei Parametern eine Abhängigkeit von der Behornung festgestellt werden konnte. Agonistische Interaktionen mit Körperkontakt zeigten die Ziegen am häufigsten im Nackenrohr und am seltensten in den Palisaden. Fressplatzverlust durch eine im Fressgitter befindliche Ziege trat ebenfalls am häufigsten im Nackenrohr und am wenigsten in der Palisade Metall auf. Für Fressplatzverlust durch ein außerhalb des Fressgitters befindliches Tier war das Ergebnis genau entgegengesetzt, jedoch waren diese Situationen weitaus seltener. Das Nackenrohr erscheint aufgrund dieser Ergebnisse unabhängig von der Behornung als Fressgitter für Ziegen am wenigsten geeignet zu sein. Die Palisade Metall schneidet am günstigsten ab und ist daher zu empfehlen.

Summary

The present study investigated the potential influence of different types of feed barriers in group housing of goats on the frequency of agonistic interactions at the feeding place. The feed barrier types neckrail, metal palisade, wooden palisade, and diagonal fence were tested with 55 goats, housed in four groups. Agonistic interactions were observed in each type of feed barrier on eight days, 1.5 hours per day. Behavioural parameters were analysed by linear mixed effect models. The type of feed barrier had significantly influenced the frequency of all five analysed behavioural categories, in three parameters there was an interaction with the presence of horns. Goats showed agonistic interactions with physical contact most often in the neckrail and least often in the palisades. A loss of the feeding place in reaction to a goat also present in the feed barrier also occurred most often in the neckrail and least often in the metal palisades. With regard to loss of the feeding place in reaction to a goat standing outside the feed barrier, the result was reverse, but such situations occurred by far less frequently. According to these results the neckrail seems to be the least suitable feed barrier for goats, regardless if they are horned or hornless. Metal palisades showed the best results and are therefore recommended.

1 Einleitung

Die Laufstallhaltung von Ziegen gewinnt zunehmend an Bedeutung. Insgesamt liegen jedoch nur wenig wissenschaftliche Erkenntnisse über den Zusammenhang zwischen dem Sozialverhalten von Ziegen und ihrer Haltungsumwelt vor. Beobachtungen auf Praxisbetrieben zeigen, dass hauptsächlich der Fressbereich als Problemzone im Ziegenlaufstall gilt (Noack und Hauser 2004). Ziegen mit niedrigem Rangstatus können z. B. bei geringem Fressplatzangebot weniger Zeit mit Fressen verbringen (Jørgensen et al. 2007), wohingegen höherrangige oftmals mehrere Fressplätze für sich beanspruchen (Loretz et al. 2004). Fressplätze stellen bei praxisüblichen Fressplatz-Tier-Verhältnissen eine begrenzte Ressource dar und sind somit, auch in Abhängigkeit von der Art der Futtervorlage (rationierte versus ad libitum Fütterung), Orte höchster Konkurrenz. Als Folge können agonistisches Verhalten, nicht ausreichende Futteraufnahme und eventuell Verletzungen auftreten. So kann die Konkurrenz am Futterplatz bei niederrangigen Ziegen zu geringerer Milch- und Fleischleistung führen (Barroso et al. 2000). Beobachtungen und Erfahrungen in der Praxis lassen einen Einfluss des Fressgitters, d. h. des Fressgittertyps, in Abhängigkeit von der Rangordnung und der Behornung der Tiere, auf das Sozialverhalten und den sozialen Stress vermuten. Dabei könnte die Gestaltung des Fressgitters insbesondere hinsichtlich der Leichtigkeit des Betretens und Verlassens sowie der Sichteinschränkung nach hinten eine entscheidende Rolle spielen. Je schneller eine rangniedere Ziege eine sich nähernde ranghöhere Ziege sehen und das Fressgitter leicht verlassen kann, desto geringer dürfte das Risiko von Verletzungen und desto größer die Kontrollierbarkeit der Situation und damit das Gefühl von Sicherheit beim Fressen sein.

In der vorliegenden Untersuchung wurde deshalb überprüft, ob verschiedene Fressgittertypen bei der Gruppenhaltung von Ziegen in Abhängigkeit von der Behornung einen Einfluss auf die Häufigkeit agonistischer Interaktionen und auf die Konzentration von Kortisolmetaboliten im Kot, als Indikator für die Nebennierenrindenaktivität, haben.

2 Tiere, Material und Methode

2.1 Tiere und Haltung

Die Untersuchung wurde in dem Zeitraum von Mai bis August 2008 mit 55 adulten, nicht laktierenden Ziegen unterschiedlicher Rassen an der Forschungsanstalt Agroscope Reckenholz-Tänikon ART durchgeführt. Die Tiere wurden in vier Gruppen gehalten, von denen zwei Gruppen behornt und zwei Gruppen unbehornt waren. Bei den unbehornten Ziegen wurde nicht zwischen genetisch hornlosen und enthornten Ziegen unterschieden. Drei Gruppen bestanden aus je 14 Tieren und eine Gruppe aus 13 Tieren. (Ein Tier aus dieser Gruppe verstarb kurz vor Versuchsbeginn und wurde nicht ersetzt, um die Gruppenstruktur nicht zu stören). Die vier Ziegengruppen wurden etwa fünf Wochen vor Versuchsbeginn aus ursprünglich acht Gruppen zusammengestellt. Jede Gruppe bestand jeweils zur Hälfte aus Ziegen, die 2005 vom Kitzalter an zusammen aufgewachsen waren, während die andere Hälfte 2005 im adulten Alter gruppiert worden war. Die Tiere wurden in einem Zweiraum-Laufstall (2,2 m^2/Tier) mit einem mit Stroh eingestreuten Liegebereich und einem erhöhten Fressbereich gehalten. Im Wechsel erhielt jeweils eine Gruppe morgens vor der Fütterung Auslauf in einem befestigten Laufhof. Die Tiere wurden zweimal am Tag ausschließlich mit Heu gefüttert (9 Uhr und 17 Uhr). Wasser und Mineralsteine standen jeder Ziegengruppe ad libitum zu Verfügung.

Der Stall war unterteilt in vier Stallabteile, die mit jeweils einem von vier Fressgittertypen ausgestattet wurden. Diese unterschieden sich hinsichtlich der Leichtigkeit des Betretens und Verlassens für die Ziegen sowie der Sichteinschränkung nach hinten:

- Nackenrohr (N),
- Palisade Metall (M),
- Palisade Holz (H),
- Diagonalgitter (D).

Der Versuch gliederte sich in vier Blöcke à vier Wochen. Die Gruppen befanden sich jeweils vier Wochen in jedem der Stallabteile. Dieser Zeitraum teilte sich auf in eine Eingewöhnungsphase von zwei Wochen und eine anschließende Versuchsphase von zwei Wochen. Nach jedem Block wechselten die Ziegengruppen das Stallabteil zu einem neuen Fressgittertyp hin, sodass jede der vier Ziegengruppen in unterschiedlicher Reihenfolge an jedem Fressgittertyp getestet wurde.

Die Gesamtbreite für die Fressgitter betrug in allen Stallabteilen 2 x 2,51 m. Bei den Palisaden ergaben sich bei einer Fressplatzbreite von 35 cm eine Anzahl von 14 Fressplätzen (Fressplatz-Tier-Verhältnis 1 : 1). Das Nackenrohr verblieb praxisüblich ohne Seitenbegrenzung oder Abstandshalter. Im Diagonalgitter standen 16 Fressplätze zur Verfügung. Die Fressplatzbreite ist hier aufgrund der Konstruktion leicht variabel. Der Abstand der 7 cm breiten Holzbretter betrug 21 cm. Für die Gruppe mit den 13 Tieren wurde in jedem Fressgitter jeweils ein Fressplatz und im Nackenrohr eine Breite von 35 cm gesperrt.

2.2 Datenerhebung

In dem Versuch wurden Direktbeobachtungen zum Sozialverhalten durchgeführt und Kotproben rektal gewonnen, um auf den Basalwert des Kortisolspiegels zu schließen.

2.2.1 Verhaltensbeobachtungen

Die Verhaltensbeobachtungen wurden in jedem Fressgittertyp im Anschluss an eine zweiwöchige Eingewöhnungsphase durchgeführt. Je Fressgittertyp wurde an acht Tagen für jeweils 1,5 Stunden pro Gruppe agonistisches Verhalten erfasst. Alle Ziegen waren vor Versuchsbeginn mit Haarfärbemittel und Halsbändern individuell markiert worden. Ebenfalls vor Versuchsbeginn wurde die Rangordnung der Ziegengruppen erhoben und der Dominanzindex jedes Tieres nach Sambraus (1975) bestimmt.

Beobachtet wurde von einem Hochsitz in der Mitte des Stalles. Jede Gruppe wurde für jeweils zehn Minuten im Wechsel beobachtet. Die Verhaltensbeobachtungen fanden zu Zeiten der Fütterung und Haupt-Nahrungsaufnahme statt (ca. 8:30 bis 11:50 Uhr und

16:20 bis 19:00 Uhr). Es wurden nur Verhaltensweisen aufgenommen, die sich auf ein Empfängertier (Receiver) im Fressbereich (nicht im gesamten Stallabteil) bezogen. Dies entspricht allen Interaktionen, die entweder im Fressgitter oder auf dem erhöhten Fressplatz (Podest) vor dem Fressgitter gezeigt wurden.

Neben der Identität der beteiligten Tiere wurde der Ort, an dem sich diese während der Interaktion befanden (getrennt nach Initiator = Actor und Empfängertier = Receiver) notiert. Zudem wurde jeweils der „Erfolg" einer Interaktion notiert. Eine Interaktion hatte Erfolg, wenn der Receiver seinen Platz aufgrund der vorausgegangenen Interaktion durch das aktive Tier (Actor) verließ. Eine Interaktion blieb ohne Erfolg, wenn das Empfängertier trotz einer auf sich gerichteten Interaktion an seinem Platz verblieb.

Die beobachteten Verhaltensweisen wurden wie folgt kategorisiert:

- Agonistische Interaktionen mit Körperkontakt: Kopfstoß, Hornkick, Aushebeln, Hiebe, Schieben, Beißen
- Agonistische Interaktionen ohne Körperkontakt: Drohen, Ausweichen (= ein Tier verlässt seinen Platz ohne ein für die Beobachterin sichtbares vorausgehendes agonistisches Verhalten eines anderen Tieres)

Für die Untersuchungen waren insbesondere soziale Auseinandersetzungen, die zu Störungen während der Futteraufnahme führten, von Interesse. Es wurden daher folgende Verhaltensparameter als Zielvariablen für die statistische Analyse gebildet:

1. **Agonistisch mit Körperkontakt (KK):** Alle agonistischen Interaktionen mit Körperkontakt, die sich auf ein Empfängertier (Receiver) im gesamten Fressbereich bezogen, unabhängig vom Erfolg dieses Verhaltens.
2. **Agonistische Verhaltensweisen, mit anschließendem Fressplatzverlust:** Agonistische Interaktionen, die das Empfängertier dazu veranlassten seinen Fressplatz zu verlassen (= Fressplatzverlust). Das Empfängertier stand während der Interaktion mit seinem Kopf im Fressgitter; es wurde nach Ort des Actors differenziert.
   a) **Fressplatzverlust ohne Körperkontakt (KK), Actor am Fressplatz (FP).** Alle erfolgreichen agonistischen Interaktionen ohne KK, bei denen der Receiver im Fressgitter stand und der Actor vom Fressplatz aus agierte.
   b) **Fressplatzverlust mit Körperkontakt (KK), Actor am Fressplatz (FP).** Alle erfolgreichen agonistischen Interaktionen mit KK, bei denen der Receiver im Fressgitter stand und der Actor vom Fressplatz aus agierte.
   c) **Fressplatzverlust ohne Körperkontakt (KK), Actor im Fressgitter (FG).** Alle erfolgreichen agonistischen Interaktionen ohne KK, bei denen sowohl der Receiver als auch der Actor im Fressgitter standen.
   d) **Fressplatzverlust mit Körperkontakt (KK), Actor im Fressgitter (FG).** Alle erfolgreichen agonistischen Interaktionen mit KK, bei denen sowohl der Receiver als auch der Actor im Fressgitter standen.

Bei der Berechnung der Parameter wurden die unterschiedlichen Gruppengrößen berücksichtigt, indem die Daten auf die Anzahl der Tiere pro Gruppe korrigiert wurden.

2.2.2 Aktivität der Nebennierenrinde

Von allen Tieren wurden am Ende der vier Wochen im jeweiligen Fressgittertyp an zwei aufeinanderfolgenden Tagen (8.30 Uhr) rektal Kotproben gewonnen. Die Proben wurden zeitnah tiefgefroren und im Department für Biomedizinische Wissenschaften/Biochemie an der Veterinärmedizinischen Universität Wien die Konzentration von Kortisolmetaboliten (ng/gr) mittels eines Enzymimmunoassays (EIA) bestimmt (Möstl et al. 2002). Die verwendete Methode wurde für die Erhebung der Nebennierenrindenaktivität bei der Ziege erfolgreich validiert (Kleinsasser et al. submitted).

2.3 Statistische Analyse

Für die statistische Analyse wurde pro Zielgröße (Verhaltensparameter und Konzentration der Kortisolmetaboliten im Kot) ein lineares gemischte Effekte Modell verwendet. Als erklärende Variablen wurden der Fressgittertyp, die Behornung (ja/nein), die Interaktion von Behornung und Fressgittertyp und der Dominanzindex des Tieres verwendet. Als zufälliger Effekt wurde das Individuum innerhalb der zugehörigen Gruppe geschachtelt. Falls die Interaktion im Modell nicht signifikant war ($p < 0,05$), wurde sie aus dem Modell genommen. Zur Überprüfung der Modellannahmen (Normalverteilung und Varianzhomogenität der Residuen) wurde eine Residuenanalyse durchgeführt. Alle Zielgrößen wurden daraufhin einer Transformation unterzogen (Logarithmus oder Wurzel).

Die Versuchsanordnung war so gewählt, dass die Untersuchung der Fressgittertypen in Abhängigkeit der Behornung der Tiere auf das Sozialverhalten der Ziegen im Vordergrund stand (= Interaktion Fressgittertyp und Behornung). Aufgrund der geringen Gruppenanzahl kann jedoch anhand der Modellschätzungen keine fundierte Aussage über einen generellen Unterschied im Verhalten von unbehornten und behornten Ziegen gemacht werden.

3 Ergebnisse

3.1 Verhaltensbeobachtungen

Insgesamt wurden 13 464 agonistische Interaktionen im Fressbereich beobachtet.

Der Fressgittertyp hatte einen signifikanten Einfluss auf alle analysierten agonistischen Verhaltensweisen, wobei bei drei Parametern eine Abhängigkeit von der Behornung festgestellt werden konnte (Tab. 1). Der Dominanzindex zeigt sich für alle Verhaltensweisen

Tab. 1: Übersicht über die Modelle zum Einfluss des Fressgittertyps unter Berücksichtigung der Behornung und des Dominanzindex auf die Anzahl agonistischer Interaktionen im Fressbereich, p-Werte
Overview of the outcome of the models analysing the influence of the type of feed barrier depending on the presence of horns and dominance-index on the number of agonistic interactions at the feeding place, p-values

	Agonistisch mit KK	Fressplatzverlust ohne KK, Actor im FG	Fressplatzverlust mit KK, Actor im FG	Fressplatzverlust ohne KK, Actor am FP	Fressplatzverlust mit KK, Actor am FP
Dominanzindex	0,002	0,003	0,005	0,002	0,004
Fressgitter	0,001	0,000	0,000	0,002	0,000
Fressgitter x Behornung	0,026	–	0,000	0,027	–

erwartungsgemäß als hoch signifikanter Einfluss dahingehend, dass Tiere mit einem hohen Dominanzindex (ranghohes Tier) nur selten Empfängertiere von agonistischen Verhaltensweisen sind. Tiere mit niedrigem Dominanzindex (ca. 0,4 bis 0,1) stellen dementsprechend deutlich öfter Empfängertiere für agonistisches Verhalten dar. Die Behornung hatte in einigen Fällen einen Einfluss auf oben angeführte Verhaltensweisen, allerdings ist die Aussage aufgrund der geringen Anzahl der Gruppen (N = 2) nicht gesichert und wird daher in Tabelle 1 nicht gezeigt.

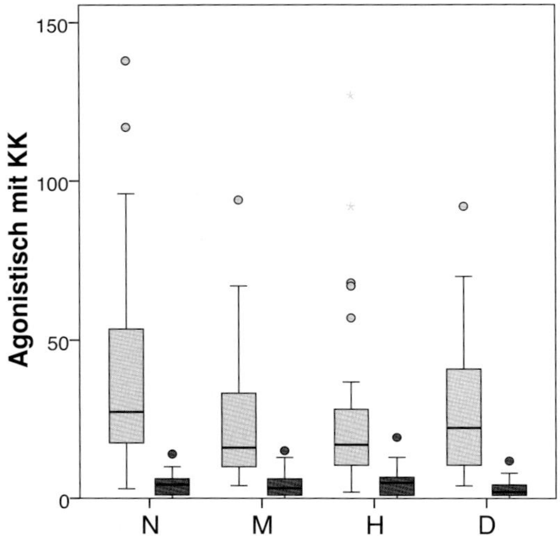

Abb. 1: Gesamtzahl an agonistischen Interaktionen mit Körperkontakt (KK) bezogen auf ein Receivertier, in den vier Fressgittertypen (N = Nackenrohr, M = Palisade Metall, H = Palisade Holz, D = Diagonalgitter) in Abhängigkeit von der Behornung (hellgrau = unbehornt, dunkelgrau = behornt), N = 55

Total number of agonistic interactions with physical contact (KK) received, in the four types of feed barriers (N = neckrail, M = metal palisade, H = wooden palisade, D = diagonal fence) and in relation to the presence of horns (bright gray = hornless, dark gray = horned), N = 55

Die Anzahl an agonistischen Interaktionen mit Körperkontakt, an denen ein Receivertier beteiligt war (agonistisch mit KK, Abb. 1, Tab. 1), waren bei den unbehornten Ziegen am häufigsten im Nackenrohr, am zweithäufigsten im Diagonalgitter und am seltensten traten diese Verhaltensweisen in der Palisade Metall sowie Holz auf. Die behornten Ziegen zeigten deutlich weniger agonistische Interaktionen mit Körperkontakt als ihre unbehornten Artgenossen, sodass hier kaum Unterschiede zwischen den Fressgittertypen bestanden.

Bei den vier untersuchten Parametern, die agonistische Interaktionen beschrieben, welche zum Fressplatzverlust führten, war der Einfluss des Fressgittertyps jeweils signifikant. Eine Interaktion mit der Behornung bestand bei den Fressplatzverlusten ohne Körperkontakt, wenn der Actor am Fressplatz stand und bei Fressplatzverlusten mit Körperkontakt, wenn der Actor sich im Fressgitter befand (Tab. 1).

Insgesamt war die Häufigkeit von Fressplatzverlusten durch einen Actor außerhalb des Fressgitters deutlich seltener als Fressplatzverluste durch einen Actor im Fressgitter. Die Häufigkeit des Fressplatzverlustes bezogen auf die verschiedenen Fressgittertypen schien dabei vor allem davon abzuhängen, ob der Actor am Fressplatz stand oder sich im Fressgitter befand.

Beim Fressplatzverlust durch einen im Fressgitter befindlichen Actor waren Interaktionen am häufigsten im Nackenrohr und am geringsten in der Palisade Metall (Abb. 2). Beim Fressplatzverlust ohne Körperkontakt war dies unabhängig von der Behornung, beim Fressplatzverlust mit Körperkontakt war dieser Effekt nur bei den unbehornten Ziegen sehr deutlich. Bei den Behornten kann dies aufgrund des sehr seltenen Auftretens (Median

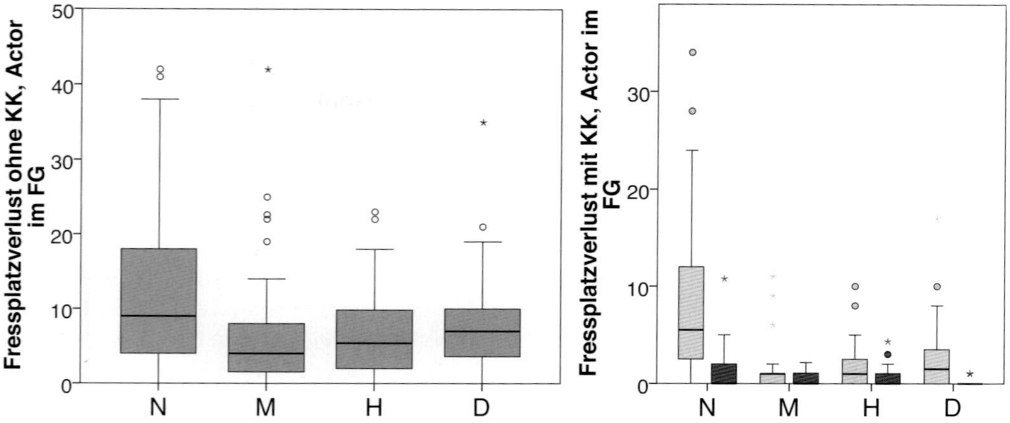

Abb. 2: Anzahl der agonistischen Interaktionen, die zu Fressplatzverlust des Receivers führten; der Actor befand sich ebenfalls im Fressgitter (FG), N = Nackenrohr, M = Palisade Metall, H = Palisade Holz, D = Diagonalgitter, N = 55, links: ohne Körperkontakt (KK), keine Differenzierung nach Behornung, rechts: mit Körperkontakt, hellgrau = unbehornt, dunkelgrau = behornt
Number of agonistic interactions resulting in a loss of the feeding place; the head of the actor was also inside of the feed barrier (FG), N = neckrail, M = metal palisade, H = wooden palisade, D = diagonal fence, N = 55, on the left: without physical contact (KK), no differentiation according to horns, on the right: with physical contact, bright gray = hornless, dark gray = horned

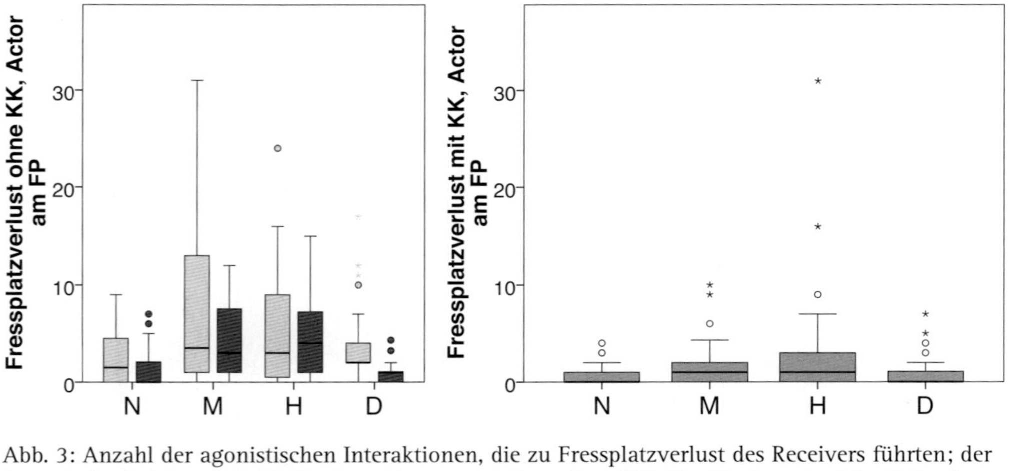

Abb. 3: Anzahl der agonistischen Interaktionen, die zu Fressplatzverlust des Receivers führten; der Actor befand sich außerhalb des Fressgitters – am Fressplatz (FP), N = Nackenrohr, M = Palisade Metall, H = Palisade Holz, D = Diagonalgitter, N = 55, links: ohne Körperkontakt (KK), hellgrau = unbehornt, dunkelgrau = behornt, rechts: mit Körperkontakt, keine Differenzierung nach Behornung
Number of agonistic interactions resulting in a loss of feeding place, actor was standing in front of the feed barrier – at the feeding place (FP), N = neckrail, M = metal palisade, H = wooden palisade, D = diagonal fence, N = 55, on the left: without physical contact (KK), bright gray = hornless, dark gray = horned, on the right: with physical contact, no differentation according to horns

immer 0) nur bedingt bewertet werden, aber auch hier waren die meisten Interaktionen im Nackenrohr zu beobachten.
Beim Fressplatzverlust durch ein außerhalb des Fressgitters befindliches Tier (Actor) waren Interaktionen am häufigsten in den Palisaden (Metall oder Holz) und am geringsten beim Nackenrohr, wobei beim Fressplatzverlust ohne Körperkontakt die genaue Reihenfolge der Fressgitter je nach Behornung etwas schwankte (Abb. 3).

3.2 Aktivität der Nebennierenrinde

Es bestand keine signifikante Interaktion von Behornung und Fressgittertyp, sie wurde deshalb aus dem Modell genommen. Der Fressgittertyp hatte tendenziell einen Einfluss ($p = 0{,}06$) auf die Konzentration der Kortisolmetaboliten, wobei diese am höchsten im Stallabteil mit dem Nackenrohr war, weniger hoch im Diagonalgitter und in der Palisade Holz und am geringsten in der Palisade Metall. Der Dominanzindex stand ebenfalls tendenziell ($p = 0{,}092$) mit der Kortisolmetabolitenkonzentration im Zusammenhang in die Richtung, dass ranghohe Tiere eher etwas höhere Werte aufwiesen als rangniedere.

4 Diskussion

In dieser Studie wurden vier verschiedene Fressgittertypen auf die Häufigkeit von agonistischen Interaktionen untersucht. Es zeigte sich, dass agonistische Verhaltensweisen mit Körperkontakt am häufigsten im Nackenrohr auftraten, wodurch dieser Fressgittertyp hinsichtlich des Auftretens von verletzungsträchtigen Interaktionen am schlechtesten zu bewerten ist. Auf der anderen Seite zeigten sich die wenigsten Fressplatzverluste in der Palisade Metall, sodass davon auszugehen ist, dass die Tiere hier bei der Futteraufnahme am wenigsten gestört wurden. Das Modell zu den Kortisolmetaboliten stützt diese Interpretation, auch wenn hier nur Trends bestehen und die Ergebnisse somit statistisch nicht abgesichert sind.

Die behornten Ziegen zeigten deutlich weniger agonistische Interaktionen mit Körperkontakt als die unbehornten Ziegen, was vermutlich vor allem darauf zurückzuführen ist, dass behornte Ziegen Auseinandersetzungen mit Körperkontakt wenn möglich vermeiden (ASCHWANDEN et al. 2008) und bei den behornten Ziegen eventuell weniger Tiere zeitgleich fraßen. Die Daten müssten somit in weiteren Analysen auf die Anzahl fressender Ziegen korrigiert werden.

Die Ergebnisse deuten weiter darauf hin, dass die Ziegen je nach Fressgittertyp unterschiedlich vorgehen, um andere Ziegen aus dem Fressgitter zu verdrängen: Verhaltensweisen, die zum Verlust des Fressplatzes für ein Receivertier im Fressgitter führen und bei denen der Actor vor dem Fressgitter am Fressplatz agiert, werden bei unbehornten Ziegen am häufigsten in den Palisaden und am wenigsten im Nackenrohr gezeigt. Eine fressende Ziege wird hier zuerst vom Actor aus dem von ihm beanspruchten Fressplatz verdrängt. Anschließend nimmt er den freigewordenen Platz im Fressgitter zumeist selbst ein.

Verhaltensweisen, die zum Verlust des Fressplatzes führen und bei denen sowohl Receiver als auch Actor im Fressgitter stehen, werden am häufigsten im Nackenrohr gezeigt und am wenigsten in den Palisaden. In diesem Fall geht der Actor somit zuerst ins Fressgitter hinein, oder er befindet sich bereits im Fressgitter und verlässt dieses nicht, und verdrängt dann eine dort fressende Ziege von ihrem Fressplatz, um entweder anschließend selbst dort fressen zu können oder die andere Ziege auf größerer Distanz zu halten.

Dies lässt sich dadurch erklären, dass in den Palisaden ein Verdrängen von außerhalb des Fressgitters vermutlich effektiver ist. Durch die seitliche Begrenzung der Palisaden werden Tiere, die sich im Fressgitter befinden, auf Abstand gehalten: Ein Schieben der Tiere ist nicht möglich und im Bereich des Kopfes sind sie vor direkten Aggressionen mit Körperkontakt eher geschützt. Der Körper fressender Ziegen ist jedoch nicht geschützt, weshalb agonistisches Verhalten des Actors von außerhalb des Fressgitters hier problemlos erfolgen kann.

Im Nackenrohr hingegen ist ein Verdrängen innerhalb des Fressgitters leicht möglich, da keine Abstände durch räumliche Konstruktionen vorgegeben sind und ein Unterschreiten der Individualdistanzen dadurch vermutlich häufig vorkommt (Aschwanden et al. 2008). Das Diagonalgitter steht etwas dazwischen. Es weist zwar Abstandshalter durch Holzbretter auf, die zu Abständen um 28 cm führten; der tatsächliche Abstand zwischen den Ziegen im Fressgitter kann jedoch durch die schräge Anordnung der Bretter variieren. Je mehr Tiere aber gleichzeitig fressen, desto eher dürften ihre Individualdistanzen unterschritten werden, was ein Verdrängen nach sich zieht.

Generell traten mehr Fressplatzverluste ohne Körperkontakt auf als solche mit Körperkontakt, und am häufigsten erfolgten diese im Nackenrohr. Dies könnte darauf zurückzuführen sein, dass durch das Fehlen der Abstandshalter ein Ausweichen der Ziegen leichter möglich ist.

Erwartungsgemäß verdrängten Tiere mit höherem sozialem Rang niederrangige Tiere häufig von ihrem Fressplatz und waren selbst deutlich seltener Empfänger agonistischer Interaktionen. Diese Ergebnisse stehen im Einklang mit anderen Untersuchungen zu Fressverhalten in Abhängigkeit vom sozialen Rang, nach welchen sich höherrangige Tiere nicht so lange am Futtertisch anstellen müssen und längere Fresszeiten aufweisen als niederrangige Tiere (Jørgensen et al. 2007).

Bei der Auswahl der getesteten Fressgittertypen haben wir versucht, Unterschiede zu berücksichtigen, zum einen hinsichtlich der Möglichkeit für die Ziegen, das Fressgitter schnell verlassen zu können, um sich vor verletzungsträchtigem Verhalten durch sich nähernde Ziegen zu schützen. Zum anderen sollten sich die Fressgittertypen in ihrer Einschränkung der Sicht nach hinten für das fressende Tier und der Möglichkeit eine sich nähernde Ziege frühzeitig zu sehen und rechtzeitig ausweichen zu können unterscheiden. Die Palisade Metall vereint gute Sicht nach hinten mit der Möglichkeit das Fressgitter schnell verlassen zu können. Zusätzlich bietet sie einen gewissen Schutz im Fressgitter vor Aggressionen durch Tiere im benachbarten Fressplatz. Wir erwarteten daher das beste Abschneiden dieses Fressgitters, was durch die Ergebnisse bestätigt wurde. Das Nackenrohr bietet zwar gute Sicht nach hinten, jedoch keinen Schutz im Fressgitter und scheint teilweise mit Schwierigkeiten beim Verlassen des Fressgitters zumindest für behornte Tiere verbunden zu sein. Da die ungünstigen Ergebnisse für das Nackenrohr jedoch im Allgemeinen sowohl bei behornten wie unbehornten Tieren auftraten, scheint hier der fehlende Schutz im Fressgitter und möglicherweise die dadurch bedingte häufigere Unterschreitung der Individualdistanz besonders wichtig zu sein. Bezüglich der Palisade Holz und dem Diagonalgitter sind die Ergebnisse weniger eindeutig, möglicherweise durch die komplexe Interaktion dieser verschiedenen Charakteristika.

5 Schlussfolgerung

Das Nackenrohr erweist sich in dieser Studie als der Fressgittertyp, an dem die agonistischen Interaktionen am häufigsten gezeigt wurden, an dem die meisten Fressplatzverluste auftraten und in der Tendenz die höchsten Kortisolwerte gemessen wurden. Es erscheint aufgrund dieser Ergebnisse unabhängig von der Behornung als Fressgitter für Ziegen am wenigsten geeignet zu sein. Als mögliche Ursachen werden der mangelnde Schutz beim Fressen einerseits und ein schwierigeres Verlassen dieses Fressgittertyps für behornte Ziegen andererseits vermutet. Die Palisade Metall scheint in diesem Zusammenhang am günstigsten für die Ziegen zu sein. Bezüglich der Leichtigkeit des Verlassens werden noch Auswertungen durchgeführt, um diese Thesen zu untersuchen.

6 Literatur

ASCHWANDEN, J.; GYGAX, L.; WECHSLER, B.; KEIL, N. M. (2008): Loose housing of small goat groups: Influence of visual cover and elevated level on feeding, resting and agonistic behaviour. Appl. Anim. Behav. Sci. 119, 171–179

BARROSO, F. G.; ALADOS, C.L.; BOZA, J. (2000): Social hierarchy in the domestic goat: effect on food habits and production. Appl. Anim. Behav. Sci. 69, 35–53

JØRGENSEN, G. H. M.; ANDERSEN, I. L.; BØE, K. E. (2007): Feed intake and social interactions in dairy goats – The effects of feeding space and type of roughage. Appl. Anim. Behav. Sci. 107, 239–251

KLEINSASSER, C.; GRAML, C.; KLOBETZ-RASSAM, E.; WAIBLINGER, S.; PALME, R. (2009): Physiological validation of a non-invasive method for measuring adrenocortical activity in goats. Small Ruminant Research (submitted online: 8th August 2009)

LORETZ, C.; WECHSLER, B.; HAUSER, R.; RÜSCH, P. (2004): A comparison of space requirements of horned and hornless goats at the feed barrier and in the lying area. Appl. Anim. Behav. Sci. 87, 275–283

MÖSTL, E.; MAGGS, J. L.; SCHRÖTTER, G.; BESENFELDER, U.; PALME, R. (2002): Measurement of cortisol metabolites in faeces of ruminants. Vet. Res. Commun. 26, 127–139

NOACK, E.-V.; HAUSER, R. (2004): FAT-Bericht Nr. 622, Der ziegengerechte Fressplatz im Laufstall. Hg. Agroscope FAT Tänikon, Eidgenössische Forschungsanstalt für Agrarwirtschaft und Landtechnik (FAT), CH-8356 Ettenhausen

SAMBRAUS, H. H. (1975): Beobachtungen und Überlegungen zur Sozialordnung von Rindern. Züchtungsk. 47, 8–14

Eva M. Nordmann, Christine Graml, Claudia Schmied, Susanne Waiblinger
Veterinärmedizinische Universität Wien, Institut für Tierhaltung und Tierschutz, Veterinärplatz 1, A-1210 Wien
Nina M. Keil, Janine Aschwanden
Zentrum für tiergerechte Haltung: Wiederkäuer und Schweine, Forschungsanstalt Agroscope Reckenholz-Tänikon ART, Tänikon, CH-8356 Ettenhausen
Rupert Palme
Veterinärmedizinische Universität Wien, Department für Biomedizinische Wissenschaften/Biochemie, Veterinärplatz 1, A-1210 Wien

Aufsteh- und Abliegezeiten bei Milchvieh in Liegeboxenlaufställen: Lassen sich Rückschlüsse auf die Liegeboxen-Qualität ziehen?

Do durations of rising and lying down movements of cubicle housed dairy cows reflect cubicle properties?

Christine Brenninkmeyer, Sabine Dippel, Christoph Winckler, Ute Knierim

Zusammenfassung

Auf 33 mitteldeutschen Milchviehbetrieben mit Liegeboxenlaufställen wurde die Dauer von Aufsteh- und Abliegevorgängen der Kühe erfasst und ein Zusammenhang mit verschiedenen Liegeboxeneigenschaften statistisch untersucht.

58 % der Variation in der Dauer der Aufstehvorgänge konnten plausibel erklärt werden: Allgemein wurde festgestellt, dass Kühe in komfortabler gestalteten Liegeboxen schneller aufstanden. Einzig für die Seitenbegrenzung der Liegeboxen ergab sich ein umgekehrter Effekt: Seitenbügel vom Typ „englischer Bock", die die Kühe in der Wahl ihrer Liegepositionen durch die hintere vertikale Verstrebung einschränken, wirkten sich positiv auf die Aufstehvorgänge auf, wahrscheinlich, weil ein Einklemmen unter dem Seitenbügel verhindert wurde.

Die Dauer der Abliegevorgänge konnte durch die Eigenschaften der Liegeboxen nicht erklärt werden. Es bleibt zu untersuchen, ob hier andere Faktoren, wie beispielsweise tierbezogene Parameter wie Gesundheitszustand und vorherige Erfahrungen der Kühe eine Rolle spielen.

Summary

Duration of lying down and rising processes of dairy cows on 33 German farms with cubicle housing were assessed, and their potential correlations with cubicle properties analysed.

58 % of variation between farms regarding duration of rising could be explained by cubicle properties. Correlations were mostly in the expected direction: The more comfortable the cubicles, the quicker the cows stood up. Only the effect of the type of cubicle divisions pointed in an unexpected direction: More restricting divisions with a vertical bar at the hind-end of the lying surface resulted in shorter rising durations. Due to the vertical bar, cows can not get stuck underneath the cubicle division which may facilitate the rising process.

For the durations of lying down, no significant effects could be found. It should be explored, whether animal-based parameters, such as health state or prior experience help explain the between-farm variation of durations of lying down in dairy cattle.

1 Einleitung

Rinder verbringen einen Großteil ihrer Zeit im Liegen (z.B. Singh et al. 1993). Auch zur Gewährleistung ausreichender Wiederkäuaktivität (Singh et al. 1994) und Vermeidung von Lahmheiten (Dippel et al. 2009) ist eine komfortable Liegemöglichkeit bedeutend. Eine adäquate Gestaltung der Liegeflächen für Milchkühe ist daher aus Tierschutzsicht essenziell.

Verhaltenseinschränkungen, wie Behinderungen und Verzögerungen des Aufstehens und Abliegens können als Indikator dafür dienen, wie angepasst die Stalleinrichtung an die Bedürfnisse der Tiere sind. Gleichzeitig beeinträchtigen solche Einschränkungen das Wohlbefinden des Tieres unmittelbar (Gonyou 1986). Eine Möglichkeit, Informationen über die Qualität der Liegeflächen zu erhalten, kann es also sein, Abliege- und Aufstehvorgänge genauer zu betrachten.

Zur Beurteilung von Liegebereichen in Ställen wird häufig die Qualität (Zeeb 1989; Spycher et al. 2002; Main et al. 2003; Keil et al. 2004), die Dauer von Aufsteh- und Abliegevorgängen (Brenninkmeyer et al. 2008) oder beides (Wechsler et al. 2000; Mülleder und Waiblinger 2004; Dippel et al. 2009) beurteilt. Bezüglich der Dauer von Aufsteh- und Abliegezeiten ist jedoch bisher nur teilweise geklärt, welche Eigenschaften der Liegebox die gemessenen Werte widerspiegeln. Ziel der vorliegenden Studie war es daher, auf Herden-Ebene zu untersuchen, welche Liegeboxen-Parameter sich in den gemessenen Aufsteh- und Abliegezeiten widerspiegeln.

2 Tiere, Material und Methode

Die Daten wurden durch die Erstautorin im Winterhalbjahr 2004/2005 im Rahmen des Welfare Quality®-Projekts erhoben.

2.1 Auswahl der Betriebe

Die Betriebe wurden mithilfe der Milchkontrollstellen kontaktiert; erstes Einschlusskriterium war das Einverständnis des Landwirts/der Landwirtin. Es wurden ausschließlich Liegeboxenlaufställe einbezogen, die seit mindestens einem halben Jahr keine Veränderungen im Stall erfahren hatten und bei denen insbesondere an den Liegeboxen keine Veränderungen vorgenommen worden waren. Das Kuh-Liegeboxenverhältnis sollte zwischen 0,9 und 1,1 liegen. Außerdem wurden nur Herden mit enthornten Holstein Friesian Kühen, einer Herdengröße zwischen 30 und 100 Tieren und zweimal täglichem Melken in einem Melkstand (keine Karussells und keine automatischen Melksysteme) berücksichtigt.

33 Betriebe mit Herdengrößen von 32 bis 99, einem Kuh-Liegeboxenverhältnis von 0,8 bis 1,16 (aus Ermangelung passender Betriebe) und einer Durchschnittsmilchleistung zwischen 7 495 und 10 360 kg wurden in die Auswertung einbezogen.

2.2 Messungen

Mindestens elf Aufsteh- und 20 Abliegezeiten wurden mithilfe einer Stoppuhr von einem Aussichtspunkt außerhalb der Kuh-Reichweite (z.B. Melkstanddach) gemessen. Messungen fanden nur statt, wenn sich kein Mensch im jeweiligen Stallbereich befand und, im Falle des Aufstehens, sich keine andere Kuh direkt hinter der Aufstehenden befand, um nur ungestörte Vorgänge zu messen.

Die Messung der Aufstehzeit begann jeweils mit dem Anheben des Hinterleibs und endete mit dem Aufsetzen des zweiten Vorderfußes.

Die Abliegezeit begann mit dem Einknicken des ersten Vorderbeins und endete, wenn die Kuh mit dem gesamten Rumpf Bodenkontakt, und die Vorderbeine unter dem Rumpf hervorgezogen hatte. Vorgänge mit einer Dauer von mehr als 20 Sekunden wurden als > 20 sek. notiert und flossen so in den Median ein. Pferdeartiges Aufstehen (mit Vorderhand zuerst) und Abliegen über die Hinterhand wurden nicht in die Auswertung einbezogen.

Es wurden mindestens je drei wandständige und drei gegenständige Liegeboxen, soweit vorhanden, vermessen. Als mögliche Einflussfaktoren wurden folgende Parameter aufgenommen:

- die Unterscheidung Hochbox versus Tiefbox,
- die Höhe der losen Einstreu,
- das Vorhandensein von Bugschwellen und Nasen-/Stirnriegeln oder anderen Behinderungen des Kopfschwungs,
- der Seitenbügeltyp, genauer das Vorhandensein einer vertikalen Fixierung des Seitenbügels am Hinterende der Box (Typ „englischer Bock“),
- die Weichheit der Liegefläche („weich“ versus „nicht weich“),
- fünf verschiedene lichte Maße der Liegeboxen: die Länge der Liegefläche, die Liegeboxenbreite, die Nackenriegeldiagonale, -horizontale und -höhe.

Die Weichheit der Liegefläche wurde mithilfe des Kniefalltests erfasst, wobei weich definiert war als „wie eine Matratze oder mindestens 10 cm dicke Strohschicht, d. h. schmerzlose, weiche Landung“.

Die Länge der Liegefläche war definiert als Liegeboxenlänge minus Kopfbereich. Als Kopfbereich galt der Bereich zwischen Bugbrett und Liegeboxen-Vorderende. Falls kein Bugbrett vorhanden war oder dieses sich näher am Vorderende befand als 60 cm für wandständige oder 40 cm für gegenständige Liegeboxen, wurde die Liegeflächenlänge als Boxenlänge minus 60 cm bzw. 40 cm berechnet.

Behinderung des Kopfschwungs wurde in zwei Fällen angenommen:

1) wenn auf der Höhe zwischen 30 cm und [0,55 * Widerristhöhe] cm am Frontende der Liegebox ein Brett/Riegel/eine Wand oder ähnliches vorhanden war und der Kopfraum zwischen Bugschwelle und dem Hindernis weniger als 60 cm lang war, oder
2) falls keine Bugschwelle vorhanden war und die Liegeboxenlänge weniger als [0,92 · schräge Rumpflänge + 0,56 · Widerristhöhe] cm betrug (nach Winckler und Knierim 2004). Als Werte für die schräge Rumpflänge und die Widerristhöhe wurde hier das 90 %-Perzentil einer auf zehn der 33 Betriebe vermessenen Stichprobe von Kühen angenommen: Widerristhöhe = 148 cm und schräge Rumpfdiagonale = 171 cm.

2.3 Statistische Auswertung

Da die Aufsteh- und Abliegezeiten auf Einzeltierbasis nicht normal verteilt waren und einzelne Tiere extrem lange brauchten, wurde als Herden-Wert jeweils der Median berechnet.

Alle elf möglichen Einflussvariablen lagen als kontinuierliche Werte oder dichotom vor und konnten daher für die multiple lineare Regression mit Rückwärts-Selektion (proc reg, SAS 9.1.3) mit einem Selektions-Grenzwert von p = 0,2 verwendet werden. Zwei Regressionsmodelle wurden berechnet. Das eine mit den Herdenmedianen der Abliegezeiten als abhängige Variable und das andere mit den Herdenmedianen der Aufstehzeiten. Die Residuen wurden grafisch auf Normalverteilung und Varianzhomogenität überprüft. Außerdem wurden die Varianz-Inflations-Faktoren für die im Modell verbliebenen Faktoren berechnet.

3 Ergebnisse

3.1 Aufstehzeiten

Die 628 beobachteten Aufstehvorgänge dauerten zwischen 1,93 und > 20 Sekunden, daraus ergaben sich Betriebsmediane zwischen 2,8 und 5,9 Sekunden (Mittelwert 3,9).

Das resultierende Regressionsmodell (Tab. 1) mit sieben Einflussfaktoren erklärt 58 % der Varianz (R^2 = 0,58; korrigiertes R^2 = 0,46; p = 0,0013).

Den stärksten Einfluss auf die Dauer des Aufstehvorgangs hatte die Art der seitlichen Begrenzung der Liegebox: Bei Seitenbügeln mit Bodenverankerung am Hinterende der Liegebox („englischer Bock") brauchten Kühe durchschnittlich 1,13 Sekunden weniger als bei Pilzbügeln und freitragenden Bügeln (p < 0,01). Den zweitgrößten Einfluss hatte der Boxentyp: In Tiefboxen war die Aufstehzeit 0,67 Sekunden kürzer als in Hochboxen

Tab. 1: Regressionsmodell der Aufstehzeiten
Regression model for the duration of rising processes

Gesamtmodell / Model Variable / variable	N = 33; p = 0,0013; R^2 = 0,58; korrigiertes R^2 = 0,46 Schätzwert estimate	Standardfehler standard error	p
Y-Achsen-Abschnitt intercept	16,31	2,93	< 0,001
Seitenbügel-Typ cubicle partition type	- 1,13	0,39	0,008
Hochbox vs.Tiefbox raised vs .not raised cubicle	0,67	0,23	0,008
Hindernis im Kopfschwungraum barrier in head lunge space	0,65	0,23	0,009
Liegeboxenbreite [cm] cubicle width [cm]	- 0,05	0,02	0,016
Nackenriegelhorizontale [cm] horizontal position of neck rail [cm]	- 0,03	0,01	0,016
Liegeflächenweichheit softness of the lying surface	- 0,35	0,22	0,123
Nackenriegelhöhe neck rail height	- 0,02	0,01	0,146

($p < 0{,}01$). Das Vorhandensein eines Nasen-/Stirnriegels oder anderer Hindernisse im Kopfschwungbereich verlängerte die Aufstehzeit hingegen um 0,65 Sekunden ($p < 0{,}01$). Eine großzügigere Breite der Liegebox reduzierte die Aufstehzeit um 0,53 Sekunden pro 10 cm Boxenbreite ($p < 0{,}02$). Eine um 10 cm längere Nackenriegelhorizontale verkürzte den Aufstehvorgang um 0,27 Sekunden ($p < 0{,}02$). Eine Tendenz war erkennbar für die Nackenriegelhöhe: Um 10 cm höhere Nackenriegel führten zu 0,22 Sekunden kürzeren Aufstehzeiten ($p = 0{,}15$). Zusätzlich zum starken Einfluss des Liegeboxentyps scheint auch die Weichheit tendenziell einen Einfluss zu haben: Auf weichen Liegeflächen war die Aufstehzeit durchschnittlich 0,35 Sekunden kürzer als auf harten Liegeflächen ($p = 0{,}12$).

3.2 Abliegezeiten

Die 680 gemessenen Abliegezeiten lagen zwischen 2,28 und > 20 Sekunden. Die resultierenden Betriebsmediane lagen zwischen 4,2 und 6,4 Sekunden mit einem Mittelwert von 5,2 Sekunden.

Für die Abliegezeiten ergab sich kein besonders aussagekräftiges Regressionsmodell: Das aus der Rückwärts-Selektion resultierende Modell war nicht signifikant, mit einem einzigen, nicht signifikanten Faktor und einem Erklärungswert von nur 7,6 % ($R^2 = 0{,}076$; korrigiertes $R^2 = 0{,}046$; $p = 0{,}1207$). Bei dem im Modell verbleibenden nicht signifikanten Faktor handelt es sich um die Nackenriegeldiagonale. Eine Verlängerung um 10 cm würde hier zu 0,16 Sekunden schnelleren Abliegevorgängen führen, zu berücksichtigen ist jedoch die Wahrscheinlichkeit für einen α-Fehler von 12 % ($p = 0{,}12$).

4 Diskussion

Da in ähnlichen Studien die Definition der Dauer des Aufsteh- und Abliegevorgangs jeweils unterschiedlich ist, lassen sich die resultierenden Absolutwerte schwer vergleichen. Auffällig ist jedoch, dass bei Mülleder und Waiblinger (2004) die durchschnittlichen Zeiten der Karpalphasen mit fünf Sekunden (sowohl Auf als auch Ab) bereits in der gleichen Größenordnung sind, wie bei uns der gesamte Vorgang. Dies könnte damit zusammenhängen, dass dort vermutlich der arithmetische Mittelwert verwendet wurde, auf den sich einzelne hohe Werte deutlich stärker auswirken als auf den Median. Darüber hinaus betonen die Autorinnen, dass alle besuchten Betriebe suboptimale Liegeboxen aufgewiesen hatten.

4.1 Aufstehzeiten

Der festgestellte positive Effekt der senkrechten Verstrebung am hinteren Ende von „Bock"-Seitenbügeln ist wahrscheinlich dadurch bedingt, dass ein Unterrutschen des Tieres unter den Bügel, das insbesondere bei kurzen Liegeboxen zu beobachten ist, hier nicht möglich ist. Das Liegen unter dem Seitenbügel führt wiederum zu Verzögerungen beim Aufstehen. Da Seitenbügel vom Typ „englischer Bock" sich jedoch aufgrund der Einschränkungen der Liegepositionen der Hinterläufe negativ auf den Liegekomfort auswirken, werden sie heutzutage nicht mehr eingebaut. Wichtig scheint es jedoch, darauf zu achten, dass Seitenbügel gerade im hinteren Rumpfbereich nicht zu Behinderungen beim Erheben des Hinterleibs führen. Empfehlenswert scheinen aus diesem Grund Seitenbügel, die von der vorderen Verankerung aus gesehen nur möglichst kurz in die Liegebox hinein ragen.

Im Gegensatz zu Wechsler et al. (2000), die keinen signifikanten Unterschied zwischen den Aufstehzeiten in **Hochboxen und Tiefboxen** finden konnten, war hier ein deutlicher positiver Effekt der Tiefbox auf die Aufstehzeiten erkennbar. Auch bei Wechsler et al. (2000) finden sich zwar für Tiefboxen die kürzesten Aufstehzeiten (4,6 Sekunden), direkt gefolgt von Aufstehvorgängen auf der Weide (4,7 Sekunden), allerdings sind dort die Differenzen zu den Hochboxen mit verschiedenen Gummimatten mit etwa 0,35 Sekunden deutlich geringer als die von uns gefundenen 0,67 Sekunden. Zusätzlich zum geringeren Unterschied könnte der geringere Stichprobenumfang und die konservative α-Level-Korrektur bei Wechsler et al. (2000) dazu geführt haben, dass ein nicht signifikantes Ergebnis (jedoch mit entsprechend hoher Wahrscheinlichkeit eines Fehlers zweiten Grades) resultierte. Einen ebenfalls signifikanten Unterschied der Aufstehdauer in Hoch- und Tiefboxen fand Hörning (2003) in einer epidemiologischen Studie; hier betrug die Differenz sogar 1,3 Sekunden. Eine Erklärungsmöglichkeit für den positiven Effekt von Tiefboxen auf die Aufstehzeit bietet die Streuschwelle, die in den Tiefboxen für mehr Halt der Hinterfüße sorgen kann. Auch die Einstreumenge wirkt sich laut Hörning und Tost (2001) verkürzend auf Aufsteh- und Abliegezeiten aus. Dass die Einstreumenge in der vorliegenden Studie nicht als Faktor im Modell verblieb, könnte mit der Art unserer Messungen zusammenhängen: Es wurde als Einstreuhöhe nur die Höhe der losen Einstreu bestimmt, da alles andere technisch als schwierig erschien. Dies führt aber beispielsweise bei einer Stroh-Mist-Matratze zu sehr geringen Werten, da der größte Teil der Einstreu in der Matratze „gebunden“ vorliegt. Daher scheint in unserem Fall die als Faktor im Modell verbliebene Weichheit aussagekräftiger als die Einstreuhöhe.

Die **Weichheit der Liegefläche** kann den Aufstehvorgang auf zwei Arten begünstigen: Zum einen führt sie zu einer gleichmäßigeren Verteilung des Gewichts in den während des Aufstehens auftretenden Momenten stärkerer Belastung. Zum anderen ermöglicht sie durch ein leichtes Einsinken einen besseren Halt.

Der deutlich störende Effekt eines **Hindernisses im Kopfschwungbereich** ist bei Betrachtung des natürlichen Aufstehverhaltens des Rindes (z. B. Schnitzer 1971) zu erwarten: Der Kopfschwung kann gar nicht oder nicht gerade nach vorne durchgeführt werden, was die Entlastung der Hinterhand erheblich reduziert und den Vorgang somit erschwert.

Der von uns gefundene statistische Zusammenhang zwischen **Liegeboxenbreite** und Aufstehvorgang steht mit der Dreidimensionalität der Bewegung in Zusammenhang. Bei einer schmaleren Liegebox kann es leichter zur seitlichen Behinderung beim Anheben des Hinterleibs führen, insbesondere, wenn dieser teilweise unter die Seitenbügel gerutscht ist. Außerdem erlaubt eine breitere Liegebox eine leichte Kompensation eines zu kurzen Kopfschwungbereichs durch einen diagonal verlagerten Kopfschwung.

Bei einer geringen **Nackenriegelhorizontalen** kann es genau wie bei einer geringen **Nackenriegelhöhe** beim Aufstehen zu schmerzhaften Kollisionen kommen. Da die Auswirkung einer Kollision stark von der Aufprallgeschwindigkeit abhängt, scheint eine Verlangsamung des Aufstehvorgangs als Resultat von schmerzbedingtem Lernen nahe liegend. Die verlangsamende Wirkung der Nackenriegelhorizontalen könnte auch darauf zurück zu führen sein, dass die Kuh bereits während des Aufstehvorgangs versucht, sich weiter hinten in der Box zu positionieren, beispielsweise durch ein Rückwärts-"Robben" während der Karpalstützphase, um eine Kollision zu verhindern.

4.2 Abliegezeiten

Die Spannweite der Herdenmediane der Abliegezeiten war deutlich kleiner als die der Aufstehzeiten. Die geringe Varianz zwischen den Betrieben könnte daher ein Grund dafür sein, dass kein Modell mit signifikanten Einflussfaktoren gefunden wurde.

Auch Mülleder und Waiblinger (2004) konnten gegenüber den Aufstehzeiten weniger als die Hälfte der Varianz der Abliegezeiten erklären (16 % versus 35 %). Der bessere Erklärungswert im Vergleich zur vorliegenden Studie könnte dadurch bedingt sein, dass Mülleder und Waiblinger (2004) auch tierbezogene Parameter als mögliche Einflussfaktoren in ihr Modell einbezogen haben. Den zweitgrößten Erklärungswert nach der effektiven Liegeboxenlänge hatte in der genannten Studie der Anteil der Integumentschäden an Sprung- und Karpalgelenken. In der vorliegenden Studie wurden jedoch ausschließlich Eigenschaften der Liegeboxen als unabhängige Variablen berücksichtigt.

Der tendenzielle Zusammenhang zwischen der **Nackenriegeldiagonalen** und der Abliegedauer erscheint plausibel und zeigt in die erwartete Richtung. Bei einer größeren Nackenriegeldiagonalen kann die Kuh zunächst tiefer in der Liegebox stehen und der Abliegevorgang kann ungehinderter ablaufen. Das bestätigen auch die Ergebnisse von Hörning und Tost (2001), die fanden, dass eine größere Nackenriegelhorizontale die Dauer des Abliegevorgangs reduziert.

Hörning (2003) fand als einen Haupterklärungsfaktor für die Schwierigkeiten bei Abliegevorgängen den Seitenbügeltyp. Umgekehrt zu dem in der vorliegenden Studie gefundenen positiven Effekt der hinteren vertikalen Verstrebung auf die Aufstehzeit wirkte sich der Seitenbügeltyp „Bock" negativ auf die Abliegevorgänge aus, gefolgt von Pilzbügeln, freitragenden Bügeln und den am wenigsten störenden flexiblen Seitenabtrennungen. Dass dieser Effekt in der vorliegenden Studie nicht gefunden werden konnte, kann mehrere Gründe haben: Zum einen kamen keine Betriebe mit flexiblen Seitenbügeln vor, zum anderen wurde der Faktor „Seitenbügeltyp" für die Analyse dichotomisiert und der Informationsgehalt somit auf die Unterscheidung zwischen „Bock"-Seitenbügeln und allen anderen herunter gebrochen.

4.3 Weiterer Forschungsbedarf

Um einen Vorteil der Tierbeobachtung gegenüber der Vermessung der Liegeboxen, nämlich die Überprüfung der „Stimmigkeit" zwischen Umwelt und Tier, zu untersuchen, wäre es sinnvoll, neben den Liegeboxen-Maßen die Varianz der Tiermaße zwischen den Herden mit in die Auswertung einzubeziehen. Leider war die Vermessung der Tiere auf allen Betrieben aus Zeitgründen in der vorliegenden Studie nicht möglich.

5 Schlussfolgerung

Zwischen den Eigenschaften der Liegeboxen und der Dauer der Aufstehvorgänge konnten auf Herdenebene plausible Zusammenhänge gefunden werden. Um ein reibungsloses Aufstehen von Kühen in Liegeboxenlaufställen zu ermöglichen, sind insbesondere weich eingestreute Tiefboxen mit großzügigen Boxenmaßen und ohne Hindernisse im Kopfschwungbereich zu empfehlen.

Welche Faktoren einen Einfluss auf die Dauer der Abliegevorgänge haben, konnte im Rahmen dieser Studie nicht geklärt werden. Weitere Untersuchungen, die tier- und managementbezogene Parameter mit einbeziehen, wären wünschenswert.

6 Literatur

Brenninkmeyer, C.; Dippel, S.; Brinkmann, J.; March, S.; Winckler, C.; Knierim, U. (2008): Risk factors for hock lesions in cubicle housed dairy cows in Germany and Austria. In: Proc. 4th Int. Workshop of the Assessment of Animal Welfare at Farm and Group Level (WAFL). 10.-13.09., Ghent, Belgium, S. 48

Dippel, S.; Dolezal, M.; Brenninkmeyer, C.; Brinkmann, J.; March, S.; Knierim, U.; Winckler, C. (2009): Risk factors for lameness in cubicle housed Austrian Simmental dairy cows. Preventive Veterinary Medicine 90 (1–2), 102–112

Gonyou, H. (1986): Assessment of comfort and well-being in farm animals. Jour. of Anim. Sci. 62, 1769–1775

Hörning, B. (2003): Nutztierethologische Untersuchungen zur Liegeplatzqualität in Milchviehlaufstallsystemen unter besonderer Berücksichtigung eines epidemiologischen Ansatzes. Habilitation, Universität Kassel

Hörning, B.; Tost, J. (2001): Multivariate Analyse möglicher Einflussfaktoren auf das Ruheverhalten von Milchkühen im Boxenlaufstall - Multivariate Analysis of Factors Influencing the Resting Behaviour of Dairy Cows in Cubicle Houses. In: Aktuelle Arbeiten zur artgemäßen Tierhaltung, KTBL-Schrift 407, 139–151

Keil, N.; Gisiger, E.; Stauffacher, M. (2004): Evaluation von Liegeboxenabmessungen für Rindvieh aufgrund des Liegeverhaltens unterschiedlich großer Milchkühe - Evaluation of the dimensions of cubicles for cattle based on the lying behaviour of dairy cows of varying body size. In: Aktuelle Arbeiten zur artgemäßen Tierhaltung, KTBL-Schrift 431, 115–121

Main, D. C. J.; Whay, H. R.; Green, L. E.; Webster, A. J. F. (2003): Effect of the RSPCA Freedom Food scheme on the welfare of dairy cattle. The Veterinary Record 153, 8, 227–231

Mülleder, C.; Waiblinger, S. (2004): Analyse der Einflussfaktoren auf Tiergerechtheit, Tiergesundheit und Leistung von Milchkühen im Boxenlaufstall auf konventionellen und biologischen Betrieben unter besonderer Berücksichtigung der Mensch-Tier-Beziehung. Endbericht zum Forschungsprojekt 1267. Eigenverlag Wien, 184 S.

Schnitzer, U. (1971): Abliegen, Liegestellungen und Aufstehen beim Rind im Hinblick auf die Entwicklung von Stalleinrichtungen. KTBL-Bauschriften 10

Singh, S. S.; Ward, W. R.; Hughes, J. W.; Lautenbach, K.; Murray, R. D. (1994): Behaviour of dairy cows in a straw yard in relation to lameness. The Veterinary Record 135, 251–253

Singh, S. S.; Ward, W. R.; Lautenbach, K.; Hughes, J. W.; Murray, R. D. (1993): Behaviour of first lactation and adult dairy cows while housed and at pasture and its relationship with sole lesions. The Veterinary Record 133, 469–474

Spycher, B.; Regula, G.; Wechsler, B.; Danuser, J. (2002): Gesundheit und Wohlergehen von Milchkühen in verschiedenen Haltungsprogrammen in der Schweiz. Schweizer Archiv für Tierheilkunde 144, 10, 519–530

Wechsler, B.; Schaub, J.; Friedli, K.; Hauser, R. (2000): Behaviour and leg injuries in dairy cows kept in cubicle systems with straw bedding or soft lying mats. Appl. Anim. Beh. Sci. 69, 3, 189–197

Winckler, C; Knierim, U. (2004): Checkliste zur Überprüfung der Tiergerechtheit im Boxenlaufstall. BpT-Fortbildungsveranstaltung Integrierte Tierärztliche Bestandsbetreuung, 16. bis 17.04. 2004, Nürnberg

Zeeb, K. (1989): Verhaltensstörungen und Technopathien bei der Rinderhaltung. Berl.Münch.Tierärztl.Wschr. 102, 275–278

Danksagung

Wir danken dem VIT Verden und dem Landeskontrollverband Nordrhein-Westfalen für die Unterstützung bei der Betriebsauswahl. Großer Dank gebührt den Landwirten für ihre Zeit und Gastfreundschaft.

Für ihre Unterstützung bei der Datenerhebung auf den Betrieben danken wir Annika Lucht und Jenni Humbert.

Das Welfare Quality®-Forschungsprojekt wurde von der Europäischen Kommission innerhalb des 6. Forschungsrahmenprogramms, Vertragsnr. FOOD-CT-2004-506508, kofinanziert. Der Text stellt die Sichtweisen der Autoren dar und entspricht nicht notwendigerweise der Position der Kommission, die nicht für den Gebrauch der Information haftet.

Christine Brenninkmeyer, Ute Knierim
Fachgebiet Nutztierethologie und Tierhaltung, Fachbereich Ökologische Agrarwissenschaften, Universität Kassel, Nordbahnhofstr. 1a, 37213 Witzenhausen
Sabine Dippel, Christoph Winckler
Institut für Nutztierwisschenschaften, Department für Nachhaltige Agrarsysteme, Universität für Bodenkultur, Gregor-Mendel-Str. 33, A-1180 Wien

Angebot von unterschiedlichen Wasserbecken in der Freilandhaltung von Amerikanischen Nerzen (Neovison vison)

Use of open water basins by American mink (Neovison vison) in a free-range husbandry facility

ANGELA HAGN, ELKE HEYN, MICHAELA SCHNEIDER, JEANETTE LANGNER, STEFAN THURNER, MICHAEL ERHARD

Zusammenfassung

In Deutschland gibt es seit der Änderung der Tierschutz-Nutztierhaltungsverordnung im Jahr 2006 erstmals rechtsverbindliche Haltungsanforderungen für Pelztiere, die für Nerze u. a. ein Wasserbecken zum Schwimmen vorschreiben. Das Ziel dieser Studie bestand darin, zu untersuchen, welche Beckengrößen, -formen und -anordnungen geeignet sind, den Nerzen in kommerziellen Haltungen eine weitgehende Ausübung ihres arteigenen Verhaltens zu ermöglichen. Dazu wurden 40 Amerikanische Nerze (Neovison vison) aus einer kommerziellen Pelztierfarm in zwei identisch aufgebauten Freilandarealen aufgestallt. In den beiden Arealen wurden den Nerzen je drei verschiedene Wasserbereiche angeboten, die sich in Form, Tiefe und Fläche unterschieden: Eine rechteckige, ca. 30 cm tiefe „Schwimmrinne“ (Wasseroberfläche ca. 20,5 m^2); ein runder, ca. 80 cm tiefer „Teich“ (Oberfläche ca. 4,9 m^2) und ein ca. 10 m langer, fließender „Bach“ (ca. 3 bis 4 cm tief).

Die Nerze nahmen alle drei angebotenen Wasserbecken während des gesamten Versuchszeitraums an und nutzten sie ausgiebig. Insgesamt belegten die Ergebnisse eine signifikante Präferenz für die Schwimmrinne.

Summary

In 2006 the German "Farm Animal Welfare Directive" (Tierschutz-Nutztierhaltungsverordnung) stated mandatory husbandry requirements for fur animals for the first time in Germany. These include for mink a water basin, which is suitable for swimming. The aim of this study was to investigate which sizes, shapes and layouts of water basins in mink husbandry were suitable to allow mink to perform their characteristic behavior to a large extent. 40 American mink (Neovison vison) from a commercial mink farm were housed in two identically constructed free-range enclosures. In each of the two identical enclosures, the mink were offered three different water basins, which differed in shape, depth and surface area. Following water basins were available to the mink: A rectangular "swimming pool" (surface area ca. 20.5 m^2, depth ca. 30 cm), a round "pond" (surface area 4.9 m^2, depth ca. 80 cm) and a running "creek" (length ca. 10 m, depth 3 to 4 cm).

The mink generally accepted all three water basins and used them extensively from the beginning to the end of the study. The comparison of the three water basins showed a definite preference for the "swimming pool" style basin.

1 Einleitung

Pelze sind seit einigen Jahren wieder im Kommen. Laut einer Pressemitteilung der International Fur Trade Federation vom Juli 2009 sind die Verkaufszahlen für Pelzbekleidung bis zur Saison 2007/2008 über neun Jahre stetig angestiegen. 2009 konnten bei den vier größten Pelzauktionen beinahe alle Pelze bei steigenden Preisen verkauft werden. In Deutschland werden in ca. 26 Nerzfarmen jährlich ca. 400 000 Felle produziert.

Aus zahlreichen Publikationen ist bekannt, dass Amerikanische Nerze in freier Wildbahn die Nähe zu Gewässern bevorzugen (u. a. Dunstone 1993; Vocke 2003; Zschille 2003). In der bisherigen kommerziellen Nerzhaltung wird dem vermeintlichen Bedürfnis der Nerze nach offenen Wasserflächen, die zum Schwimmen geeignet sind nicht Rechnung getragen. Nerzkäfige sind üblicherweise 90 cm x 30 cm x 40 cm (L x B x H) groß und bestehen aus Drahtgitter. Die Käfige werden in einer Höhe von ca. 1 m über dem Boden angebracht und sind an den Längsseiten fast direkt nebeneinander aufgestellt. In einem Nerzschuppen befinden sich in der Regel zwei Käfigreihen, wobei die Wohnkästen (900 cm^2 groß) an der Stirnseite des Käfigs zum Laufgang hin angebracht werden (Wenzel 1984; Wiepkema und de Jonge 1997).

Nerze wurden jedoch keineswegs von Anfang an in den heute gängigen Käfigen gehalten. Im Gegenteil, zu Beginn der Farmzucht in den 1920er Jahren wurden Wasserbecken von vielen Züchtern für zwingend notwendig gehalten: „Die weitaus meisten Züchter hingegen vertreten den Standpunkt, dass eine reichliche Badegelegenheit für die Nerze eine unbedingt notwendige, niemals ungestraft zu umgehende Voraussetzung für das Wohlbefinden und die gute Fellentwicklung ist ...“ (Lindekamp 1928). Auch aktuelle Studien weisen darauf hin, dass konventionell gehaltene Farmnerze unter Frustration leiden könnten, wenn sie keine Badegelegenheiten haben und dann das Wohlbefinden dieser Tiere gestört sei (Mason et al. 2001).

Das Töten von Tieren zur Gewinnung von Luxusartikeln, wie Pelzen, ist in der gesellschaftlichen Diskussion aus ethischen Gründen umstritten. In der Tierschutzdiskussion stellt sich insbesondere die Frage, wie Nerze in Intensivhaltung tiergerecht gehalten werden können. Umso wichtiger ist es deshalb, aktuelle Forschungsstudien durchzuführen.

In Deutschland existieren seit der Änderung der Tierschutz-Nutztierhaltungsverordnung im Jahr 2006 erstmal rechtsverbindliche Haltungsanforderungen für Pelztiere. Für Nerze und Iltisse ist eine Mindestfläche von 1 m^2 pro adultem Tier oder abgesetztem Jungtier vorgeschrieben, wobei eine Mindestfläche des Käfigs von 3 m^2 nicht unterschritten werden darf. Die Käfige müssen eine Mindesthöhe von 1 m aufweisen. Die Haltungseinrichtungen dürfen nicht übereinander angeordnet sein. Des Weiteren müssen die Käfige mit einer Plattform je Tier und Vorrichtungen zum Klettern ausgestattet sein. Für Nerzkäfige ist darüber hinaus ein Schwimmbecken mit einer Oberfläche von mindestens 1 m^2 und einer Wassertiefe von mindestens 30 cm vorgeschrieben. Weder das Schwimmbecken noch der ebenfalls vorgeschriebene Nestkasten dürfen auf die oben genannte Mindestgrundfläche angerechnet werden. Wegen der Investitionen werden der Wirtschaft gestaffelte Übergangsfristen des Inkrafttretens von bis zu zehn Jahren eingeräumt. Die deutsche Tierschutz-Nutztierhaltungsverordnung erfüllt damit viele Anforderungen aus den Europaratsempfehlungen zur Pelztierhaltung und geht insbesondere im Hinblick auf die Größe und Ausgestaltung der Käfige im Anhang A auch darüber hinaus.

Das Ziel dieser Studie bestand darin, zu untersuchen, welche Beckengrößen, -formen und -anordnungen geeignet sind, den Nerzen in kommerziellen Haltungen eine weitgehende Ausübung ihres arteigenen Verhaltens zu ermöglichen.

2 Tiere, Material und Methode

2.1 Tiere und Haltung

Der erste Versuchsdurchgang (Grundlagenforschung) im Rahmen eines längerfristig angelegten Nerzprojektes fand von Ende Juli bis Anfang Dezember 2007 statt. Dazu wurden 40 Amerikanische Nerze (Neovison vison) aus einer kommerziellen Pelztierfarm in zwei identisch aufgebauten Freilandarealen (je ca. 300 m^2) in zwei Gruppen (A und B) mit je 20 Tieren aufgestallt. Die Tiere wurden in der 13. Lebenswoche in das Versuchsgehege eingesetzt, wobei auf ein ausgewogenes Geschlechterverhältnis geachtet wurde. Um die Tiere eindeutig identifizieren zu können, wurden alle Tiere (in Narkose) mit einem Transponder versehen. In den beiden Arealen wurden den Nerzen je drei verschiedene Wasserbereiche angeboten, die sich in Form, Tiefe und Fläche unterschieden (Abb. 1): Eine rechteckige, ca. 30 cm tiefe „Schwimmrinne“ mit einer Wasseroberfläche von ca. 20,5 m^2; ein runder, ca. 80 cm tiefer „Teich“ mit einer Oberfläche von ca. 4,9 m^2 und ein ca. 10 m langer, fließender „Bach“ (ca. 3 bis 4 cm tief mit zwei gumpenartigen Vertiefungen von ca. 10 cm). Der Bach stellte die Verbindung zwischen der Schwimmrinne und dem Teich her. Alle Wasserbecken waren über ein Pumpsystem miteinander verbunden, um das Fließen des Bachs zu ermöglichen.

Abb. 1: Links: Überblick über die beiden Freilandareale. Rechts: Blick vom Teich über den Bachlauf zur Schwimmrinne (Gruppe A).
Left: Overview of the free range enclosures. Right: View from the pond to the creek and the swimming pool at the rear end (Group A).

2.2 Verhaltensbeobachtungen

Die Beurteilung des Tierverhaltens erfolgte mittels Direkt- und Videobeobachtung. Es wurde insgesamt fünfmal jeweils in etwa einmonatigem Abstand an sieben aufeinanderfolgenden Tagen in den Lebenswochen 14, 16, 22, 26 und 30 beobachtet. Die Direktbeobachtung wurde nach der „Scan-Sampling"-Methode (Martin und Bateson 1993) durchgeführt.

Alle 2,5 Minuten wurde erfasst, ob die Tiere sich jeweils an der Schwimmrinne, dem Bach oder dem Teich befanden. Dabei wurde zwischen „am Wasser" (mind. eine Pfote am Beckenrand) und „im Wasser" (alle vier Pfoten im Wasser) unterschieden. Für die Videobeobachtung wurden pro Areal drei Kameras installiert, eine pro Wasserbecken. Die Aufnahmen erfolgten jeweils vom Morgengrauen bis zur Abenddämmerung in Echtzeit. Es wurden von drei Tagen pro Beobachtungswoche jeweils zwei Stunden in den Hauptaktivitätszeiten der Tiere ausgewertet (insgsamt 30 Stunden an 15 Tagen). Es wurden dieselben Parameter wie in der Direktbeobachtung mittels „continuous recording" (Martin und Bateson 1993) herangezogen.

2.3 Wasserqualität

In den Lebenswochen 14, 18 bis 22 und 26 bis 30 wurde in beiden Gehegen je eine Wasserprobe gezogen. Der Umfang der Sammelprobe aus allen drei Becken belief sich auf 20 ml. Die Wasserproben wurden auf die Gesamtkeimzahl (GKZ), Enterobacteriaceae und Salmonellen hin untersucht.

3 Ergebnisse

Sowohl die Ergebnisse der Direkt- als auch der Videobeobachtung zeigten, dass die Nerze beider Versuchsgruppen grundsätzlich alle drei angebotenen Wasserbecken annahmen und von Versuchsanfang bis Versuchsende nutzten. Allerdings wurden die verschiedenen Becken nicht gleichmäßig genutzt. Tabelle 1 zeigt die Aktivität an den drei Wasserflächen zusammengefasst für die 14., 16., 22., 26. und 30. Lebenswoche.

Dabei zeigt sich, dass in der 26. und 30. Lebenswoche die häufigsten Kontakte mit den Wasserbecken stattfanden und die Schwimmrinne stets die meisten Kontakte aufwies. Vergleicht man die Ergebnisse von Schwimmrinne, Bach und Teich je Beobachtungswoche, zeigt sich, dass die Schwimmrinne stets am häufigsten und der Teich (bis auf eine Ausnahme) häufiger aufgesucht wurden als der Bach. Dabei waren keine Unterschiede zwischen den Gruppen A und B erkennbar. Dieses Ergebnis steht im Einklang mit der Videobeobachtung:

Fasst man die Ergebnisse der Videobeobachtung über alle fünf Beobachtungswochen zusammen, zeigt sich, dass sich die Nerze am längsten an bzw. in der Schwimmrinne aufhielten (Tab. 2).

Alle drei angebotenen Wasserbecken (ohne Beachtung der unterschiedlichen Größen) unterschieden sich in Bezug auf die Aufenthaltsdauer signifikant voneinander ($p < 0{,}05$). Die Gruppen A und B wiesen keine signifikanten Unterschiede auf. Zu beachten ist dabei, dass bei den statistischen Auswertungen die Becken als in sich geschlossene Einheiten betrachtet wurden, obwohl sie sich jeweils in mehreren Faktoren, wie Umfang, Wasserfläche, Wasservolumen und der Entfernung zu den Wohnboxen, unterschieden.

Tab. 1: Mittelwerte (± SEM) über die Summe der Kontakte aller Tiere während siebentägiger Direktbeobachtung in den Lebenswochen 14, 16, 22, 26 und 30, unterteilt nach den angebotenen Wasserbecken Schwimmrinne, Bach und Teich
LW: Lebenswoche; SEM: Standard error of means
Means (± SEM) of the sum of the contacts of all animals during direct observation (7 consecutive days) in the 14th, 16th, 22nd, 26th and 30th week of age, divided by the three water basins swimming pool, creek and pond
LW: week of life; SEM: Standard error of means

Gruppe A	Schwimmrinne (pool)		Bach (creek)		Teich (pond)	
	Mittelwert	SEM	Mittelwert	SEM	Mittelwert	SEM
14. LW	11,14	3,05	3,29	1,23	6,43	2,79
16. LW	15,71	1,67	3,29	0,52	6,57	2,13
22. LW	17,86	3,15	9,71	1,29	7,43	1,34
26. LW	35,29	3,09	21,43	4,57	23,71	4,79
30. LW	54,00	7,98	15,14	2,87	31,86	5,52
Gruppe B	Schwimmrinne (pool)		Bach (creek)		Teich (pond)	
	Mittelwert	SEM	Mittelwert	SEM	Mittelwert	SEM
14. LW	9,86	2,83	2,86	1,55	5,43	1,84
16. LW	13,00	1,40	3,71	0,87	8,57	2,06
22. LW	12,57	3,43	3,57	1,81	5,43	1,11
26. LW	56,00	4,87	14,00	3,13	19,00	3,29
30. LW	55,71	7,39	11,43	1,80	33,43	3,61

Tab. 2: Mittelwert (± SEM) der Kontaktdauern (min) an bzw. in den verschiedenen Wasserbecken über alle Beobachtungstage (insgesamt 15 Tage in den Lebenswochen 14 bis 30)
Means (± SEM) of the duration of contacs (in minutes) at/in the different water basins on all observation days (15 days in total, from the 14th to the 30th week of life)

Aufenthaltsdauer	Gruppe A		Gruppe B	
	Mttelwert	SEM	Mittelwert	SEM
Schwimmrinne am Wasser	144,71	11,12	158,90	11,76
Schwimmrinne im Wasser	79,81	7,13	88,18	8,64
Bach am Wasser	38,11	4,90	43,55	2,54
Bach im Wasser	4,99	0,64	5,35	1,11
Teich am Wasser	93,97	14,74	87,72	8,45
Teich im Wasser	47,90	6,94	43,26	4,67

Die von den Nerzen frequent genutzten Badegewässer wiesen eine sehr geringe Keimbelastung auf. Der Gehalt an Gesamtkeimen und Enterobacteriaceae (in KbE/ml) lag über die gesamte Versuchsdauer hinweg auf einem sehr niedrigen Niveau. Salmonellen konnten in keiner Probe nachgewiesen werden. Es konnten kaum Unterschiede zwischen den beiden Gruppen festgestellt werden.

4 Diskussion

Wie aus zahlreichen Literaturangaben bekannt ist, bevorzugen wildlebende Nerze als semiaquatische Tiere die Nähe zu Gewässern (u. a. BRASS 1911; DUNSTONE 1993; WIEPKEMA und DE JONGE 1997). Diese Erfahrungswerte konnten in dieser Studie auch für Farmnerze bestätigt werden. Grundsätzlich zeigen die Ergebnisse, dass sich die hier untersuchten Farmnerze täglich sowohl an als auch in den angebotenen Wasserbereichen Schwimmrinne, Bach und Teich aufhielten. Es konnte im jahreszeitlichen Verlauf (Ende Juli bis Anfang Dezember) keine Abnahme der Aktivität an den Wasserstellen festgestellt werden. Eher das Gegenteil war der Fall: Die Kontakthäufigkeit stieg in den letzten beiden Beobachtungswochen im November und Dezember an. Dies entspricht nicht den Beobachtungen von LANDECK und DEMEL (2001), nach denen Nerze nach kurzer Zeit das Interesse an Schwimmbecken verlieren. Da jedoch nur Jungtiere vom Absetzen bis zum Zeitpunkt der Pelzung beobachtet wurden, kann dieses Ergebnis nicht auf adulte Zuchtnerze bzw. Welpen übertragen werden.

Damit konnte in dieser Grundlagenstudie gezeigt werden, dass Farmnerze die Möglichkeit, sich am und im Wasser aufzuhalten, gerne, ausgiebig und über einen längeren Zeitraum hinweg konstant anhaltend annehmen und sich Badebecken demnach positiv auf das Wohlbefinden von Nerzen auswirken dürften.

Insgesamt belegen die Ergebnisse der Videobeobachtung eine signifikante Präferenz für die Schwimmrinne. Dieses Ergebnis war insofern überraschend, da nach van der Sant (pers. Mitteilung, 2007) zu erwarten gewesen wäre, dass der Wasserbereich, der am nächsten zu den Wohnkästen liegt (hier: Teich) bevorzugt würde. Mögliche Erklärungen dafür könnten die insgesamt größte Wasseroberfläche oder der größte Umfang dieses Wasserbeckens sein. Außerdem ermöglichte die Tiefe von 30 cm den Tieren zu schwimmen und zu tauchen. Dies war auch im Teich der Fall, nicht aber im nur wenige Zentimeter flachen Bach. Daraus kann geschlussfolgert werden, dass Nerze Wasserbecken, in denen sie tatsächlich schwimmen und tauchen können, bevorzugen. Außerdem konnte beobachtet werden, dass die Tiere die angebotenen Einstiegshilfen (Ziegelsteine am Wasserrand, quergelegte Äste) häufig nutzten (Abb. 2).

Dies entspricht den Forderungen von MARAN und ROBINSON (1996) und PUSCHMANN (2004) nach einer möglichst reichen Bepflanzung und Strukturierung der Uferbereiche für die Nerzhaltung in Tiergärten. Aus ethologischer Sicht ist ein fließendes Gewässer nach den Ergebnissen dieser Studie nicht erforderlich. Da die Wasserbecken über den gesamten Versuchszeitraum hinweg eine sehr geringe Keimbelastung aufwiesen, können sie auch unter hygienischen Gesichtspunkten als geeignete Badebecken für Nerze bewertet werden.

Abb. 2: Nerz klettert über Ast in Schwimmrinne
Mink uses a tree branch to enter the swimming pool

Für eine Folgestudie kann daher empfohlen werden, ein flaches Wasserbecken anzubieten, das tief genug sein sollte, um Schwimm- und Tauchvorgänge zu ermöglichen. Dieses Becken sollte optimalerweise mit Einstiegshilfen versehen werden, die gleichzeitig der zusätzlichen Strukturierung des Geheges dienen. Dies stimmt zudem mit den Anforderungen der aktuell gültigen Tierschutz-Nutztierhaltungsverordnung überein, die ein Wasserbecken mit 30 cm Tiefe und einer Mindestfläche von 1 m^2 vorschreibt.

5 Literatur

Brass, E. (1911): Aus dem Reich der Pelze. Berlin

Dunstone, N. (1993): The Mink. London

Landeck, A.; Demel, W. (2001): Farmnerze – Möglichkeiten einer tiergerechteren Haltung im aktuellen Kontext. Dtsch. Tierärztl. Wschr. 108: 135–139

Lindekamp, O. (1928): Muß der Nerz eine Badegelegenheit haben? Der Deutsche Pelztierzüchter 3: 165–168

Maran, T.; Robinson, P. (1996): European Mink, mustela lutreola linnaeus 1761, captive breeding and husbandry protocol, European Mink Conservation & Breeding Committee, Tallinn Zoological Gardens, Tallin. Online: http://www.lutreola.ee/english/4_eep-programme.html; Zugriff am 20.1.2007

Martin, P.; Bateson, P. (1993): Measuring behaviour. An introductory guide. Cambridge, 2. Auflage

Mason, GJ.; Cooper, J.; Clarebrough, C. (2001): Frustrations of the fur-farmed mink. Nature 410, 35–36

Puschmann, W. (2004): Zootierhaltung: Säugetiere. Frankfurt am Main, 4. Auflage

Van der Sant (2007): Persönliche Mitteilung

Vocke, J. (2003): Schriftenreihe des Landesjagdverbandes Bayern e.V.: Bestandssituation und Ausbreitungstendenz des Amerikanischen Nerzes in der mittleren Oberpfalz und die Möglichkeiten der Bestandsregulierung. Wolnzach

Wiepkema, PR.; de Jonge, G. (1997): Pelztiere (Nerz und Fuchs). In: Das Buch vom Tierschutz. Hg. Sambraus, HH., Steiger, A.; Stuttgart, 235–244

Wenzel, U. (1984): Edelpelztiere. Melsungen

Zschille, J. (2003): Zur Ökologie des Mink (Mustela vison Schreber, 1777) in Sachsen-Anhalt. Diplomarbeit, Martin-Luther-Universität Halle-Wittenberg

Die Förderung des Projektes erfolgte aus Mitteln des Bundesministeriums für Ernährung, Landwirtschaft und Verbraucherschutz (BMELV) über die Bundesanstalt für Landwirtschaft und Ernährung (BLE).

Angela Hagn, Elke Heyn, Jeanette Langner, Michael Erhard
Lehrstuhl für Tierschutz, Verhaltenskunde, Tierhygiene und Tierhaltung, Veterinärwissenschaftliches Department, Tierärztliche Fakultät der Ludwig-Maximilians-Universität München, Veterinärstr. 13, 80635 München
Stefan Thurner
Bayerische Landesanstalt für Landwirtschaft, Institut für Landtechnik und Tierhaltung, Vöttinger Straße 36, 85354 Freising

Einfluss der Schilddrüsenfunktion auf das Verhalten von Hunden

Influenze of the thyroid-function on the behaviour of dogs

Angela Bartels, Kristine von Thun, Silke Wahrendorf, Angela Hagn, Michael H. Erhard

Zusammenfassung

In der verhaltenstherapeutischen Praxis werden häufig Hunde mit ängstlichem, angstaggressivem und hyperaktivem Verhalten vorgestellt. Verschiedene Untersuchungen legen nahe, dass eine Schilddrüsenunterfunktion als mögliche organische Ursache für diese Probleme in Frage kommen kann. In dieser Studie wurde untersucht, inwieweit die Schilddrüsenhormonwerte und das Verhalten von Hunden korrelieren. Hierzu sind 127 verhaltensunauffällige und 226 verhaltensauffällige Hunde auf die Schilddrüsenparameter Gesamt-T4, freies T4, Gesamt-T3, freies T3, TSH und den Cholesterol-Wert untersucht worden. Die Ergebnisse zeigten, dass in beiden Versuchsgruppen der Gesamt-T4-Wert bei der überwiegenden Anzahl der Hunde im unteren Referenzbereich oder sogar unterhalb des Referenzbereichs lag. Es konnten signifikante Unterschiede im Gesamt-T3- und beim Cholesterol-Wert festgestellt werden. Für die Praxis kann daher die Überprüfung des gesamten Schilddrüsenprofils bei der oben genannten Symptomatik empfohlen werden. Gegebenenfalls ist dann eine Substitution mit Thyroxin indiziert.

Summary

Animal behaviour therapists are often consulted by dogs showing anxious, anxious-aggressive or hyperactive problems. Various studies suggest, that a hypothyreosis may be a possible organic cause for these conditions. This study examinded the correlation between the thyroid hormone levels and the behaviour of dogs. Therefore 127 dogs without behaviour problems and 226 dogs with behaviour problems were tested for the thyreoid hormones total-T4, free T4, total-T3, free T3, TSH as well as cholesterol. The results showed that for the majority of dogs in both groups the total-T4 values were in the lower reference range or even below. Significant differences could be found in the total-T3 and the cholesterol values. It can therefore be recommended to check the whole thyroid profile if patients are showing the symptoms mentioned above. The substitution with Thyroxin may be indicated then.

1 Einleitung

Häufig haben es Tierärzte mit Hunden zu tun, die sehr ängstlich sind oder unter Phobien bzw. Panikattacken leiden. Sie laufen weg, werden bisweilen sogar aggressiv, und zwar nur deshalb, weil sie Angst haben. Neben Fehlern in der Aufzucht und schlechten Erfahrungen können organische Ursachen für die Ängstlichkeit des Tieres verantwortlich sein.

Untersuchungen bei Hunden legen nahe, dass eine Schilddrüsenunterfunktion als mögliche somatische Ursache für Verhaltensauffälligkeiten, insbesondere für Angststörungen, in Frage kommt. Aronson und Dodds (2006) untersuchten 1 500 Hunde mit Verhaltensstörungen. 61 % der untersuchten Hunde hatten eine latente Schilddrüsenunterfunktion. Darunter versteht man, dass vor allem der Gesamt-T4-Wert (Thyroxin) im unteren Drittel des labordiagnostischen Referenzbereiches liegt. Mit Gabe des Schilddrüsenhormons Thyroxin zeigten 62 % der behandelten Tiere mehr als 50 % Besserung der Verhaltensprobleme, 25 % verbesserten sich zwischen 25 bis 50 %, 10 % blieben unverändert und 2 % verschlechterten sich.

Die Schilddrüsenhormone stehen in einem wechselseitigen Zusammenhang mit dem chronischen Stressgeschehen bei Hunden. So können dauerhaftes Angstverhalten und Stress-Auslöser für eine Hypothyreose sein oder sogar eine Immunreaktion gegen die eigene Schilddrüse auslösen (Zimmermann 2009). Umgekehrt sind Hunde, die schon unter einer Schilddrüsenunterfunktion leiden, stressanfälliger. Eine Ursache für dieses Wechselspiel ist, dass das durch chronisches Angstverhalten vermehrt ausgeschüttete Cortisol nicht ausreichend abgebaut werden kann. Dies führt zu einem kontinuierlich erhöhten Cortisolspiegel, wodurch die Tiere sich physisch und psychisch in einer Dauerbelastung befinden.

Durch einen hohen Cortisolspiegel sinken die Konzentrationen verschiedener aktivierender Hormone und Neurotransmitter (u.a. die T4- und T3-Konzentrationen). Der erhöhte Cortisolspiegel führt des Weiteren zur Schwächung der Abwehrkräfte und damit zu verschiedenen weiteren Erkrankungen, die ihrerseits zu einer Erhöhung des Stresslevels führen. Hierdurch wird ein Kreislauf in Gang gesetzt, der ggf. nicht ohne Gabe von Schilddrüsenhormonen durchbrochen werden kann. Schließlich wird bei einem hypothyreotischen Zustand durch einen Rückkopplungsmechanismus im Gehirn mehr CRH (corticotropin releasing hormone oder Corticoliberin) freigesetzt. Dieses Hormon bewirkt nicht nur die Ausschüttung von ACTH (adrenocorticotropes Hormon) aus der Hypophyse und infolge dessen eine vermehrte Ausschüttung von Cortisol aus der Nebennierenrinde, sondern über die Erregung der Sympathikuszentren auch die Ausschüttung von Catecholaminen (Adrenalin und Noradrenalin) aus dem Nebennierenmark.

2 Material und Methode

In dieser Studie wurden die Schilddrüsenwerte von klinisch gesunden, verhaltens-unauffälligen Hunden (n = 127) untersucht und mit den Werten von klinisch gesunden, verhaltensauffälligen Hunden (n = 226) verglichen. Alle Hunde waren in Privatbesitz. Alle Hunde waren über ein Jahr alt, Rasse und Geschlecht waren unterschiedlich.

Um sicher zu stellen, dass es sich um verhaltensunauffällige Hunde handelte, wurde mit ihnen ein Verhaltenstest durchgeführt sowie ein Halterfragebogen ausgewertet. Akute

Erkrankungen und schmerzhafte Prozesse, die sich möglicherweise auf das Verhalten der Tiere ausgewirkt hätten, wurden durch eine Allgemeinuntersuchung vor dem Test ausgeschlossen. Die Gesamtdauer des Tests betrug in Abhängigkeit von der Anzahl der zu wiederholenden Testsituationen etwa 30 bis 40 Minuten.

Um eine ausreichende Anzahl von Hunden mit Verhaltensproblemen zu erfassen, nahmen 21 verhaltenstherapeutisch weitergebildete Tierärzte deutschlandweit an der Untersuchung teil. Sie sandten Blutserum ihrer Patienten an das lehrstuhleigene Labor und übermittelten die Anamnese sowie die Diagnose des Verhaltensproblems. Die Probleme bestanden überwiegend in Ängstlichkeit, Aggressions- und hyperaktivem Verhalten. Die Patientendaten (u. a. Alter, Größe und Rasse), der Impfstatus, der gesundheitliche Zustand sowie die Medikamentengaben der letzten drei Monate wurden erfasst.

Zur Beurteilung des Schilddrüsenprofils wurde das Blut auf folgende Parameter untersucht: Gesamt-T4, freies T4, Gesamt-T3, freies T3, TSH und Cholesterol.

Die Konzentration aller Schilddrüsenhormone (Thyreoglobuline) wurde im Serum gemessen. Für die Parameter Gesamt-T3, freies T3 und freies T4 standen ausschließlich Tests zur Verfügung, die für die Diagnostik beim Menschen genutzt werden. Aufgrund der Ähnlichkeit der Hormone von Hunden und Menschen ist es möglich, diese Diagnostik mit humanen Tests durchzuführen. Für Gesamt-T4 und TSH sind bereits speziell auf den Hund zugeschnittene Tests entwickelt worden, die in dieser Studie Verwendung fanden. Die Messung erfolgte über den automatischen Random Access Immunoassay Ananlyzer IMMULITE® 1 (Chemielumineszens-Immunoassay).

Das Cholesterol wurde mit einem selektiven chemischen Analyseautomaten (KONE Delta) gemessen. Die Korrektheit aller Analysen wurde über die regelmäßige Messung von Kontrollseren gewährleistet.

3 Ergebnisse

Auffällig war, dass der Gesamt-T4-Wert bei 52 % der verhaltensunauffälligen Hunde im unteren physiologischen Drittel und bei 44,1 % der Tiere unter dem Referenzwert lag. Bei den verhaltensauffälligen Hunden ergab sich ein ähnliches Bild: 45,6 % lagen im unteren physiologischen Drittel, 40,7 % unter dem Referenzwert. Im Vergleich zwischen den verhaltensauffälligen und den verhaltensunauffälligen gab es keinen signifikanten Unterschied (Abb. 1).

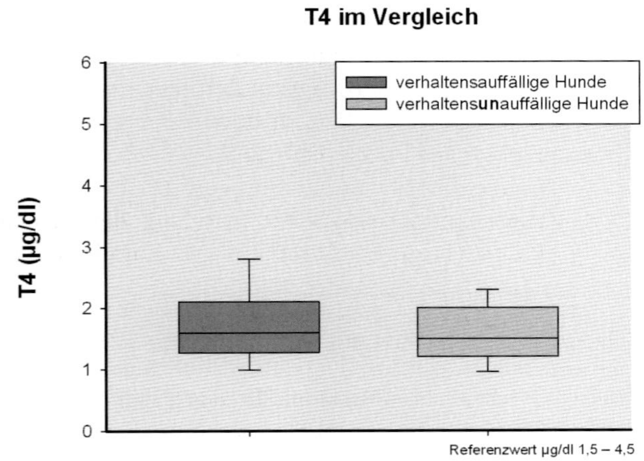

Abb. 1: Gesamt-T4 (µg/dl) bei verhaltensauffälligen und verhaltensunauffälligen Hunden im Vergleich
Comparison of the T4 (µg/dl) for dogs showing normal behaviour and dogs showing behavioural problems

Das freie T4 lag bei keinem Hund unterhalb des Referenzwertes. Bei 47,8 % der verhaltensauffälligen Hunde befand es sich im unteren physiologischen Drittel, bei den verhaltenunauffälligen

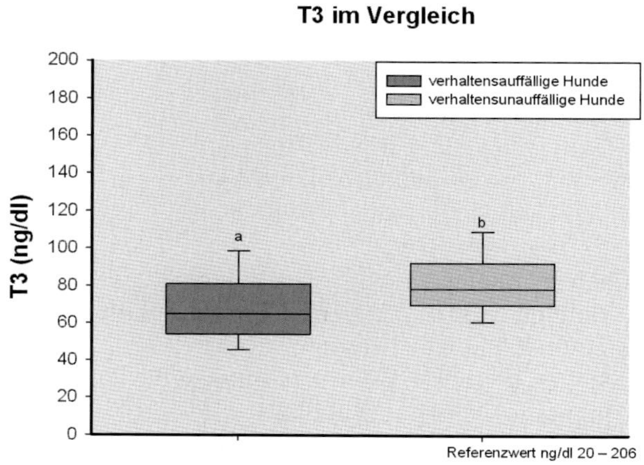

Abb. 2: Gesamt-T3 (ng/dl) bei verhaltensauffälligen und verhaltensunauffälligen Hunden im Vergleich; unterschiedliche Buchstaben (a und b) zeigen signifikante Unterschiede ($p \leq 0{,}05$)

Comparison of the T3 (ng/dl) for dogs showing normal behaviour and dogs showing behavioural problems; Different letters (a and b) show significant differences ($p \leq 0.05$)

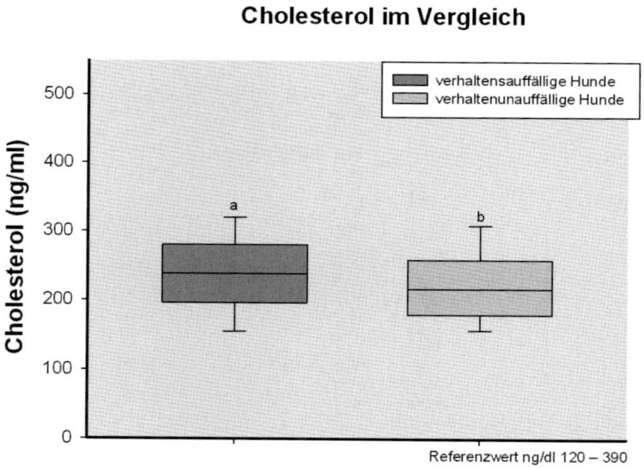

Abb. 3: Cholesterol-Werte (ng/dl) bei verhaltensauffälligen und verhaltensunauffälligen Hunden im Vergleich; unterschiedliche Buchstaben (a und b) zeigen signifikante Unterschiede ($p \leq 0{,}05$)

Comparison of the Cholesterol values (ng/dl) for dogs showing normal behaviour and dogs showing behavioural problems; different letters (a and b) show significant differences ($p \leq 0.05$)

Hunden waren es 46 %. Zwischen den beiden Gruppen gab es auch hier keinen signifikanten Unterschied.

Der Vergleich des Schilddrüsenhormonwertes Gesamt-T3 ergab signifikante Unterschiede zwischen den beiden Gruppen (Abb. 2). Die verhaltensauffälligen Tiere wiesen signifikant ($p \leq 0{,}001$) niedrigere Gesamt-T3 Werte auf. Im Gegensatz dazu konnten beim freien T3 keine signifikanten Unterschiede ermittelt werden. Der Vergleich der TSH Werte zwischen den beiden Gruppen ergab ebenfalls keinen signifikanten Unterschied. Anders verhielt es sich mit den Cholesterolwerten: Hier zeigten die verhaltensauffälligen Hunde signifikant ($p = 0{,}024$) höhere Cholesterolwerte als die verhaltensunauffälligen Hunde (Abb. 3).

4 Schlussfolgerung

Bei ängstlichen, angstaggressiven und hyperaktiv wirkenden Hunden sollte die Untersuchung der Schilddrüsenhormone und des Cholesterols routinemäßig erfolgen.

Von praktischen Tierärzten wird meistens empfohlen, zunächst den Gesamt-T4 Wert und das TSH zu messen. Die Ergebnisse dieser Studie zeigten jedoch, dass bei verhaltensauffälligen Hunden die Messung von T3, freiem T3 und Cholesterol eine höhere Aussagekraft als der T4-Wert alleine besitzt. Es wird diskutiert, dass das T3 als Neurotransmitter fungiert und somit niedrige T3 Werte zu einer Verhaltensänderung führen können, ohne dass die klassischen Symptome einer Schilddrüsenunterfunktion auftreten müssen (ZIMMERMANN 2009). Bei einer Erstuntersuchung der Schilddrüse in Verbindung mit einer

Verhaltensproblematik sollten daher immer alle oben genannten Werte gemessen werden. In einer weiteren Studie wird derzeit der Einfluss der Autoantikörper (Thyreoglobulin-Antikörper) erfasst. Ergebnisse liegen noch nicht vor.

In der verhaltenstherapeutischen Praxis hat sich gezeigt, dass die Substitution von Thyroxin bei den oben genannten Problemen ratsam ist. Nachuntersuchungen konnten zeigen, dass sich der Gesamt-T4 Wert dann im mittleren bis oberen Referenzbereich einpendelt und sich das Problemverhalten verringert. Für die Nachuntersuchung ist dabei die Bestimmung des Gesamt-T4-Wertes in der Regel ausreichend.

Auch die signifikanten Unterschiede im Cholesterol-Wert zwischen den verhaltensauffälligen und den verhaltensunauffälligen Hunden passen zu den in der Literatur gefundenen Hinweisen (Aronson 2002; Hamilton 1998; Hamilton Andrews 1998). Obwohl alle Cholesterol-Werte im Referenzbereich lagen, können sie nach den Ergebnissen dieser Studie als Indikator für eine organische Ursache von Verhaltensproblemen gewertet werden.

5 Literatur

Aronson, L. P.; Dodds, W. J. (2006): The Effect of Hypothyroid Function on Canine Behavior. In: Current Issues and Research in Veterinary Behavioral Medicine, Hg. Mills, Levine, Landsberg, Horwitz, Duxbury, Mertens, Meyer, Huntley, Reich, Wilard, Purdue University Press, West Lafayette, 131–137

Dunham, A. E.; Dyer, D.; Hamilton, S. P.; Overall, K. L. (2005): Heriditary Fear, Panic, and anxiety in Dogs (Canis familiaris). In: Current Issues and Research in Veterinary Behavioral Medicine, Hg. Mills, Levine, Landsberg, Horwitz, Duxbury, Mertens, Meyer, Huntley, Reich, Wilard, Purdue University Press, West Lafayette, 221–224

Aronson, L. P. (2002): Thyroid Testing. In: The Official Newsletter of the Bearded Collie Foundation for Health, Hg. Cook, Sedgwick, Sell, Walkowicz, Vol. 2 Issue 2, Aug, 2002, 2–3

Hamilton Andrews, S.; McBride, A.; Brown, I. (1998): Canine Hypothyroidism and aberrant behavior. MSc dissertation Hamilton Andrews, S., University of Southhampton New College, UK

Zimmermann, B. (2009): Schilddrüse und Verhalten. MenschHund Verlag, 2. Aufl.

Angela Bartels, Kristine von Thun, Silke Wahrendorf, Angela Hagn, Michael H. Erhard
Lehrstuhl für Tierschutz, Verhaltenskunde, Tierhygiene und Tierhaltung, Veterinärstr. 13, 80539 München
Veterinärwissenschaftliches Department, Tierärztliche Fakultät, LMU München

Erhebung physiologischer und ethologischer Parameter zur Erfassung von „Stress" bei Katzen

Assessment of stress in cats by physiological and ethological parameters

FRANK AHRENS, KATHARINA H. PASCHE, TAZUKO IKI, ANGELA BARTELS, MICHAEL H. ERHARD

Zusammenfassung

Es sollte untersucht werden, inwieweit durch die Bestimmung beider Glukokortikoide (GK), Kortisol und Kortikosteron, sowie der Bestimmung des Verhaltens vor, während und nach einem milden Stressor die Stressreaktion von Katzen am Besten erfasst werden kann.

Vor Versuchsbeginn wurden acht Kater mittels eines ACTH-Stimulationstest auf eine normale Funktion der Hypothalamus-Hypophysen-Nebennierenrinden-Achse untersucht. In einem Stresstest wurde den Tieren mehrfach Blut durch ein total-implantiertes Port-Kathetersystem entnommen. Die Tiere wurden 90 Minuten nach Versuchsbeginn durch ein drei-minütiges Duschbad gestresst. Vor, während und nach dem Stressor „Dusche" wurden verschiedene Verhaltensparameter erfasst. Die GK-Konzentrationen im Plasma wurden mittels HPLC bestimmt, anschließend wurde die Ratio aus ihren Werten berechnet. Es wurde versucht, die Verhaltensparameter mit den GK-Konzentrationen zu korrelieren.

Die Tiere zeigten einen signifikanten Anstieg der Kortisolkonzentration nach dem milden Stressor „Dusche". Die Kortikosteronkonzentration veränderte sich nicht. Die Ratio beider GK stieg ebenfalls nach dem Stressor an, zeigte aber im Verlauf mehr signifikante Unterscheidungen in der Stressantwort als die Auswertung der Kortisoldaten. Das Verhalten der Kater vor und nach der Dusche ließ sich nicht mit den GK-Konzentrationen korrelieren. Dagegen konnten die Verhaltensweisen „Vokalisation" und „Lokomotion", die während der Dusche erfasst wurden, mit den Kortikoidkonzentrationen zehn Minuten nach Duschbeginn positiv (Vokalisation) bzw. negativ (Lokomotion) korreliert werden.

Kortisol ist das dominante GK, welches die Stressreaktion vermittelt. Trotz nur geringer Veränderungen der Kortikosteronkonzentration ließen sich aus der Berechnung der Ratio der beiden GK Erkenntnisse gewinnen, die durch die Beurteilung der Kortisolkonzentration alleine nicht gefunden wurden. Nur die Verhaltensweisen „Vokalisation" und „Lokomotion", die auf eine spezielle Anpassung an den Stressor hindeuten könnten, stehen mit den Kortikoidkonzentrationen in Zusammenhang.

Summary

The behaviour of cats was recorded during the exposure to a mild stressor. In addition, both glucocorticoids (GC), cortisol and corticosterone, were determined in the plasma to see how the stress response of the cats can be best assessed.

Eight male cats were tested on a normal function of the Hypothalamus-Pituitary-Adrenal-axis by ACTH stimulation test. Blood was collected during a stress test by a venous access port system. All cats were stressed 90 minutes after the start of the test by a three minutes shower. Before, during, and after this stressor the behaviour of the cats was evaluated. Plasma concentrations of both GC were determined by HPLC and the ratio between both was calculated thereafter. Correlation between GC concentrations and behaviour were assessed.

Cortisol concentration increased significantly after the shower while corticosterone did not. The ratio increased, too, but, however, showed more distinctions in the stress response. The behaviour before and after the shower could not be correlated to the GC concentrations. In contrast, vocalisation and locomotion behaviour, recorded during the shower, was correlated (positively: vocalisation; negatively: locomotion) to the corticoid concentrations ten minutes after the shower started.

Cortisol is the dominant GC in the stress reaction. However, the ratio between cortisol and corticosterone seems to provide more details. Only vocalisation and locomotion behaviour during the exposure to the stressor "shower" are related to the corticoid concentrations, maybe indicating an individual coping with the stressor.

1 Einleitung

Bestimmungen des Stressniveaus können wichtige Erkenntnisse hinsichtlich des Wohlbefindens von Tieren liefern. Darüber hinaus lassen sich von diesen Bestimmungen Rückschlüsse auf die Qualität von Haltungsbedingungen (Versuchstiere, aber auch Heim- und Begleittiere) und auf Gesundheit und Verhalten ziehen. Die Erfassung des Stressniveaus kann objektiv durch physiologische Stressparameter, aber auch, zum Teil subjektiv, durch Verhaltensbeobachtungen der Tiere geschehen.

Die Bestimmung einer Stressantwort eines Organismus anhand der Konzentration von Glukokortikoiden (Kortisol und/oder Kortikosteron) im Blut ist eine etablierte Methode. Bei der Katze werden beide Glukokortikoide, Kortisol und Kortikosteron, in der Nebennierenrinde gebildet (Bush 1953), wobei in der Literatur Kortisol als das wichtige Glukokortikoid beschrieben wird. Dagegen gibt es für Kortikosteron bei der Katze nur wenige Angaben in der Literatur.

Eine alleinige Bestimmung des Parameters Kortisol scheint bei der Katze aufgrund hoher Variabilitäten wenig Aussagekraft hinsichtlich des Stressniveaus zu besitzen. Bei anderen Tierarten konnte gezeigt werden, dass durch gleichzeitige Bestimmung von Kortisol und Kortikosteron, und Bildung einer Ratio aus beiden Parametern, neue Erkenntnisse zu tageszeitlich unterschiedlichen Sekretionsmustern der Glukokortikoide (Albers et al. 1985) und zum Nachweis von Stressreaktionen gewonnen werden konnten (Szeto et al. 2004).

Alternativ zur Bestimmung von Stress mittels Kortisol wurde in der Literatur mehrfach der Versuch beschrieben, das Stressniveau von Katzen durch Verhaltensbeobachtung zu bestimmen (Carlstead et al. 1993; Kojima et al. 1995; Zimmer und Reusch 2003; McCobb et al. 2005). Dabei wurde als Nachweis versucht, eine Korrelation zwischen Urin-Kortisolwerten oder auch zwischen Kortisol-Clearence (Kortisol-Kreatinin-Ratio) und stressassoziierten Verhaltensparametern (z.B. Fluchtverhalten, Drohverhalten) zu etablieren. Die Aussagen dieser Studien sind allerdings sehr widersprüchlich. Während Carlstead et al. (1993) und Kojima et al. (1995) Korrelationen bestimmter Verhaltensparameter mit den Kortisolkonzentrationen im Urin finden konnten, konnten Zimmer und Reusch (2003) sowie McCobb et al. (2005) dieses in ihren Untersuchungen nicht bestätigen.

Ziel dieser Arbeit war es daher zu untersuchen, wie sich die Tiere während eines Stresstestes mit der Einwirkung eines milden Stressors verhalten, und wie sich dabei die Kortikosteronkonzentration im Blut in Relation zum Kortisol verändert. Darüber hinaus sollte ergründet werden, ob es signifikante Zusammenhänge zwischen dem Verhalten und den GK-Konzentrationen im Blut gibt.

2 Material und Methode

Um eine physiologische Funktion der Hypothalamus-Hypophysen-Nebennieren-Achse (HPA Achse) der zur Verfügung stehenden acht Kater in dieser Untersuchung zu gewährleisten, wurden die Tiere vor Versuchsbeginn mittels eines ACTH-Stimulationstestes untersucht. Nach der Bestätigung dieser Funktion wurde zur stressfreien Blutgewinnung bei allen Tieren ein total-implantiertes Port-Kathetersystem eingesetzt. So verblieben die Tiere während des Versuches auf dem Arm einer sitzenden Person, während aus der Portkammer, welche an der linken Brustwand fixiert war, Blut entnommen werden konnte. In dem durchgeführten Stresstest wurde den Katern in unterschiedlichen Zeitintervallen (5, 10, 15 Minuten) 19-mal Blut entnommen. Neunzig Minuten nach Versuchsbeginn wurden die Tiere einem Duschbad von drei Minuten unterzogen. Die GK-Konzentrationen im Plasma wurden mittels Hochleistungsflüssigkeitschromatographie (modifiziert nach Ling und Jamali 2003) bestimmt. Anschließend wurde die Ratio aus ihren Werten berechnet.

Während des gesamten Stresstestes wurde das Verhalten auf Video aufgezeichnet und im Anschluss mittels der Computersoftware Observer (®Noldus, Wageningen/Holland) ausgewertet. Dabei wurden Ruhe-, Sozial-, Erkundungs-, Komfort-, Meideverhalten sowie aggressives Verhalten und Nahrungsaufnahme erfasst. Während der Dusche wurden nur Lokomotions- und Vokalisationsverhalten gemessen. Alle acht Tiere wurden von derselben Person ausgewertet. Ein Tier wurde von einer zweiten Person ausgewertet, um anhand der Konkordanz beider Auswertungen (Interrater-Reliabilität) eine objektive Bewertung zu gewährleisten.

In der statistischen Auswertung wurden die Veränderungen der Kortisol- und Kortikosteronkonzentrationen sowie der Ratio mittels eines Repeated-Measures-ANOVA on Ranks geprüft. Die einzelnen Verhaltensweisen wurden in ihrer Dauer bestimmt und anschließend prozentual auf den Versuchsabschnitt (Zeit zwischen zwei aufeinanderfolgenden Blutentnahmen) berechnet. Die einzelnen Verhaltensweisen in den Versuchsabschnitten vor dem Stressor wurden mit denen in den Versuchsabschnitten nach dem Stressor verglichen (Wilcoxon-Signed-Rank´-Test). Die gemessene Dauer an Lokomotions- und Vokalisationsverhalten wurde versucht mittels Spearman-Rank-Correlation mit den Kortikoidkonzentrationen der folgenden Blutentnahmen zu korrelieren. Ebenso wurde versucht, den prozentualen Anteil des Meideverhaltens eines jeden Versuchabschnittes mit den Kortikoidkonzentrationen desselben Versuchabschnittes zu korrelieren.

3 Ergebnisse

Wie aus der Literatur bekannt, stellt eine Dusche einen milden, aber deutlichen Stressor für Katzen dar. Die Kortisolkonzentration im Blut der Kater stieg sehr schnell nach der Dusche auf den etwa vierfachen Wert signifikant an. Die Kortikosteronkonzentration dagegen veränderte sich nur geringgradig. Diese Veränderungen waren sehr individuell und nicht signifikant. Die Kurve aus der Berechnung der Ratio aus beiden Glukokortikoiden folgte nur bedingt dem dominierenden Kortikoid Kortisol, was daran lag, dass geringe Veränderungen der Kortikosteronkonzentration einen relativ gesehen größeren Einfluss auf die Ratio besaßen. Darüber hinaus zeigten sich mehr signifikante Unterschiede zwischen den einzelnen Blutentnahmezeitpunkten, sodass durch die Ratio eine feinere Abstufung der Stressantwort als durch die Auswertung der Kortisolkonzentrationen alleine möglich gewesen wäre.

Das Verhalten aller Tiere veränderte sich vor und nach dem Stressor nicht. Dies schien vor allem an den individuellen Unterschieden der Tiere zu liegen, was in der genaueren Betrachtung des Meideverhaltens deutlich wurde: Fünf Tier zeigten nach der Dusche weniger Meideverhalten (ein Tier signifikant weniger), während drei Tiere mehr Meideverhalten zeigten (nicht signifikant). Bei dem Versuch den prozentualen Anteil des Meideverhaltens eines jeden Versuchabschnittes mit den Kortikoidkonzentrationen desselben Versuchabschnittes zu korrelieren, ergaben sich für die Kortisolkonzentration bei je einem Tier eine signifikante Korrelation vor bzw. nach Stressor, für die Kortikosteronkonzentration bei zwei Tieren signifikante Korrelationen vor dem Stress und bei einem Tier eine signifikante Korrelation nach dem Stress mit dem Meideverhalten.

Die während des Stressors „Dusche" gemessene Dauer an Lokomotions- und Vokalisationsverhalten korrelierte mit den Kortikoidkonzentrationen der nachfolgenden Blutentnahmen: Es fanden sich signifikant negative Korrelationen zwischen der Lokomotionsdauer und den Kortisolkonzentrationen 10 und 15 Minuten nach Beginn der Dusche, sowie signifikant positive Korrelationen zwischen der Vokalisationsdauer und der Kortisol- sowie der Kortikosteronkonzentration zehn Minuten nach Beginn der Dusche.

4 Schlussfolgerungen

Die Implantation eines Portsystems bei der Katze war erfolgreich und gewährleistete in dieser Versuchsanordnung bei allen Tieren eine nahezu stressfreie Blutentnahme.

Der Anstieg der Kortisolkonzentration auf die Einwirkung des milden Stressors „Dusche" war wie vor Versuchsbeginn erwartet. Die Kortikosteronkonzentration hat dagegen kaum eine Reaktion auf den milden Stressor gezeigt. Dies bestätigt, dass Kortisol das dominante Glukokortikoid der Katze darstellt. Es könnte gleichzeitig auf eine unterschiedliche Regulation der Bildung und Freisetzung beider Glukokortikoide in Abhängigkeit der Stressorenqualität hindeuten. Die Berechnung der Ratio aus beiden Glukokortikoiden stellte sich als nützliches Hilfsmittel zur Charakterisierung einer Stressreaktion dar. In der Reaktion auf den milden Stressor „Dusche" ließen sich mittels der Ratio feinere Unterschiede bestimmen.

Die wenigen gefundenen Korrelationen zwischen dem Meideverhalten vor und nach Stressor zeigen, wie schwierig es ist, ein Verhalten, unter „normalen“ Bedingungen, mit Glukokortikoidkonzentrationen in Verbindung zu bringen. Anders sieht es unter „akuten“ Umständen, d. h. während der Dusche aus. Hier lassen sich Lokomotions- und Vokalisationsverhalten mit später gemessenen Kortikoidkonzentrationen assoziieren. Die negative Korrelation zwischen der Lokomotion und der Kortisolkonzentration könnte darauf hindeuten, dass der Körper bei „aktiven“ Umgang mit dem Stressor (durch Lokomotion) die HPA-Achse geringer aktiviert, und wahrscheinlich mit einer stärkeren Antwort des sympathiko-adreno-medullären Systems gerechnet werden muss.

5 Literatur

ALBERS, H. E.; YOGEV, L.; TODD, R. B.; GOLDMAN, B. D. (1985): Adrenal corticoids in hamsters: role in circadian timing. Am. J. Physiol. 248, 434–438

BUSH, I.E. (1953): Species differences in adrenocortical secretion. J. Endocrinol. 9, 95–100

CARLSTEAD, K.; BROWN, J. L.; STRAWN, W. (1993): Behavioral and physiological correlates of stress in laboratory cats. Appl. Anim. Behav. Sci. 38, 143–158

KOJIMA, K.; MAKI, S.; HIRATA, K.; HIGUCHI, S.; AKAZAWA, K.; TASHIRO, N. (1995): Relation of emotional behaviors to urine catecholamines and cortisol. Physiol. Behav. 57, 445–449

LING, S.; JAMALI, F. (2003): Effect of cannulation surgery and restraint stress on the plasma corticosterone concentration in the rat: application of an improved corticosterone HPLC assay. J. Pharm. Pharm. Sci. 6, 246–251

MCCOBB, E. C.; PATRONEK, G. J.; MARDER, A.; DINNAGE, J. D.; STONE, M. S. (2005): Assessment of stress levels among cats in four animal shelters. J. Am. Vet. Med. Assoc. 226, 548–555

SZETO, A.; GONZALES, J. A.; SPITZER, S. B.; LEVINE, J. E.; ZAIAS, J.; SAAB, P. G.; SCHNEIDERMAN, N.; MCCABE, P. M. (2004): Circulating levels of glucocorticoid hormones in WHHL and NZW rabbits: circadian cycle and response to repeated social encounter. Psychoneuroendocrinol. 29, 861–866

ZIMMER, C.; REUSCH, C. E. (2003): Untersuchungen zum Kortisol-Kreatinin-Verhältnis im Urin (UCC) bei gesunden Katzen. Schweiz. Arch. Tierheilkd. 145, 323–328

Frank Ahrens, Katharina H. Pasche, Tazuko Iki, Angela Bartels, Michael H. Erhard
Lehrstuhl für Tierschutz, Verhaltenskunde, Tierhygiene und Tierhaltung, Veterinärwissenschaftliches Department, Tierärztliche Fakultät, LMU München, Veterinärstrasse 13/R, 80539 München

Verhaltenstests zur Mensch-Tier-Beziehung und Furchtsamkeit von Masthühnern verschiedener langsam wachsender Herkünfte auf ökologischen Betrieben und auf einer Versuchsstation

Behavioural tests measuring the human-animal relationship and fearfulness of slow growing broilers on organic farms and a research station

Christiane Keppler, Susanne Döring, Bernhard Hörning, Gerriet Trei, Sophie Düsing, Ute Knierim

Zusammenfassung

Wohlbefinden und Leistung von Nutztieren werden unter anderem von der Qualität der Mensch-Tier-Beziehung und dem Ausmaß des Erlebens genereller Furcht beeinflusst. Untersuchungen über die Mensch-Tier-Beziehung und die Furchtsamkeit der Tiere auf Praxisbetrieben können daher zusätzliche Informationen über das Wohlbefinden von Tieren geben. Ziel der Untersuchung war es, die für Legehennen auf Praxisbetrieben entwickelten Tests „Stationary Person Test“ (SPT), „Touch Test“ (TT) und „Novel Object Test“ (NOT) auf ihre Anwendbarkeit bei vornehmlich langsam wachsenden Masthühnern zu prüfen, wobei der Einfluss der Lauffähigkeit und des Gewichtes berücksichtigt wurde.

Auf acht Betriebsstandorten und einer Versuchsstation wurden unter ökologischen Bedingungen insgesamt 7084 Masthühner in zwei Versuchsdurchgängen (Sommer und Herbst 2009) aufgezogen. Hierbei wurden 7 unterschiedlich schnell wachsende Herkünfte in insgesamt 64 Gruppen von 24 bis 565 Tieren aufgestallt. Ein Teil der Gruppen wurde wiederholt untersucht, so dass Daten aus insgesamt 71 Erhebungen sowie zwei Beobachterabgleichen ausgewertet werden konnten.

Beim SPT wurden im Mittel 2,0 ± 2,0 Tiere (min.: 0,0; max.: 8,7) in der Nähe der Testperson beobachtet. Von minimal 7 und maximal 21 möglichen Versuchen konnten beim TT in im Mittel 13,1 ± 6,0 Versuchen 24,8 ± 12,1 (min.: 0; max.: 65) Tiere in Reichweite gezählt werden. Hiervon konnten im Mittel 17,3 ± 7,9 (min.: 0; max.: 23) Tiere berührt werden. Beim NOT konnten im Mittel 3,6 ± 2,9 (min.: 0; max.: 12,9) Tiere in der Nähe des Objektes beobachtet werden. SPT, die Anzahl berührter Tiere im TT und NOT korrelierten moderat bzw. schwach positiv mit der Lauffähigkeit (Bristol Gait Score, höhere Noten bedeuten schlechteres Laufvermögen). Die Anzahl der Versuche, die beim TT nötig waren, um Tiere zu berühren, korrelierte moderat negativ mit der Lauffähigkeit. Es bestand eine deutliche positive Korrelation zwischen der Lauffähigkeit und dem Gewicht. Die Testergebnisse zeigten zum Teil deutliche Unterschiede zwischen Herkünften und Betriebsstandorten.

Grundsätzlich haben sich die hier angewendeten Verhaltenstests für die Beurteilung der Mensch-Tier-Beziehung und der Furchtsamkeit der Tiere auf Praxisstandorten bei langsam wachsenden Masthühnern als anwendbar erwiesen, wenn die Tiere keine deutlichen Einschränkungen in der Lauffähigkeit zeigen. Die Tests sind mit recht geringem Materialeinsatz und Zeitaufwand durchführbar und sind robust hinsichtlich der Durchführung durch verschiedene Personen. Hinsichtlich der Validität der Tests sind aber noch viele Fragen offen. So sollte ihre Aussagekraft mit Hilfe weiterer Messgrößen der Furchtsamkeit, die vom Aktivitätsniveau der Tiere unabhängig sind, überprüft und die Empfindlichkeit gegenüber möglichen Störgrößen wie Stallgröße und Besatzdichte näher untersucht werden.

Summary

Well-being and performance of farm animals are affected among others by the human-animal relationship and general fearfulness. Therefore, their investigations on-farm can provide additional information about the welfare state of the animals. The aim of the study was to investigate the on-farm applicability of tests in slow growing broilers which were originally developed for laying hens, taking into account possible confounding effects of body mass and walking ability. The test applied were a „Stationary Person Test", „Touch Test" and „Novel Object Test".

During two trials (summer and autumn 2009) in total 7 084 broilers were housed under organic conditions in 8 farms and on a research station. Seven strains with different growth speeds were allocated to 64 groups with 24 to 565 animals per group. In total 71 investigations were evaluated because some groups were tested twice. Additionally two inter-observer reliability tests were conducted.

On average 2.0 ± 2.0 (min: 0.0, max: 8.7) animals were observed near the observer during the SPT. In the TT a mean of 13.1 ± 6.0 with a minimum of 7 and maximum of 21 trials were needed to count 24.8 ± 12.1 (min: 0, max: 65) animals in the reachable area. It was possible to touch 17.3 ± 7.9 (min: 0, max: 23) of these animals. Near the "Novel Object" (NOT) on average 3.6 ± 2.9 (min: 0, max: 12.9) animals were counted. There was a moderate to small positive correlation between gait scores (Bristol Gait Score, higher scores meaning poorer walking ability) and the results of SPT, NOT and the number of animals touched in the TT. The necessary number of trials to touch the animals showed a moderate negative correlation with gait scores. Gait score and body mass were highly positively correlated. There were partly clear differences between strains and farms.

In principle, the applied tests appear to be applicable for the assessment of the human-animal relationship and fearfulness in slow growing broilers on farms, as long as walking ability is not severely impaired. The tests are not very time-consuming, need only limited resources and are robust regarding execution by different persons. Concerning validity, however, there are a number of open questions. The tests should be further validated in relation to other measures which are independent of activity levels of the birds. Also, sensitivity of the tests towards possible confounders such as stocking density and pen size should be investigated more closely.

1 Einleitung

Wohlbefinden und Leistung von landwirtschaftlichen Nutztieren werden maßgeblich durch den Menschen und besonders durch die Mensch-Tier-Beziehung beeinflusst (RUSHEN et al. 1999). Eine natürliche Furchtsamkeit vor Menschen ist bei Hühnern bereits ab dem Schlupf vorhanden (MURPHY und DUNCAN 1978). Diese kann einerseits durch Gewöhnung und positiven Umgang mit dem Menschen vermindert werden (Jones und Waddington 1993), andererseits sind auch genetisch bedingte Unterschiede in der Furchtsamkeit der Hühner zu erwarten (Murphy 1977, Jones et al. 1981). Verminderte Furchtreaktionen gehen nach verschiedenen Untersuchungen mit verbesserten Leistungen von Broilern und Legehennen bezüglich Futterverwertung, Eier- und Fleischproduktion, einer effektiveren Immunantwort (größere Resistenz gegen *E. coli*) sowie verringerten Plasmakortikosteronkonzentration einher (Jones und Hughes 1981, Gross und Siegel 1981, Barnett et al. 1994, Hemsworth et al. 1994, Zulkifli und Siti Nor Azah 2004).

Hühner können sich auch in ihrer generellen Furchtsamkeit unterscheiden. Bei einer geringeren Furchtsamkeit vor neuen Umweltreizen ist beispielsweise eine bessere Nutzung des Freilandauslaufes zu erwarten. Andererseits waren Legehennen weniger furchtsam, wenn sie sich zuvor vermehrt im Auslauf aufhielten (Grigor et al. 1995).

Untersuchungen der Mensch-Tier-Beziehung und Furchtsamkeit der Tiere auf Praxisbetrieben können daher zusätzliche Informationen über das Wohlbefinden der Tiere geben. Für Legehennen in Nicht-Käfigsystemen wurden leicht in der Praxis anwendbare Verhaltenstests entwickelt und evaluiert. Hierzu zählen der „Stationary Person Test“, der „Moving Person Test“, der „Avoidance Distance Test“ und der „Touch Test“ (Raubek et al. 2007, Graml et al. 2008). Hemsworth et al. (1994) verwendeten bei Masthühnern unter Praxisbedingungen den „Approaching Human Test“, den “Arena Test“ und den „Shute Test“. Zur Bestimmung der generellen Furchtsamkeit eignet sich unter Praxisbedingungen der „Novel Object Test“, welcher ebenfalls bei Legehennen zur Anwendung kam (Graml et al. 2008).

Ziel dieser Untersuchung war es, den „Stationary Person Test“ und „Touch Test“ sowie den „Novel Object Test“ auf ihre Anwendbarkeit bei vornehmlich langsam wachsenden Masthühnern zu prüfen, wobei der Einfluss der Lauffähigkeit und des Gewichtes berücksichtigt wurde.

2 Tiere, Material und Methode

2.1 Tiere und Haltungsbedingungen

Auf acht Praxisbetriebsstandorten und einer Versuchsstation wurden unter weitgehend ökologischen Bedingungen (ökologische Fütterung, Grünauslauf) insgesamt 7084 Masthühner in zwei Versuchsdurchgängen (Sommer und Herbst 2009) aufgezogen. Hierbei wurden 7 unterschiedlich schnell wachsende Herkünfte (Hubbard: Hubbard JA 757, Olandia: Kosmos 8, Sasso: SA 31 x X 44, Kabir: Labelle rouge, Ross - nur auf der Versuchsstation und zwei schwere Rasseherkünfte: Cochin, Brahma) in insgesamt 64 Gruppen von 24 bis 565 Tieren aufgestallt. Auf jedem Praxisstandort waren eine Referenzherkunft (Hubbard) und ein bis zwei weitere Herkünfte, auf der Versuchsstation alle Herkünfte vertreten. Bis auf die Rassetiere wurden alle Hühner gemeinsam erbrütet und zeitgleich auf den Betrieben aufgestallt.

2.2 Datenerhebung

Ein Teil der Gruppen wurde wiederholt untersucht, so dass Daten aus insgesamt 71 Erhebungen ausgewertet werden konnten.

Die Tests wurden während der Vormittagsstunden jeweils vor den Wägungen und weiteren Untersuchungen durchgeführt. Zuerst wurde der „Stationary Person Test“ (SPT) und in direktem Anschluss der „Novel Object Test“ (NOT), leicht modifiziert nach GRAML et al. (2008), durchgeführt. Beim SPT ging eine Person langsam durch den Einstreubereich im Stall und stellte sich mit dem Rücken zur Wand. Nach einer Wartezeit von zehn Sekunden wurden mit einer Digitalkamera im Abstand von zehn Sekunden zehn Bilder mit einer zuvor durch ein Eichfoto festgelegten Einstellung, auch bezüglich Höhe und Abstand zum Körper, aufgenommen. Gleichzeitig wurden die Füße des Beobachters mit einem Abstand von 50 cm (durch eine Kordel zwischen den Füßen gemessen) als Eichmaß für die spätere Auswertung mit fotografiert.

Beim NOT wurde ein „Novel Object“, ein 1,5 Liter Tetrapak (Aldi Eistee mit Inhalt), an eine freie Stelle im Einstreubereich des Stalles gelegt. Der Beobachter entfernte sich auf einen Abstand von 1,5 m (gemessen durch die Kordel zwischen den Füßen) zum „Novel Object“ und wendete sich dem „Novel Object“ zu. Nach 10 Sekunden Wartezeit wurden in gleicher Weise im Abstand von 10 Sekunden zehn Bilder aufgenommen. Die Kantenlänge der Eisteepackung diente hier als Eichmaß für die spätere Auswertung. Beide Tests wurden an zwei verschiedenen Positionen im Stall hintereinander je einmal durchgeführt. Hierbei wurde vermieden, dass Fütterungs- oder Tränkeeinrichtungen im Bildausschnitt waren.

Auf der Grundlage von Eichfotos eines Rahmens von 100 mal 80 cm wurde für Auswertung ein digitaler Rahmen über die Testfotos gelegt. Alle Fotos wurden von einer Person ausgewertet, indem alle Tiere, die sich im Rahmen befanden oder in den Rahmen hineinragten (inklusive Federn), gezählt wurden. Aus der Anzahl Tiere auf den insgesamt 20 Fotos an den beiden Positionen wurde ein Mittelwert gebildet.

Der TT wurde im Anschluss an den NOT durchgeführt. Hierbei näherte sich eine Person innerhalb der eingestreuten Fläche im Stall einer Gruppe von mindestens drei Hühnern, begab sich in die Hocke und zählte nach zehn Sekunden die Hühner, die sich in Armreichweite in einem Winkel von 180° vor dem Beobachter befanden. Im Anschluss wurde der Versuch unternommen, von den in Armreichweite befindlichen Tieren maximal drei Hühner zu berühren. Der Test wurde maximal 21 Mal wiederholt, bzw. bis insgesamt 21 Hühner berührt worden waren. Wurde im letzten Annäherungsversuch das 21. Tier als erstes berührt, wurden das zweite und dritte Tier ebenfalls gezählt, sodass maximal 23 berührte Tiere gezählt werden konnten. Ausgewertet wurde die Anzahl der Annäherungsversuche (minimal 7, maximal 21), die Anzahl der Tiere in Reichweite (minimal 0) und die Anzahl berührter Tiere (minimal 0, maximal 23).

Die Bewertung der Lauffähigkeit erfolgte mit dem ‚Bristol Gait Scoring System“ mit sechs Noten von 0 bis 5 (KESTIN et al. 1992) Die Noten waren wie folgt definiert. Note 0: Normaler Gang ohne Schwanken; das Tier nimmt die Füße geschmeidig hoch und setzte sie unter den Körperschwerpunkt. Hierbei werden die Zehen während des Hochhebens oft gekrümmt und das Tier ist in der Lage, auf einem Bein zu stehen oder rückwärts zu gehen. Note 1: Kleiner Defekt, den man schwerlich genau definieren kann, wie z.B. unregelmäßiger Gang. Note 2: Deutlich identifizierbarer Defekt im Gang, wie eine Ungleichmäßigkeit oder Lahmheit auf einem Bein festzustellen, jedoch stellt dies keine ernsthafte Behinderung der Manövrierfähigkeit dar. Noten 3 bis 5: Deutliche Behinderung der Manövrierfähigkeit bis Unfähigkeit, dauerhaft auf den Füßen zu laufen. Je Gruppe wurde eine Stichprobe von Tieren untersucht, die eine Genauigkeit der Prävalenzschätzung von ± 10 % bei einer Irrtumswahrscheinlichkeit von 95 % erlaubt (je nach Gruppengröße zwischen 27 und 81 Tiere).

Auf den verschiedenen Standorten wurden die Untersuchungen von vier (Verhaltenstests) bzw. fünf (Lauffähigkeit) verschiedenen Personen durchgeführt. Vorher waren ein gemeinsames Training und Beobachterabgleiche auf zwei Standorten im Abstand von vier Wochen erfolgt. Alle Beobachter trugen bei der Untersuchung sowie bei den Beobachterabgleichen grüne Einweg-Overalls und durchsichtige Plastiküberschuhe.

2.4 Statistische Methoden

Die Auswertung der Verhaltenstests erfolgte auf Tiergruppenbasis, wobei wiederholte Untersuchungen einer Tiergruppe separat gewertet wurden. Für die Verhaltensparameter sowie die Einflussfaktoren Körpergewicht und Lauffähigkeit wurden Mittelwerte, Standardabweichungen sowie Minimum- und Maximumwerte errechnet. De Ergebnisse der Verhaltensparameter wurden mit dem mittleren Gewicht sowie der mittleren Lauffähigkeit korreliert (Spearman).

Der Beobachterabgleich der Bewertung der Lauffähigkeit erfolgte auf Basis eines Vergleichs aller Beobachterpaare mithilfe des PABAK (prevalence adjusted bias adjusted kappa, Gunnarsson 2000). Für die Verhaltenstests wurden Korrelationen zwischen den Ergebnissen aller Beobachter für jeden Parameter mittels Kendall's W berechnet. Als Grenze für eine akzeptable Beobachterübereinstimmung wurden ein PABAK von 0,4 (Gunnarsson 2000) und ein Kendall's W-Korrelationskoeffizient von 0,7 (Martin und Bateson 2007) gesetzt.

3 Ergebnisse

Hinsichtlich der Beurteilung der Lauffähigkeit der Tiere war die Übereinstimmung zwischen den zehn verschiedenen Beobachterpaaren mit PABAKs von im Mittel 0,80 (0,68 bis 0,94, n = 21) befriedigend bis sehr gut.

Die Übereinstimmung zwischen den vier Beurteilern bei den Verhaltenstests war akzeptabel bis gut. Beim NOT war eine etwas bessere Übereinstimmung (RW = 0,80, n = 8) zu verzeichnen als beim SPT (RW = 0,71, n = 8). Beim TT konnten bei der Anzahl Tiere in Reichweite bzw. der Anzahl berührter Tiere mit jeweils RW = 0,81 (n = 15) sogar noch leicht bessere Übereinstimmungen erzielt werden. Für die Anzahl der Versuche konnten für den Beobachterabgleich keine ausreichenden Wiederholungen durchgeführt werden.

Zum Zeitpunkt der Untersuchungen waren die Tiere zwischen 44 (Ross) und 112 Tagen (Cochin) alt und wiesen mittlere Gewichte von 1 064 ± 139 g (Brahma am 68. Lebenstag) bis 2 937 ± 380,28 g (Ross am 48. Lebenstag) auf. Die mittlere Laufnote je beurteilter Gruppe lag zwischen 0 (z.B. Brahma und Cochin am 99. Lebenstag) und 3,1 (Ross am 48. Lebenstag). In Tabelle 1 sind die mittleren Gewichte und die mittleren Laufnoten über alle Standorte und Untersuchungszeitpunkte hinweg für die einzelnen Herkünfte dargestellt.

Beim SPT wurden im Mittel über alle Untersuchungen 2,0 ± 2,0 Tiere (min.: 0,0; max.: 8,7) in der Nähe der Testperson beobachtet. Von minimal 7 und maximal 21 möglichen Versuchen konnten beim TT in im Mittel 13,1 ± 6,0 Versuchen 24,8 ± 12,1 (min.: 0; max.: 65) Tiere in Reichweite gezählt werden. Hiervon konnten im Mittel 17,3 ± 7,9 (min.: 0;

Tab. 1: Mittelwerte (mean) und Standardabweichungen (SD) des Gewichts, der Lauffähigkeit und der Ergebnisse aus „Stationary Person Test" (SPT), „Novel Object Test" (NOT) und „Touch Test" (TT) für die unterschiedlichen Herkünfte (Brahma und Cochin zusammengefasst)
Mean and Standarddeviation (SD) of body weight, gait score and results from the „Stationary Person Test" (SPT), the „Novel Object Test" (NOT) and „Touch Test" (TT) for the different strains (Brahma and Cochin summarized)

	Gewicht body weight (g)	Lauf-fähigkeit gait score	SPT Anzahl Tiere number of animals		NOT Anzahl Tiere number of animals		TT Anzahl / Number Versuche Trials		TT Anzahl / Number Tiere in Reichweite reachable animals		TT Anzahl / Number Tiere berührt touched animals	
Herkunft strain	mean ± SD	mean ± SD	mean ± SD	n	mean ± SD	n	mean ± SD	n	mean ± SD	n	mean ± SD	n
Bahma Cochin	1598 ± 364	0,19 ±0,2	0,24 ± 0,26	11	0,56 ± 0,68	12	16,7 ± 7,1	12	16,4 ± 10,7	12	11,6 ± 8,9	12
Olandia	2056 ± 279	0,74 ±0,34	2,2 ± 1,6	14	4,7 ± 3,3	14	12,9 ± 6,6	14	28,8 ± 15,5	14	18,0 ± 7,7	14
Sasso	2276 ± 419	0,72 ±0,50	2,8 ± 2,8	14	4,9 ± 2,4	14	12,3 ± 5,4	15	26,7 ± 10,3	15	19,0 ± 6,7	15
Kabir	2311 ± 338	0,90 ±0,39	2,0 ± 1,4	10	4,0 ± 3,1	10	13,1 ± 5,8	10	23,4 ± 11,5	10	17,2 ± 9,1	10
Hubbard	2424 ± 229	1,18 ±0,39	2,3 ± 2,2	18	4,1 ± 2,9	18	11,9 ± 5,9	18	26,5 ± 10,9	18	18,7 ± 6,9	18
Ross	2689 ± 223	2,66 ±0,40	1,5 ± 0,6	4	1,9 ± 0,6	4	8,0 ± 0,0	2	25,0 ± 1,4	2	23,0 ± 0,0	2

Tab. 2: Korrelationen (Spearman) zwischen mittlerem Gewicht bzw. mittlerer Lauffähigkeit und den Ergebnissen aus „Stationary Person Test" (SPT), „Novel Object Test" (NOT) und „Touch Test" (TT)
Correlation (Spearman) between mean body weight or mean gait score and results from the „Stationary Person Test" (SPT), „Novel Object Test" (NOT) and „Touch Test" (TT)

	SPT Anzahl Tiere number of animals		NOT Anzahl Tiere number of animals		TT Anzahl / Number Versuche Trials		TT Anzahl / Number Tiere in Reichweite reachable animals		TT Anzahl / Number Tiere berührt touched animals	
	Rho	n	Rho	n	Rho	n	Rho	n	Rho	n
Lauffähigkeit Gait Score	0,41**	68	0,31*	69	– 0,4**	68	0,10	68	0,35**	68
Gewicht Body weight	0,33**	68	0,25*	69	– 0,32**	68	0,09	68	0,26*	68

** p = 0,01; * p = 0,05.

max.: 23) Tiere berührt werden. Beim NOT konnten im Mittel 3,6 ± 2,9 (min.: 0; max.: 12,9) Tiere in der Nähe des Objektes beobachtet werden.

Die Ergebnisse aus SPT und NOT sowie die Anzahl berührter Tiere im TT korrelierten moderat bzw. schwach positiv mit der Lauffähigkeit, das heißt, in gewissem Ausmaß befanden sich mehr Tiere in den Gruppen mit schlechterer Lauffähigkeit nahe der Testperson oder des Objektes oder ließen sich mehr Tiere berühren. Die Anzahl der Versuche, die beim TT nötig waren, um Tiere zu berühren, korrelierte moderat negativ mit der Lauffähigkeit, das heißt, bei schlechterer mittlerer Lauffähigkeit waren weniger Versuche notwendig um die gewünschte Zahl Tiere zu berühren. Die Korrelationen mit dem Gewicht gingen in die gleiche Richtung, da eine deutliche positive Korrelation zwischen der Lauffähigkeit und dem Gewicht bestand (Rho = 0,79; p = 0,01, n = 70). Lediglich die Anzahl der Tiere in Reichweite des Beurteilers korrelierte weder mit der Lauffähigkeit noch mit dem Gewicht (Tab. 2).

Auf dem Versuchsbetrieb, auf dem alle Herkünfte aufgestallt waren, zeigte sich, dass es hier nicht nur zwischen den Herkünften, sondern auch innerhalb der Herkünfte teilweise deutliche Unterschiede im Tierverhalten gab (Abb. 1 und 2). Durchgängig konnten im NOT mehr Tiere auf den Testfotos gezählt werden als im SPT.

Auch innerhalb der Referenzherkunft Hubbard ergaben sich abhängig vom Betriebsstandort deutliche Unterschiede im Tierverhalten. So konnten beim SPT über alle Gruppen hinweg zwischen 0 und 8,7 sowie beim NOT 0 bis 12,9 Tiere gezählt werden. Die Anzahl Versuche, mindestens 21 Tiere zu berühren,

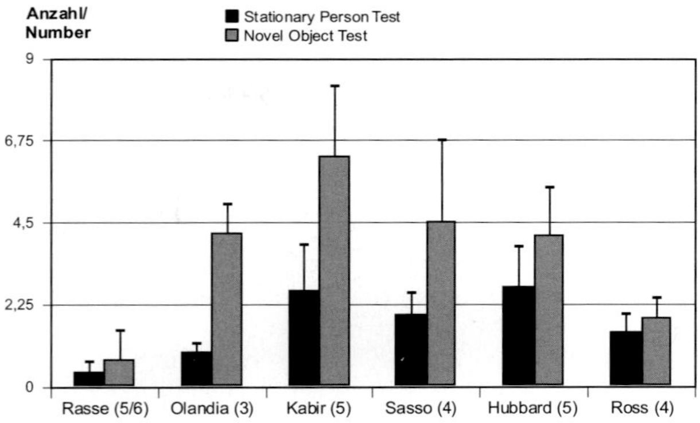

Abb. 1: Mittlere Anzahl Tiere in der Nähe des Beobachters beim „Stationary Person Test" (SPT) und des Objektes beim „Novel Object Test" (NOT) auf der Versuchsstation in Abhängigkeit von der Herkunft (n in Klammern), Rasse: Brahma und Cochin zusammengefasst

Mean number of animals near the observer during „Stationary Person Test" (SPT), near the object during „Novel Object Test" (NOT) in different strains at the research station (n in brackets), Rasse: Brahma und Cochin summarized

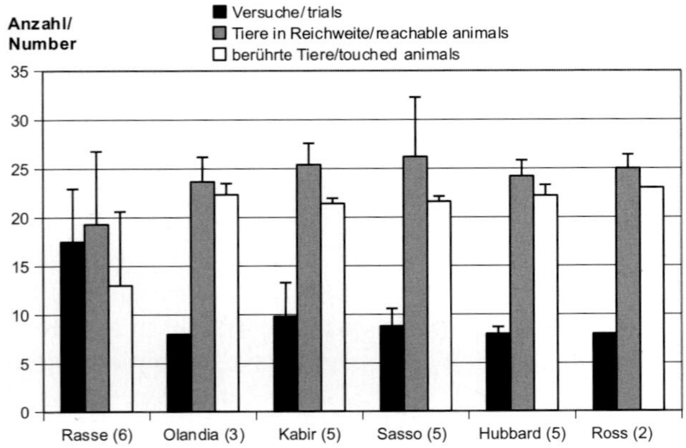

Abb. 2: Mittlere Anzahl Versuche Tiere zu berühren, Tiere in Reichweite und Anzahl berührter Tiere für den „Touch Test" (TT) auf der Versuchsstation in Abhängigkeit von der Herkunft (n in Klammern), Rasse: Brahma und Cochin zusammengefasst

Mean number of trials, reachable animals and touched animals during the „Touch Test" (TT) in different strains at the research station (n in brackets), Rasse: Brahma und Cochin summarized

variierte beim TT von 7 bis 21 wobei 0 bis 39 Tiere in Reichweite waren und 0 bis 23 Tiere berührt werden konnten. Zwischen den Hubbardgruppen auf der Versuchsstation wurden vergleichsweise geringe Unterschiede festgestellt. Im SPT wurden hier insgesamt 1,6 bis 4,4 Tiere und im NOT 2,2 bis 5,7 gezählt. Im TT wurden zwischen 7 und 9 Versuchen benötigt, wobei 23 bis 27 Tiere in Reichweite waren sowie 21 bis 23 berührt werden konnten.

4 Diskussion

Die im vorliegenden Versuch angewendeten Verhaltenstests, SPT, NOT sowie TT, wurden ursprünglich für Legehennen unter Praxisbedingungen in Nicht-Käfigsystemen entwickelt und validiert. Im vorliegenden Projekt sollte die Anwendbarkeit dieser Tests bei Masthühnern geprüft werden. Hierzu wurden vorwiegend langsam wachsende Herkünfte verwendet.

Im Beobachterabgleich konnte für alle Parameter eine relativ gute Übereinstimmung erzielt werden. Es kann daher also einerseits davon ausgegangen werden, dass die Erhebungen der Beobachter auf den verschiedenen Betriebsstandorten vergleichbar waren; andererseits zeigt es, dass SPT, NOT und TT ausreichend robust hinsichtlich der Anwendung durch verschiedene Personen sind.

Die ermittelten Daten aus SPT, NOT sowie TT zeigen die nahezu volle Bandbreite an möglichen Ergebnissen. Bei SPT und NOT füllte die maximal gemessene Tierzahl die Rahmen weitgehend aus. Somit scheinen die Tests grundsätzlich auch für Masthühner anwendbar.

Allerdings ist fraglich, inwieweit die Testergebnisse auch durch Faktoren beeinflusst wurden, die keinen unmittelbaren Zusammenhang mit der Furchtsamkeit der Tiere aufweisen. Die schwachen bis moderaten Korrelationen der Ergebnisse aus SPT und NOT mit der Lauffähigkeit der Tiere werfen zumindest gewisse Zweifel auf. Auch beim TT mussten bei verminderter Lauffähigkeit weniger Versuche unternommen werden, um den Test abzuschließen, und es konnten auch mehr Tiere berührt werden. Da ein deutlicher Zusammenhang zwischen Lauffähigkeit und Gewicht der Tiere bestand, waren gleich gerichtete, aber geringfügig schwächere Zusammenhänge in Bezug auf das Gewicht festzustellen.

Lediglich die Anzahl der Tiere in Reichweite im TT war weder vom Gewicht noch von der Lauffähigkeit beeinflusst. Vermutlich war die Motivation, der Berührung auszuweichen, wesentlich höher als die Motivation, sich aus der Nähe des Beurteilers zu entfernen. Erst bei dem Versuch, die Tiere zu berühren, machte sich daher bemerkbar, ob die Tiere leicht flüchten konnten. So ließen sich die Tiere der Herkunft Ross, die die höchsten mittleren Gewichte und die schlechteste Lauffähigkeit aufwies (Mittel: 2,66) beim TT am einfachsten berühren. Da Tiere ab einer Note von 3 signifikant mehr Liegeverhalten zeigen (WEEKS et al. 2000), könnte auch die Motivation der Tiere zum Aufstehen und Weglaufen geringer sein. Um sicher zu gehen, dass die Verhaltenstests nicht von der Lauffähigkeit beeinflusst werden, sollte also möglichst kein Tier der Gruppe zum Zeitpunkt der Tests einen deutlichen Gangdefekt (ab Note 3) aufweisen.

Allerdings schien auch generell die Reaktivität der Tiere mit zunehmendem Gewicht geringer zu werden. Ob dies auch mit einer verminderten Furchtsamkeit, z. B. aufgrund von

Reifungsvorgängen, zu tun hat, oder mit einer verminderten Motivation zur Fortbewegung ist unklar. Ein höheres Alter bei den schwereren Tieren, zumindest innerhalb einer Herkunft, könnte auch durch zunehmende Gewöhnung oder Lernprozesse zu einer verminderten Furcht vor dem Menschen oder neuen Objekten führen. Diese Fragen bedürfen weiterer Untersuchung und einer Validierung der Tests durch Vergleiche mit anderen Messgrößen der Furcht, die nicht durch das Laufaktivitätsniveau der Tiere beeinflusst werden.

Bei SPT und NOT gelten die obigen Ausführungen nur bedingt. Hier befanden sich vor Beginn der Beobachtungen (10 Sekunden Wartezeit) häufig keine Tiere im Bereich des Beobachters bzw. des „Novel Objects", da sie auswichen, wenn der Beobachter seine Position einnahm oder das „Novel Object" ausgelegt wurde. Die Tiere, die hier gezählt wurden, begaben sich also meist aktiv zum Beobachter und dem Objekt und bepickten diese teilweise. Insofern ist die positive Korrelation mit der Lauffähigkeit nur schwer zu erklären. Tatsächlich waren beispielsweise die schwereren Tiere der Herkunft Ross auffällig wenig am „Novel Object" zu beobachten, was auf ihre deutlich beeinträchtigte Lauffähigkeit zurückgeführt werden könnte. Im Vergleich zu den Rassetieren waren die langsamer wachsenden Herkünfte jedoch relativ häufig an Testperson oder am Objekt anzutreffen. Bei der Herkunft Kabir war auf der Versuchsstation ein so starkes Interesse an dem Objekt zu beobachten, dass das Objekt kaum noch zu sehen war und die Tiere sogar darauf standen. Insofern könnte es auch sein, dass die Korrelation zwischen Lauffähigkeit und Zahl der Tiere im Testrahmen indirekt dadurch zustande kam, dass die augenscheinlich furchtsameren Rassetiere (es konnten auch weniger Rassetiere berührt werden) gleichzeitig eine bessere Lauffähigkeit aufwiesen. Hinsichtlich der Furchtsamkeit handelt es sich möglicherweise um Effekte im Zusammenhang mit dem Domestizierungsgrad. Die Rassetiere waren aber zum Testzeitpunkt auch deutlich älter, so dass sich erneut die Frage nach möglichen Effekten durch Reifungsvorgänge stellt.

In beiden Versuchsdurchgängen wurden auf den verschiedenen Betrieben große Unterschiede im Tierverhalten innerhalb der Herkunft Hubbard ermittelt. Auf der Versuchsstation, auf der die Tiere unter den gleichen stallbaulichen Bedingungen und Managementbedingungen gehalten wurden, waren die Unterschiede in den Hubbardgruppen deutlich geringer. Allerdings können nicht die Unterschiede an sich als Beleg für eine Aussagekraft der Tests herangezogen werden. Die Praxisbetriebe wiesen große Unterschiede in den Ställen (Stallbauweise, Stallgröße, Fütterungssystem, Auslaufgestaltung), Besatzdichten und im Management auf. Auf der einen Seite ist es möglich, dass diese Faktoren die Erfahrungen der Tiere und damit ihre Furchtsamkeit beeinflusst haben; es ist aber auch möglich, dass sie als Störgrößen auf die Tests gewirkt haben. So können die Tiere in einem größeren Stall und bei niedrigerer Besatzdichte potenziell besser ausweichen.

Im Vergleich der Tests untereinander ist zu bemerken, dass beim NOT durchgängig mehr Tiere nahe dem Objekt zu zählen waren als nahe der Testperson beim SPT. Dies könnte allerdings rein methodische Gründe haben, denn beim NOT konnten aufgrund eines anderen Aufnahmewinkels von schräg oben potentiell mehr Tiere gezählt werden, da der digitale Rahmen mehr Bodenfläche abdeckte als beim SPT. Grundsätzlich ist zum NOT kritisch anzumerken, dass durch die relativ nahe Anwesenheit des Beurteilers (1,5 m vom Objekt entfernt), um die Fotos aufnehmen zu können, wahrscheinlich nicht nur eine Reaktion gegenüber dem Objekt, sondern auch gegenüber dem Beurteiler erfolgte.

5 Schlussfolgerungen

Grundsätzlich haben sich die hier angewendeten Verhaltenstests für die Beurteilung der Mensch-Tier-Beziehung und der Furchtsamkeit der Tiere auf Praxisstandorten bei langsam wachsenden Masthühnern als anwendbar erwiesen, wenn die Tiere keine deutlichen Einschränkungen in der Lauffähigkeit zeigen. Die Tests sind mit recht geringem Materialeinsatz und Zeitaufwand durchführbar und sind robust hinsichtlich der Durchführung durch verschiedene Personen. Hinsichtlich der Validität der Tests sind aber noch viele Fragen offen. So sollte ihre Aussagekraft mit Hilfe weiterer Messgrößen der Furchtsamkeit, die vom Aktivitätsniveau der Tiere unabhängig sind, überprüft und die Empfindlichkeit gegenüber möglichen Störgrößen wie Stallgröße und Besatzdichte näher untersucht werden.

6 Literatur

BARNETT, J. L., HEMSWORTH, P. H., HENNESSY, D. P., MCCALLUM, T. H., NEWMAN, E. A. (1994): The effects of modifying the amount of human contact on behavioural, physiological, and production responses of laying hens. Applied Animal Behaviour Science, 41: S. 87–100

GRAML, C., WAIBLINGER, S., NIEBUHR, K. (2008): Validation of tests for on-farm assessment oft he hen-human relationship in non-cage systems. Applied Animal Behaviour Science, 111: S. 301–310

GRIGOR, P. N., HUGHES, B O., APPLEBY, M. C. (1995): Effects of regular handling and exposure to an outside area on subsequent fearfulness and dispersal in domestic hens. APPLIED Animal Behviour Science, 44: S. 47–55

GROSS, W. B., SIEGEL, P. B. (1981): Socialization as a factor in resistance to infection, feed efficiency and response to antigen in chickens. American Journal of Veterinary Research, 43: S. 2010–2010

GUNNARSSON, S., ALGERS, B., SVEDBERG, J. (2000): Description and evaluation of a scoring system of clinical health in laying hens. In: Gunnarsson, S. Laying hens in loose housing systems. Doctoral thesis, Swedish University of Agricultural Sciences, Uppsala 2000. Acta Universitatis Agriculturae Sueciae Veterinaria 73.

HEMSWORTH, P. H., COLEMAN, G. J., BARNETT, J. L., JONES, R. B. (1994): Behavioural responses to humans and the productivity of commercial broiler chickens. Applied Animal Behaviour Science, 41: S. 101–114

JONES, R. B., DUNCAN, I. J. H., HUGHES, B. O. (1981): The assessment of fear in domestic hens exposed to a looming stimulus. Behavioural Processes, 6: S. 121–133

JONES, R. B., HUGHES, B. O. (1981): Effects of regular handling on growth in male and female chicks of broiler and layer strains. British Poultry Science, 22: S. 461–465

JONES, R. B., WADDINGTON, D (1993): Attenuation of the domestic chick`s fear of human beings via regular handling: in search of a sensitive period. Applied Animal Behaviour Science, 36: S. 185–195

MARTIN, P., BATESON, P. (2007): Measuring behaviour. Cambridge University Press: Cambridge

MURPHY, L. B. (1977): Responses of domestic fowl to novel food and objects. Applied Animal Ethology, 3: S. 335–349

MURPHY, L. B., DUNCAN, I., J., H. (1978): Attempts to modify the responses of domestic fowl towards human beings. II. The effect of early experiences. Applied Animal Ethology, 4: S. 5–12

RAUBEK, J., NIEBUHR, K., WAIBLINGER, S. (2007): Development of on-farm methods to assess the animal-human relationship in laying hens kept in non-cage systems. Animal Welfare, 16(2): S. 173–175

RUSHEN, J., TAYLOR, A. A., DE PASSILLEÈ, A. M. (1999): Domestic animals' fear of humans and its effect on their welfare. Applied Animal Behaviour Science, 65: S. 285–303

WEEKS, C. A., DANBURY, T. D., DAVIES, H. C., HUNT, P., KESTIN, S. C (2000): The behaviour of boiler chickens and its modification by lameness. Applied Animal Behaviour Science, 67: S. 111–125

ZULKIFLI, I., SITI NOR AZAH, A. (2004): Fear and stress reactions, and the performance of commercial broiler chickens subjected to regular pleasant and unpleasant contacts with human beings. Applied Animal Behavioural Science, 88: S. 77–87

Danksagung

Wir danken Maja Günther, Werner Vogt-Kaute, Anja Ludwig, Thomas Hackenschmidt und Tobias Gorniak für Ihre Mitarbeit ebenso wie den beteiligten Landwirten. Die Untersuchungen wurden im Rahmen des Bundesprogramms Ökologischer Landbau durchgeführt, gefördert aus Mitteln des BMELV über die Bundesanstalt für Landwirtschaft und Ernährung (BLE).

Christiane Keppler, Susanne Döring, Ute Knierim
Universität Kassel, FG Nutztierethologie und Tierhaltung, Nordbahnhofstr.1 a, 37213 Witzenhausen
Bernhard Hörning, Gerriet Trei, Sophie Düsing
Fachhochschule Eberswalde, Fachgebiet Ökologische Tierhaltung, Friedrich-Ebert-Straße 28, 16225 Eberswalde

Untersuchungen zum Verhalten von Masthühnern mit unterschiedlichen Wachstumsintensitäten

Investigations on the behaviour of broilers differing in growth intensity

Bernhard Hörning, Gerriet Trei, Sophie Düsing, Anja Ludwig, Thomas Hackenschmidt

Zusammenfassung

Im ökologischen Landbau müssen langsamer wachsende Herkünfte eingesetzt werden. Der Begriff „langsam" ist aber nicht definiert. Ziel war daher, Herkünfte mit verschiedenen Wachstumsintensitäten zu vergleichen. In zwei Mastdurchgängen wurden insgesamt 1 500 Tiere aus sieben Herkünften mit vier Intensitäten geprüft. Die Tiere erhielten Biofutter und hatten Zugang zu überwiegend bewachsenen Ausläufen. Das Tierverhalten im Stall wurde direkt beobachtet (time sampling). Zur Erfassung der Auslaufnutzung erfolgten Zählungen sowie der Einsatz eines automatischen Erkennungssystems.

Die häufigsten Verhaltensweisen waren Liegen, gefolgt von Nahrungssuche, Gefiederpflege, Fressen und Sitzstangenaufenthalt. Mit zunehmender Wachstumsintensität nahmen insbesondere der Anteil Ruhen zu und aktive Verhaltensweisen entsprechend ab. Ähnliche Ergebnisse zeigten sich innerhalb der Herkünfte mit zunehmender Gewichtsklasse. Aber auch bei gleicher Gewichtsklasse waren die genannten Unterschiede zwischen den Herkünften in vielen Fällen vorhanden. Die schnell wachsende Herkunft nutzte Sitzstangen und Auslauf kaum, zeigte dafür am häufigsten Fressen (Summe) sowie Fressen im Liegen. Die Auslaufnutzung war insgesamt gering. Dabei bestanden aber große individuelle Unterschiede.

Summary

In organic agriculture according to EU regulations, slow growing broilers have to be used or a minimum slaughter age of 81 days must be applied. However "slow" is not defined. Aim of the study was therefore to compare broiler strains with different growth intensities. Seven broiler strains of four growth intensities were used. Chickens were kept according to organic guidelines (organic feed, outdoor run). Behavioural recordings were carried out via direct observations (time sampling). Furthermore, an automatic recording system for outdoor use was established.

Most important behaviour was resting, followed by foraging, preening, feeding and perching. Percentage of resting increased with increasing growth intensity and with age while mainly foraging decreased. The fast growing strain used perches and outdoor run least. Overall outdoor use was low. However, huge differences between individual animals were observed.

1 Einleitung

Bei heutigen Herkünften von Broilerhybriden kann aufgrund der hohen Zunahmen (Mastdauer 30 bis 40 Tage) eine Reihe von tierschutzrelevanten Problemen auftreten, wie leistungsabhängige Gesundheitsstörungen (z. B. plötzlicher Herztod, Aszites, Beinschwäche). Auch nehmen mit zunehmendem Gewicht Verhaltensaktivitäten stark ab. Die verlängerten Ruhezeiten begünstigen wiederum Hautveränderungen (z. B. Brustblasen, Fußballenveränderungen). Die genannten negativen Auswirkungen können durch Managementfaktoren wie hohe Besatzdichten bzw. schlechte Einstreu- oder Luftqualität verstärkt werden. Um gesundheitliche Probleme zu begrenzen, müssen die Elterntiere rationiert gefüttert werden, wodurch z. B. Verhaltensstörungen der Nahrungsaufnahme entstehen (SCAHAW 2000; WEEKS und BUTTERWORTH 2004; HÖRNING 2008).

Das Mindestschlachtalter für Masthühner beträgt nach der EU-Ökoverordnung (EG 889/2008) 81 Tage, es sei denn, es werden „langsam wachsende Rassen/Linien" eingesetzt. Die Wachstumsintensität wird dabei jedoch nicht definiert. Im Ökolandbau in Deutschland werden überwiegend Tiere mittelschnell wachsender ISA-Herkünfte (heute Hubbard) genutzt (HÖRNING et al. 2004). Ziel des Forschungsvorhabens war daher, Herkünfte mit unterschiedlichen Wachstumsintensitäten mit dem Schwerpunkt auf Tiergerechtheit zu vergleichen. Hierzu lagen in Deutschland unter Bedingungen des ökologischen Landbaus bislang nur wenige Studien vor.

2 Material und Methode

Es wurden zwei Mastdurchgänge an der Lehr- und Versuchsanstalt für Tierzucht und Tierhaltung (LVAT) in Teltow-Ruhlsdorf, Brandenburg, durchgeführt (April–Juni, Sept.–Dez. 2008). Insgesamt wurden sieben **Herkünfte** untersucht, eingeteilt in vier Wachstumsintensitätsstufen (Tab. 1). Bei den Tieren der Herkünfte Brahma und Cochin handelte es sich um schwere Rassehühner von privaten Züchtern, die übrigen waren Hybridherkünfte. Die Bruteier der Zuchtunternehmen Kabir und Olandia wurden aus Italien beschafft, diejenigen von Sasso aus Belgien, Hubbard (früher ISA) von einem Elterntierhalter in Deutschland.

Alle Masthühner wurden im gleichen **Stall** gehalten. Je Abteil wurden 50 Tiere eingestallt (1 500 insgesamt). Die Abteile (à 12,2 m²) waren mit Sandbad, Futterautomaten,

Tab. 1: Untersuchte Herkünfte nach Wachstumsintensitäten
Broiler strains investigated according to growth intensities

Zunahmen (g/d)	Herkunft	Anbieter	Anzahl Gruppen
20–25	Brahma	Hobbyzüchter	2*
	Cochin	Hobbyzüchter	4
30–35	SA31 x X44	Sasso	5
	Labelle Rouge	Kabir	5
40–45	Kosmos 22	Olandia	5
	JA 757	Hubbard	5
60–65	Ross 308	Ross	4

* nur im 1. Durchgang.

Tränken und Sitzstangen in A-Reuter-Form ausgestattet (vier Sitzstangen à 2 m Länge je Abteil, d.h. 20 cm je Tier; je eine1 Stange in 25 und 100 cm über dem Boden und zwei Stangen in 50 cm Höhe). Im Stall war Tageslicht über Fenster vorhanden. Jedes Abteil hatte Zugang zu einem überwiegend bewachsenen Auslauf.

Die Küken erhielten zu Beginn ein Starterfutter mit 21,2 % Rohprotein und 12 MJ ME/kg (je nach Herkunft 40 bis 50 Tage), danach ein Mastfutter mit 19,9 % Rohprotein (12,4 MJ ME/kg). Beide **Futter** enthielten zu 90 % Komponenten aus ökologischem Anbau. Die Tiere wurden bis zu einem Gewicht von etwa 2,5 kg gemästet (je nach Herkunft 6 bis 17 Wochen).

Die **Verhaltensbeobachtungen** geschahen mit verschiedenen Methoden. Zum einen erfolgten Direktbeobachtungen von je zehn Verhaltensmerkmalen in 10-Minuten-Intervallen jeweils vier Stunden über den Lichttag verteilt, über insgesamt ca. 20 Stunden je Abteil (i.d.R. zweimal je eine Stunde vormittags und nachmittags). Der Anteil der jeweiligen Verhaltensmerkmale wurde umgerechnet als prozentualer Anteil der Tiere je Gruppe. Nachstehend findet sich eine Definition der Verhaltensweisen (darunter vier aufaddiert aus einzelnen Verhaltensweisen):

- Liegen: Liegen bzw. Sitzen auf dem Boden
- Sitzstangen: Aufenthalt auf der Sitzstange
- Ruhen: Liegen + Sitzstangen
- Fressen: Aufenthalt am Futterautomat
- Fressen im Liegen: wie oben, nur im Liegen
- Fressen gesamt: Fressen + Fressen im Liegen
- Nahrungssuche: Aktivitäten im Scharrraum (Scharren, Picken, Laufen, Stehen)
- Nahrungsaufnahme: Fressen gesamt + Nahrungssuche
- Trinken: Aufenthalt an der Tränke
- Gefiederpflege: Putzen mit dem Schnabel
- Staubbaden: typische Sandbadebewegungen
- Komfortverhalten gesamt: Gefiederpflege + Staubbaden
- Auseinandersetzungen: Kämpfen
- Auslauf: Aufenthalt im Auslauf

Zusätzlich erfolgten an 15 Tagen nähere Erfassungen der Sitzstangennutzung (fünf Zeitpunkte je Tag, i.d.R. in zweistündigem Abstand). Ähnlich wurde die Nutzung des Auslaufs erfasst (nur im 1. Durchgang). Dabei wurde der Aufenthalt der Tiere unterteilt in vier Sektoren mit etwa gleichem Abstand vom Stall bestimmt. Ferner wurde über einen Teil des Zeitraums ein automatisches Erkennungssystem eingesetzt (Gantner Pigeon Systems GmbH, Schruns, Österreich). Das gleiche System benutzten Gebhardt-Henrich et al. (2008) bei Legehennen.

Die **Datenauswertung** erfolgte mittels Varianzanalyse (allgemeines lineares Modell, univariat, SPSS Version 11.5). Als unabhängige Einflussfaktoren auf die jeweiligen abhängigen Tierparameter wurden als feste Faktoren z.B. Herkunft und Gewichtsklasse eingegeben. Zusätzlich wurde die Gruppe als Zufallsfaktor berücksichtigt. Durch die Gewichtsklasse wurde indirekt auch der Erhebungszeitpunkt berücksichtigt.

3 Ergebnisse

3.1 Tagesaktivitäten

Bei den Intervallbeobachtungen waren die häufigsten Verhaltensweisen insgesamt Liegen (54,9 % der Tiere), Nahrungssuche (16,8 %), Gefiederpflege (11,8 %), Fressen (7,1 %), sowie Aufenthalt auf den Sitzstangen (5,9 %). Die übrigen Verhaltensweisen nahmen jeweils unter 2 % ein (Trinken 1,9 %, Auslaufnutzung 1,9 %, Auseinandersetzungen 0,4 %, Sandbaden 0,6 %).

Es bestanden zum Teil deutliche Unterschiede zwischen den **Herkünften** (Tab. 2). Der Anteil Liegen nahm mit der Wachstumsintensität zu, ebenso der Anteil Ruhen insgesamt (inkl. Sitzstangen). Im Gegenzug nahm vor allem das Nahrungssuchverhalten ab (Scharren, Picken), bzw. die Nahrungsaufnahme insgesamt (Nahrungssuche plus Fressen). Tiere der Herkunft Ross wiesen am häufigsten Fressverhalten auf (insgesamt sowie Fressen im Liegen), dafür am seltensten Gefiederpflege. Cochin-Tiere waren am häufigsten im Auslauf. Tiere der Herkunft Kabir hielten sich am häufigsten auf den Sitzstangen auf, Ross hingegen am wenigsten. Beim Trinkverhalten oder Sandbaden gab es keine offenkundigen Unterschiede, bei Auseinandersetzungen unterschieden sich die Herkünfte nicht signifikant (Mittelwert 0,4 %).

Darüber hinaus gab es etliche Unterschiede zwischen den **Gewichtsklassen**, betrachtet über alle Herkünfte (Tab. 3). Der Anteil Liegen nahm mit dem Gewicht zu, ebenso der Anteil „Ruhen" insgesamt. Im Gegenzug nahmen vor allem das Nahrungssuchverhalten ab, sowie die Nahrungsaufnahme insgesamt. Der Anteil Fressen im Stehen nahm ab, dafür stieg der Anteil Fressen im Liegen. Auch die Gefiederpflege ging kontinuierlich zurück. Insgesamt war somit mit zunehmendem Gewicht eine verringerte Aktivität festzustellen. Der Aufenthalt auf den Sitzstangen stieg zunächst und fiel dann wieder ab.

Ferner wurde ein Vergleich der Herkünfte innerhalb der Gewichtsklassen angestellt. In der Gewichtsklasse unter 1,0 kg waren nur die Rassetiere Cochin bzw. Brahma vertreten, hingegen in der Klasse über 2,0 kg nur Hubbard und Ross. Zumindest in den Klassen

Tab. 2: Verhaltensweisen nach Herkünften
Behaviours according to broiler strains

	Liegen	Sitzstangen	Fressen Stehen	Fressen Liegen	Nahrungssuche	Trinken	Gefiederpflege (%)	Sandbaden (%)	Auslauf (%)
Cochin	38,0a*	7,1a	7,8a	0,0a	27,5a	2,3abc	9,52ab	0,51ab	4,38a
Brahma	48,7b*	5,1b	6,5ab	0,1a	24,0b	1,8bcd	9,76ab	0,83a	0,70b
Kabir	45,0b	15,4c	4,9c	0,1a	15,8c	1,5cd	11,23a	0,49ab	1,50b
Sasso	66,1c	2,0d	5,4bc	0,2a	12,9cd	1,4d	9,36ab	0,66ab	1,06b
Olandia	61,2d	5,0b	6,6ab	0,5ab	13,6cd	1,5cd	8,54b	0,46ab	1,11b
Hubbard	61,5d	5,6b	6,2b	0,7b	10,2d	2,5ab	9,41ab	0,60ab	1,20b
Ross	76,1e	0,0e	4,6c	6,7c	4,9e	2,7a	4,09c	0,21b	0,19b
Alle	**54,9**	**5,9**	**6,1**	**1,0**	**16,8**	**2,0**	**9,0**	**1,43**	**1,89**

* Herkünfte mit gleichen Buchstaben innerhalb einer Spalte unterscheiden sich nicht signifikant.

Tab. 3: Verhaltensweisen nach Gewichtsklassen
Behaviours according to weight classes

Gewichts-klasse (kg)	Liegen	Sitz-Stan-gen	Fressen Stehen	Fressen Liegen	Nah-rungs-suche	Trin-ken	Gefie-derpfle-ge (%)	Sand-baden (%)	Auslauf (%)
< 1,0	38,5a*	4,9a	8,6a	0,01a	28,8a	2,0ab	11,81ab	0,58ab	0,88a
1,0–1,5	50,1b*	8,3b	6,5b	0,2b	18,2b	1,9ab	10,30ab	0,57ab	1,15ab
1,5–2,0	55,8c	6,1a	5,5bc	1,0c	15,5c	1,8ab	9,19bc	0,79ab	2,49bc
2,0–2,5	59,0d	5,8a	5,6bc	0,9c	14,5c	1,8a	8,06c	0,50a	2,08c
> 2,5	74,8e	1,3c	4,4c	4,4d	6,6d	2,5b	4,73d	0,22b	0,28a
Alle	**54,9**	**5,95**	**6,1**	**1,0**	**16,8**	**2,0**	**9,0**	**1,43**	**1,89**

* Herkünfte mit gleichen Buchstaben innerhalb einer Spalte unterscheiden sich nicht signifikant

1,5 bis 2,0 und 2,0 bis 2,5 nahm der Anteil Liegen offensichtlich auch innerhalb der Klasse mit der Wachstumsintensität zu, was für eine genetische Disposition spricht.

Parallel war schon ab 1,0 kg ein Rückgang der Nahrungssuche zu beobachten. Ross-Tiere zeigten in allen Gewichtsklassen den höchsten Anteil Fressen, hingegen den geringsten Anteil Gefiederpflege.

Zusätzlich wurde geprüft, ob es Unterschiede zwischen den einzelnen **Tageszeiten** gab (eingeteilt in vier Aufnahmeintervalle, je zwei vormittags bzw. nachmittags). Die Sitzstangennutzung war etwas höher im 1. Aufnahmeintervall des Tages, d. h. morgens (7,8 %), Sandbaden hingegen im 3. Intervall, d. h. mittags (1,1 %). Ansonsten gab es keinerlei Einflüsse der Beobachtungszeit.

Es konnten eine Reihe von **Beziehungen zwischen Verhaltensweisen** festgestellt werden (Tab. 4). Signifikant negative Korrelationen bestanden zwischen Liegen und Nahrungssuche, Aufenthalt auf den Sitzstangen, Gefiederpflege, Kämpfen und Auslaufaufenthalt. Positive Beziehungen bestanden hingegen zwischen der Nahrungssuche und Gefiederpflege bzw. Aufenthalt auf den Sitzstangen, zwischen Gefiederpflege sowie Aufenthalt auf den

Tab. 4: Korrelationen zwischen den Verhaltensweisen
Correlations between behaviours

	Liegen	Nahrungs-suche	Fressen	Gefieder-pflege	Sitz-stangen	Trinken	Kämpfen
Liegen	1,000	-,793**	-,004	-,520**	-,640**	-,024	-,306**
Nahrungssuche	-,793**	1,000	-,046	,254**	,355**	-,071	,121
Fressen	-,004	-,046	1,000	-,090	-,302**	,272**	,070
Gefiederpflege	-,520**	,254**	-,090	1,000	,275**	-,055	,277**
Sitzstangen	-,640**	,355**	-,302**	,275**	1,000	-,209**	,202**
Trinken	-,024	-,071	,272**	-,055	-,209**	1,000	-,070
Kämpfen	-,306**	,121	,070	,277**	,202**	-,070	1,000
Auslauf	-,237**	,032	-,163*	,158*	,195**	,102	,020

* 0,05 Niveau signifikant, ** 0,01 Niveau signifikant

Sitzstangen, ferner zwischen Fressen und Trinken. Somit bestanden positive Beziehungen zwischen verschiedenen Aktivitätsverhaltensweisen und negative Beziehungen zwischen dem (inaktiven) Liegen und aktiven Verhaltensweisen. Interessant ist auch die (allerdings schwache) Korrelation zwischen Sitzstangenaufenthalt und Kämpfen. So könnte ein Teil der Nutzung der Sitzstangen auch durch Ausweichen vor Auseinandersetzungen bedingt sein.

3.2 Sitzstangennutzung

Durchschnittlich hielten sich bei den fünfmaligen Zählungen je Tag 6,2 % der Tiere auf den Sitzstangen auf. Dieser Wert entspricht recht gut demjenigen aus den oben dargestellten Verhaltensbeobachtungen mit 5,9 %. Kabir-Tiere waren wiederum am häufigsten auf den Stangen anzutreffen (16,0 %), Ross-Tiere hingegen nie (Abb. 1). Unter Berücksichtigung der vorhandenen Länge war die Nutzung der verschiedenen Höhen insgesamt recht gleichmäßig (je eine Stange unten bzw. oben, zwei in der Mitte). Dies galt auch für die meisten Herkünfte. Sasso, Olandia und Hubbard schienen aber seltener auf der oberen als auf der unteren Stange zu sein. Bei den meisten Herkünften war eine Zunahme der Stangennutzung mit dem Alter zu beobachten, bei Hubbard allerdings eine Abnahme (Abb. 2). Bei den Daten sind – wie bei den übrigen Verhaltensparametern – die unterschiedlichen Gewichte der Herkünfte zu beachten.

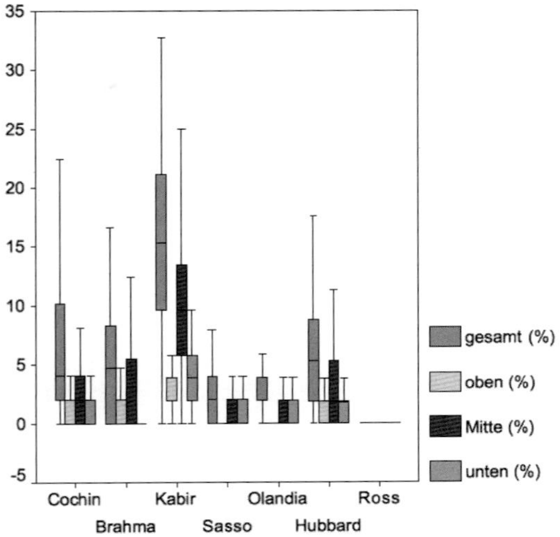

Abb. 1: Sitzstangennutzung in verschiedenen Höhen nach Herkünften
Use of perches according to broiler strain

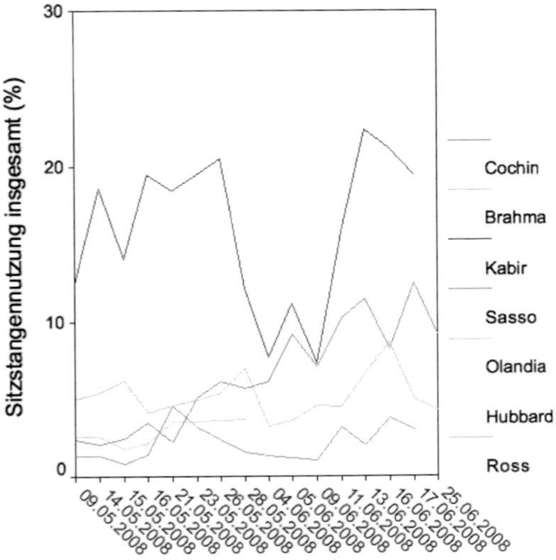

Abb. 2: Sitzstangennutzung im Mastverlauf (ca. 5.–11. Lebenswoche)
Use of perches from 5 to 11 weeks

3.3 Auslaufnutzung

Die **Auslaufzählungen** ergaben eine sehr geringe Nutzung, durchschnittlich waren nur 2,05 % der Tiere im Auslauf (Tab. 5). Von 586 Abteilzählungen war in 78,3 % der Fälle kein Tier im Auslauf. Insgesamt wurden 616 Tiere im Auslauf gezählt. Dies ergibt einen Durchschnitt je Zählung von nur 1,05 Tieren

Tab. 5: Auslaufnutzung nach Herkünften und Sektoren (Direktzählungen)
Outdoor use according to broiler strain and sectors with increasing distance from the house

	Summe (%)	Sektor 1 (%)	Sektor 2 (%)	Sektor 3 (%)	Sektor 4 (%)
Cochin	4,38a*	3,45	0,43	0,34	0,14
Brahma	1,09b*	1,05	0,03	0,00	0,00
Kabir	2,45ab	2,19	0,11	0,35	0,00
Sasso	1,95ab	1,83	0,12	0,00	0,00
Olandia	0,61b	0,61	0,00	0,00	0,00
Hubbard	1,54b	1,36	0,17	0,00	0,00
Ross	0,05b	0,05	0,00	0,00	0,00
Insgesamt	**2,04**	**1,7**	**0,15**	**0,12**	**0,02**

* Herkünfte mit gleichen Buchstaben innerhalb einer Spalte unterscheiden sich nicht signifikant

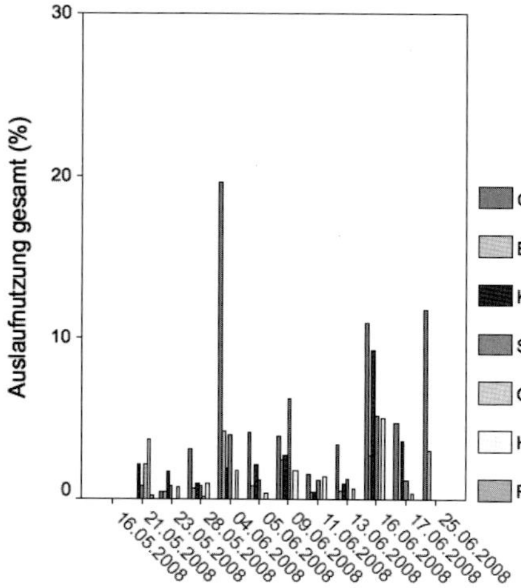

Abb. 3: Auslaufnutzung nach Herkünften im Zeitverlauf
Outdoor use according to broiler strain and time

je Gruppe (Standardabweichung 2,924, Median 0,0). Maximal wurden bei einer Zählung 20 Tiere erfasst. Cochin waren am häufigsten draußen (Tab. 2), Ross am seltensten. Die Tiere hielten sich ganz überwiegend in Stallnähe auf (Sektor 1 83 %). Nur Cochin wurde im am weitesten entfernten Sektor gesehen (Nr. 4) und nur Cochin und Kabir in Sektor 3 (Tab. 5). Mit fortschreitender Mast stieg die Auslaufnutzung insgesamt an (Abb. 3). Insgesamt waren mehr Tiere auf der Westseite des Stalles im Auslauf als auf der Ostseite (3,4 vs. 0,6 %), unabhängig von der Herkunft. Um 9 Uhr waren mit 4,2 % im Mittel am meisten Tiere draußen (Ost 0,4, West 7,6 %), die übrigen Tageszeiten unterschieden sich nicht.

Die genaueren Daten des **Auslauferkennungssystems** bestätigten die insgesamt geringe Nutzung. Cochin war wiederum am häufigsten und auch am längsten draußen (Ross nie). Tabelle 6 zeigt ein Beispiel aus dem 1. Durchgang anhand von drei aufeinanderfolgenden Tagen bei einem etwa vergleichbaren Alter der Tiere, allerdings mit z.T. erheblichen Gewichtsunterschieden. Cochin war am häufigsten draußen, gefolgt von Kabir. Zwischen Sasso, Hubbard und Olandia gab es weniger Unterschiede. Da sich die mittleren Aufenthaltsdauern unterschieden, waren auch die Summen der Auslaufaufenthalte verschieden. Cochin hatte die meisten Erkennungen je Einzeltier, gefolgt von Kabir.

Innerhalb einer Herkunft bestanden große Unterschiede zwischen Individuen. Viele Tiere waren täglich und mehrmals draußen, andere hingegen gar nicht oder sehr selten (Tab. 6). Dies soll näher am Beispiel von Cochin im 1. Durchgang verdeutlicht werden,

Tab. 6: Dauer der einzelnen Auslaufnutzungen nach Herkünften (Erkennungssystem), 16.–18.06.08
Outdoor use according to broiler strain and sectors with increasing distance from the house

	Cochin	Brahma	Kabir	Sasso	Hubbard
Alter (Wochen)	10	10	10	10	9
Gewicht (kg)	1 400	1 540	2 610	2 830	3 070
Gesamtzahl Erkennungen (n)	1 094	176	829	460	421
Individuen im Auslauf (n)	36	20	42	33	45
Erkennungen / Individuum (n)	30,4	8,8	19,7	13,9	9,4
Aufenthalt je Gruppe (Min.)	18 442	6 437	18 500	14 136	11 976
Mittlere Aufenthaltsdauer (Min.)	16,9	36,6	22,3	30,7	28,4
Standardabweichung (Min.)	26,3	65,5	47,7	54,8	57,8
Median (Min.)	6,7	13,9	5,9	8,2	5,7
Maximum (Min.)	376,4	421,2	505,8	416,6	587,8

Erkennungen und Gesamtsumme als Summe der drei Tage; Daten der unteren Tabellenhälfte statistische Parameter der Einzelaufenthalte

anhand von 25 Tagen, an denen insgesamt 43 Einzeltiere im Auslauf registriert wurden (von etwa 50). In diesem Zeitraum gab es im Mittel 205 Erkennungen am Tag für die Gruppe mit einer Dauer von 5 384 Minuten. Daraus errechnet sich eine durchschnittliche Dauer je Aufenthalt von 26,2 Minuten. Aufgrund einer hohen Streuung (Standardabweichung 45,1) betrug der Median 10,2 Minuten, viele Aufenthalte waren sehr kurz, das Maximum betrug aber 587 Minuten. Einzelne Tiere waren in diesen 25 Tagen zwischen 1- und 315-mal im Auslauf (d. h. durchschnittlich 0,04- bis 12,6-mal am Tag). Innerhalb der Individuen war die Nutzung offensichtlich recht konstant, d. h. die Tiere gingen regelmäßig zu einem etwa gleich hohen Anteil raus.

4 Diskussion

Die Untersuchungen zeigten Unterschiede im Verhalten zwischen den verglichenen Herkünften. Mit zunehmender Wachstumsintensität nahm insbesondere der Anteil Ruhen zu und aktive Verhaltensweisen entsprechend ab. Ähnliche Ergebnisse zeigten sich innerhalb des Mastverlaufs mit zunehmender Gewichtsklasse. Aber auch bei gleicher Gewichtsklasse waren in vielen Fällen die genannten Unterschiede zwischen den Herkünften vorhanden. Dies lässt auf eine genetische Disposition schließen.

Auch in der **Literatur** wurden in vielen Fällen ähnliche Zusammenhänge zwischen Verhaltensweisen und Wachstumsintensität gefunden, insbesondere ein höherer Anteil Liegen bei schnell wachsenden Herkünften (Lewis et al. 1997; Reiter und Kutritz 2001; Castellini et al. 2002; Bokkers und Koene 2003; Nielsen et al. 2004; Rodenburg et al. 2004; Zupan et al. 2005; Lee und Chen 2007), eine bessere Sitzstangennutzung bei langsamer wachsenden Herkünften (Lewis et al. 1997; Wiers et al. 2001; Bokkers & Koene 2003, Nielsen 2004, Rodenburg et al. 2004, Oester und Widmer 2005) bzw. bessere Auslaufnutzung (Castellini et al. 2002; Nielsen et al. 2003; Schmidt und Bellof 2008). Ferner wurde gleichfalls ein Anstieg der Auslaufnutzung mit zunehmendem Alter gefunden (Gazzarin 1999; Andersson et al. 2001; MIRABITO und LUBAC 2001; CHRISTENSEN et al. 2003) oder eine Abnahme der Auslaufnutzung mit der Stallentfernung (NIELSEN et al. 2003; NIELSEN 2004).

In parallelen Erhebungen in der vorliegenden Untersuchung zeichnete sich mit zunehmender Wachstumsintensität eine Verschlechterung der **Gesundheitsbewertung** für die Lauffähigkeit sowie den Zustand der Fußballen bzw. Fersenhöcker ab (HÖRNING et al. 2009). Dies könnte damit erklärt werden, dass mit steigender Intensität das Ruheverhalten zunimmt und dadurch der Kontakt mit der Einstreu.

5 Literatur

ANDERSSON, R.; BUSSEMAS, R.; H. WESTENDARP, H. (2001): Die Akzeptanz von Auslauf bei Broilern. In: Beitr. 6. Wissenschaftstagung zum Ökologischen Landbau, Freising-Weihenstephan, 6.–8.3. 2001, Verlag Dr. Köster, Berlin, 337–340

BOKKERS, E. A. M.; KOENE, P. (2003): Behaviour of fast- and slow-growing broilers to 12 weeks of age and the physical consequences. Appl. Anim. Behav. Sci. 81, 59–72

CASTELLINI, C.; DALBOSCO, A.; MUGNAI, C.; BERNARDINI, M. (2002): Performance and behaviour of chickens with different growing rate reared according to the organic production system. Ital. J. Anim. Sci. 1, 45–53

CHRISTENSEN, J. W.; NIELSEN, B. L.; YOUNG, J. F.; NODDEGAARD, F. (2003): Effects of calcium deficiency in broilers on the use of outdoor areas, foraging activity and production parameters. Appl. Anim. Behav. Sci. 82, 229–240

GAZZARIN, C. (1999): Auslaufverhalten von Masthühnern. Schweizer Tierschutz (STS), Basel, 44 S.

GEBHARDT-HENRICH, S. G.; BUCHWALDER, T.; FRÖHLICH, E.; GANTNER, M. (2008): RFID identification system to monitor individual outdoor use by laying hens. 42nd ISAE Congress, Dublin, 5.–9.8.08, Wageningen Acad. Publ., 113

HÖRNING, B. (2008): Auswirkungen der Zucht auf das Verhalten von Nutztieren. Reihe Tierhaltung, Bd. 30, University of Kassel Press, Kassel, 192 S.

HÖRNING, B.; TREI, G.; SIMANTKE, C.; BUSSEMAS, R. (2004): Status-Quo der Ökologischen Geflügelproduktion in Deutschland - Struktur, Entwicklung, Probleme, politischer Handlungsbedarf. Schlussbericht Bundesprogramm Ökologischer Landbau (BLE), 226 S.

HÖRNING, B.; TREI, G.; LUDWIG, A.; DÜSING, S.; HACKENSCHMIDT, T.; KEPPLER, C. (2009): Tierschutzaspekte bei der Mast verschieden schnell wachsender Hühnerherkünfte. In: 14. Tagung DVG Fachgruppe Tierschutz, (26./27.2.09, Hochschule Nürtingen); DVG-Verl., Gießen, 132–141

LEE, Y. P.; CHEN, T. L. (2007): Daytime behavioural patterns of slow-growing chickens in deep-litter pens with perches. Brit. Poult. Sci. 48, 113–120

LEWIS, P. D.; PERRY, G. C.; FARMER, L. J.; PATTERSON, R. L. S. (1997): Responses of two genotypes of chicken to the diets and stocking densities of conventional UK and Label Rouge production systems. 1. Performance, behaviour and carcass composition. Meat Science 45, 501–516

MIRABITO, L.; LUBAC, S. (2001): Descriptive study of outdoor run occupation by 'Red Label' type chickens. Br. Poult. Sci. 42 (Suppl.), 16–17

NIELSEN, B. L. (2004): Breast blisters in groups of slow-growing broilers in relation to strain and the availability and use of perches. Br. Poult. Sci. 45, 306–315

NIELSEN, B. L.; THOMSEN, M. G.; SORENSEN, P.; YOUNG, J. F. (2003): Feed and strain effects on the use of outdoor areas by broilers. Br. Poult. Sci. 44, 161–169

NIELSEN, B. L.; KJAER, J. B.; FRIGGENS, N. C. (2004): Temporal changes in activity measured by passive infrared detection (PID) of broiler strains growing at different rates. Arch. Geflügelkd. 68, 106–110

Oester, H.; Wiedmer, H. (2005): Evaluation of elevated surfaces and perches for broilers. Animal Science Papers and Reports 23, Suppl. 1, 231–240

Reiter, K.; Kutritz, B. (2001): Das Verhalten und Beinschwächen von Broilern verschiedener Herkünfte. Arch. Geflügelkd. 65, 137–141

Rodenburg, T. B.; Coenen, E.; van Harn, J.; Lenskens, P.; Ruis, M. A. W. (2004): Behavioural activity of fast and slow growing broilers. Proc. 38th ISAE Cong. (03.-07.08.04, Helsinki, Finnland), Univ. Helsinki, 93

SCAHAW (2000): The welfare of chickens kept for meat production (broilers): Report of the Scientific Committee on Animal Health and Animal Welfare (SCAHAW) to the European Commission, Brüssel, 147 S.

Schmidt, E.; Bellof, G. (2008): Rationsgestaltung und Eignung unterschiedlicher Herkünfte für die ökologische Hähnchenmast. Schlussbericht, Forschungsprojekt Nr. 06OE151, Fachhochschule Weihenstephan, 72 S.

Weeks, C. A.; Butterworth, A. (Hgs) (2004): Measuring and auditing broiler welfare. CABI, Wallingford (UK), 336 S.

Wiers, W. J.; Kiezenbrink, M.; van Middelkoop, K. (2001): Slower growers are more active. World Poultry 17, 8, 28–29

Zupan, M.; Berk, J.; Wolf-Reuter, M.; Stuhec, I. (2005): Verhalten von Masthähnchen in drei verschiedenen Haltungssystemen. Landbauforschung Völkenrode 55, 2, 91–97

Danksagung

Ein Teil der Untersuchungen wurde im Rahmen des Bundesprogramms Ökologischer Landbau mit Unterstützung der Bundesanstalt für Landwirtschaft und Ernährung (BLE) durchgeführt. Wir danken Dr. Sabine Gebhardt-Henrich, Zentrum für tiergerechte Haltung: Geflügel und Kaninchen, Zollikofen, für Hilfestellung bei der Auswertung der Daten des Auslauferkennungssystems.

Bernhard Hörning, Gerriet Trei, Sophie Düsing, Anja Ludwig, Thomas Hackenschmidt
Fachhochschule Eberswalde, Fachgebiet Ökologische Tierhaltung, Friedrich-Ebert-Str. 28, 16225 Eberswalde

Testmethode für die Prüfung von Gruppenlegenestern auf Tiergerechtheit

Test method for assessing colony nests regarding animal welfare

Theres Buchwalder, Ernst K. F. Fröhlich

Zusammenfassung

Im Zusammenhang mit dem Bewilligungsverfahren wurde eine geeignete Methode für die praktische Prüfung von Gruppenlegenestern auf Tiergerechtheit erarbeitet und damit vier Praxisnester geprüft. In einem ersten Schritt entwickelten wir in zwei Experimenten ein Minimalnest, welches die minimalen Anforderungen der Tierschutzverordnung knapp erfüllte und von den Hennen einer oben offenen Einstreukiste als Legeort vorgezogen wurde. Dieses Minimalnest stellten wir in einem zweiten Schritt in drei Experimenten den zu prüfenden Praxisnestern gegenüber. Um ein Legenest bewilligen zu können, musste seine Akzeptanz bei den Legehennen besser oder gleich der vom Minimalnest sein. Die Experimente wurden mit neun resp. acht Gruppen à 20 LSL-Hennen durchgeführt und dauerten von der 18. bis zur 26./28. Alterswoche der Tiere. Die Hennen zogen eine offene Einstreukiste gegenüber dem Minimalnest 1 mit einer offenen Frontseite signifikant vor, während das Minimalnest 2 mit einer durch einen Kunststoffvorhang abgedeckten Frontseite der Einstreukiste gegenüber bevorzugt wurde. Ein Praxisnest wurde dem Minimalnest 2 gegenüber signifikant vorgezogen. Bei den anderen drei Praxisnestern konnte kein signifikanter Unterschied in der Präferenz der Legehennen festgestellt werden. Ein Angebot an Rückzugsmöglichkeiten scheint für die Tiere bei der Nestwahl entscheidend zu sein. In Bezug auf das Bewilligungsverfahren kann das bevorzugte Praxisnest mit großer Wahrscheinlichkeit definitiv bewilligt werden. Die anderen drei Nesttypen können aufgrund der Resultate unserer Untersuchung noch nicht abschließend beurteilt werden. Verhaltensbeobachtungen und Untersuchungen unter Praxisbedingungen sollen folgen und zur definitiven Beurteilung beigezogen werden.

Summary

The Swiss authorisation procedure asks for the assessment of the animal friendliness of housing systems and equipments for farm animals. For that purpose, an appropriate test method for group laying nests was developed and subsequently applied to assess the appropriateness of four commercial nests. In a first step containing two experiments we developed a “minimal” nest, which fulfilled the minimal requirements of the Swiss animal welfare regulations and which was preferred by the hens to an open area with wood shavings. In a second step containing three experiments this minimal nest was offered in combination with one of the commercial nests to be approved. To authorise a laying nest its acceptance by the hens must be better than or equal to the acceptance of the minimal nest. The experiments were carried out with nine or eight groups of 20 LSL-hens and lasted from the 18th to the 26th/28th week of age of the animals. The hens preferred an open litter box significantly to the minimal nest 1 with an open front side, while the minimal nest 2 which had a front side covered by a plastic curtain was significantly more attractive than the litter box. One of the commercial nests was significantly preferred to the minimal nest 2. Regarding the other three commercial nests no significant difference in the preference of the laying hens was found. The attribute of seclusion of a laying nest seems to be essential for the animals searching a nest site. With regard to the authorization procedure the preferred commercial nest is very likely to become definitively authorized. Due to the results of our investigation the other three types of nests cannot be assessed, yet. Behavioural observations and investigations in the practice are needed for final assessment.

1 Einleitung

Bodenhaltungssysteme für Legehennen sind in der Regel mit Gruppenlegenestern ausgestattet. Diese Nester sind 60 bis100 cm über dem Boden in Reihen an den Stallwänden oder im Volierenaufbau integriert angebracht und sind von den Hennen über einen Anflugrost oder Sitzstangen erreichbar. Meist sind es automatisierte Abrollnester von 50 bis 60 cm Breite und 100 bis 150 cm Länge, d. h. sie haben eine Grundfläche von 0,5 bis 0,8 m^2 und sind mit einer Kunstrasen- oder Gumminoppenmatte ausgelegt. Konventionelle Gruppenlegenester sind oben abgedeckt und auf drei Seiten geschlossen. An der Frontseite haben sie Kunststoffvorhänge, in dessen Mitte sich eine etwa 15 bis 25 cm breite Eingangsöffnung befindet. Gemäß schweizerischer Tierschutzverordnung (2008) muss pro 100 Legehennen mindestens 1 m^2 Nestfläche zur Verfügung stehen.

Trotz der relativ guten Akzeptanz der Gruppenlegenester durch die Hennen gibt es immer einen gewissen Prozentsatz an verlegten Eiern in der Einstreu. Dies kann daran liegen, dass eine Minderheit der Hennen eine Präferenz für die offene Einstreu als Legeort hat (Kruschwitz et al. 2008; Zupan et al. 2008) oder dass gewisse Hennen den angebotenen Nesttyp als nicht attraktiv genug betrachten (Cooper und Appleby 1996 a) und es mangels Alternativen vorziehen in die Einstreu zu legen. Diese letztgenannten Tiere zeigen meistens ein unruhigeres Legeverhalten und mehr Nestinspektionen als diejenigen Tiere, welche ins Nest legen. Unruhiges Legeverhalten, zusammen mit erhöhter Aktivität, wird als Indiz dafür gedeutet, dass die Hennen die angebotenen Nester als unbefriedigend ansehen (Cooper und Appleby 1996 b; Meijsser und Hughes 1989; Sherwin und Nicol 1993; Struelens et al. 2005; Zupan et al. 2008). Um eine gute Akzeptanz durch die Legehennen zu erreichen, müssen laut Tierschutzgesetz (TSchG, Art.5) Stalleinrichtungen, in diesem Fall serienmäßig hergestellte Nester für Legehennen, die angepriesen oder verkauft werden sollen, auf ihre Tiergerechtheit hin überprüft und bewilligt werden. Da am Zentrum für tiergerechte Haltung in Zollikofen (ZTHZ) mehrere Bewilligungsgesuche für Legenester vorlagen, sollte deren Attraktivität und Tiergerechtheit im Hinblick auf eine mögliche Bewilligungserteilung untersucht werden. Das Ziel dieser Untersuchung war es, eine geeignete Methode für die praktische Prüfung von Gruppenlegenestern auf Tiergerechtheit zu erarbeiten und anschließend die angemeldeten Nester zu prüfen.

Dazu sollte in einem ersten Schritt ein Minimalnest entwickelt werden, welches von den Hennen einem offenen Einstreubereich als Legeort vorgezogen wird und gemäß Artikel

66 Absatz 3 Ziffer b der TSchV (2008) folgende minimale Anforderungen knapp erfüllt: „Geschütztes und geeignetes Gruppennest mit Einstreu oder weicher Einlage wie Kunststoffrasen oder Gumminoppen". Zusätzliche, als attraktivitätssteigernd bekannte Nestkriterien (Appleby et al. 1988; Appleby und Smith 1991; Duncan und Kite 1989), wie ein Sichtschutz vor dem Nesteingang, manipulierbare Bodenstruktur und Böden mit einer geringen Neigung, sollten dabei möglichst weggelassen werden. D. h. dass das Minimalnest zwar Seitenwände und eine Decke aufwies, die Eintrittsöffnung aber offen blieb und der Boden aus einem Kunststoffrost bestand, dessen Struktur keine Manipulation mit dem Schnabel oder den Krallen zuließ. Verschiedene Prototypen von Minimalnestern sollten im Präferenztest einer offenen Einstreukiste mit derselben Bodenfläche gegenüber gestellt werden. Aufgrund der untersuchten Eiablageorte der Legehennen sollte dasjenige Modell als idealer Minimalnest-Prototyp ausgewählt werden, welches die Minimalanforderungen noch gerade erfüllt und trotzdem dem offenen Einstreubereich als Eiablageort vorgezogen wird. Dieses Minimalnest sollte in einem zweiten Schritt den zu prüfenden Praxisnestern mittels eines Präferenztests gegenübergestellt werden. Um ein Legenest bewilligen zu können, muss seine Akzeptanz bei den Legehennen besser oder gleich der vom Minimalnest sein und die Verlegerate der Eier muss kleiner als 5 % sein. Ein bestimmtes Nest wird gegenüber einem anderen Nest als attraktiver betrachtet, wenn eine höhere Anzahl Eier darin gelegt wird, wenn die Tiere weniger Nestbesuche im Verhältnis zu den gelegten Eiern ausführen und ein ruhigeres Verhalten zeigen. Stellt sich ein Prüfnest als weniger attraktiv als das Minimalnest heraus, d. h. die Tiere ziehen das Minimalnest dem zu testenden Nest vor, zeigen mehr Nestinspektionen und ein unruhigeres Verhalten und die Verlegerate ist höher als 5 %, gilt dieses als nicht tiergerecht im Sinne der TSchV und das Bewilligungsgesuch muss abgelehnt werden.

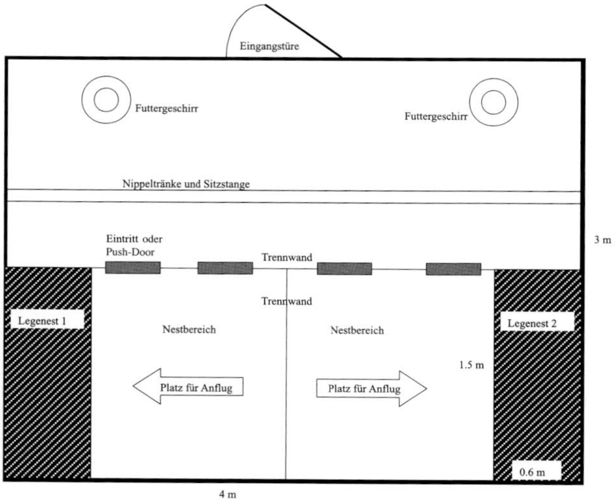

Abb. 1: Aufsicht eines Testgeheges
Plan of a test pen

2 Methoden

2.1 Tiere und Haltungsbedingungen

Die Experimente wurden mit dem weißen Legehennenhybrid LSL durchgeführt. Die Tiere wurden als Eintagesküken bezogen und auf unserem Versuchsbetrieb in Gruppen von 180/160 Tieren aufgezogen. Während dieser Zeit wurde die tägliche Lichtdauer sukzessiv von 24 auf 9 Stunden pro Tag reduziert. Die Stalltemperatur wurde während der Aufzucht von anfänglich 33 auf ca. 15 °C gesenkt. Im Alter von 17 Wochen, bevor die Hennen mit Legen begannen, wurden neun resp. acht Legehennengruppen à 20 Hennen in einem 3 x 4 m großen Abteil im Prüfstall des ZTHZ's eingestallt (Abb. 1). Die Abteile waren mit Nippeltränken (sechs

Nippel pro Abteil), Futterautomaten (35 cm Durchmesser), Sitzstangen (4 m) und je nach Untersuchungsphase mit einem Kunststofffrostboden oder mit Einstreu aus Hobelspänen ausgestattet. Die durchschnittliche Stalltemperatur betrug 17 °C (Min. 13 °C, Max. 20 °C). Die Tiere wurden ausschließlich unter künstlicher Beleuchtung gehalten, welche eine Lichtintensität von ca. 10 lx auf Tierhöhe lieferte. Entsprechend dem in der kommerziellen Legehennenhaltung üblichen Lichtprogramm wurde die Tageslänge von acht Stunden in der 17. Lebenswoche auf 14 Stunden ab der 22. Lebenswoche schrittweise erhöht (mit einer Dämmerungsphase von 15 Minuten am Anfang und Ende des Tages).

2.2 Versuchsdesign und Datenaufnahme

Die Untersuchung umfasst zwei Teile, die Entwicklungsphase des Minimalnestes und die Prüfphase der Praxisnester. In der Entwicklungsphase wurden zwei Experimente durchgeführt, in der Prüfphase drei. Der Aufbau aller Experimente war sehr ähnlich. Je Experiment wurden pro Abteil zwei verschiedene Legenester im Präferenztest angeboten. Die beiden Nester wurden zufällig auf die zwei dafür vorgesehenen Ecken des Geheges (Abb. 1) verteilt.

In der Entwicklungsphase wurde einer offenen Einstreukiste ein Minimalnest gegenübergestellt. Die Einstreukiste war aus Holz, 40 x 80 cm groß, mit einem 16 cm hohen Rand, einem 22 cm breiten Anflugrost aus Kunststoff, war etwa 5 cm dick mit Hobelspänen eingestreut und befand sich 70 cm über dem Boden. Das ebenfalls hölzerne Minimalnest besaß einen um 10 % nach hinten geneigten Boden derselben Fläche aus hartem Kunststoff, war ebenfalls 70 cm über dem Stallboden angebracht und für die Hennen über einen identischen Anflugrost erreichbar. Es wies Seitenwände und eine Decke auf, die Frontseite

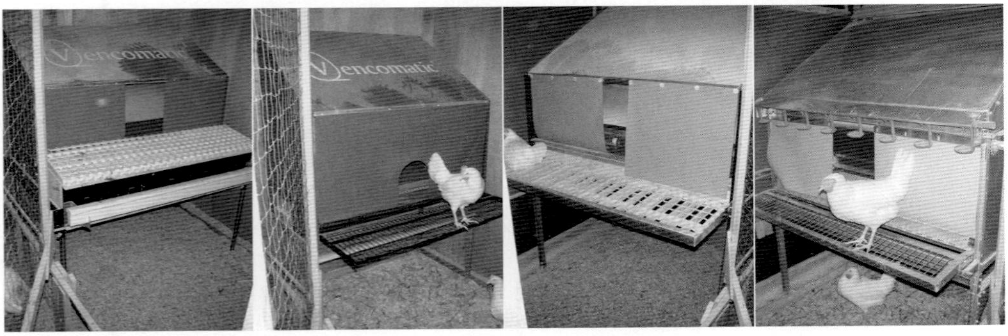

Abb. 2: Die vier geprüften Gruppennester: „Vencomatic" der Firma Rihs Agro (49 x 110 cm, Gumminoppenmatte, 10,2 % Bodenneigung nach vorne), „Optima" der Firma Rihs Agro (57 x 110 cm, Gumminoppenmatte, geteilter Boden, 11,4 % Bodenneigung zur Mitte), „Colony 2+" der Firma Inauen (46 x 119 cm, Astroturfmatte, 18,5 % Bodenneigung nach hinten), Gruppennest der Firma Salmet (44 x 120 cm, Astroturfmatte, 9 % Bodenneigung nach hinten)

The four tested group laying nests: „Vencomatic" of the Rihs Agro company (49 x 110 cm, mat of rubber pimples, 10.2 % floor slope toward the front), „Optima" of the Rihs Agro company (57 x 110 cm, mat of rubber pimples, devided floor, 11,4 % floor slope toward the centre), „Colony 2+" of the Inauen company (46 x 119 cm, mat of astroturf, 18.5 % floor slope toward the back), nest of the Salmet company (44 x 120 cm, mat of astroturf, 9 % floor slope toward the back)

blieb aber im ersten Experiment offen (Minimalnest 1). Im zweiten Experiment wurde die Frontseite durch einen roten Kunststoffvorhang mit einer 22 cm breiten Öffnung abgedeckt (Minimalnest 2). Pro Experiment wurden in allen neun Abteilen dieselben beiden Nester angeboten. Der Boden der Abteile war mit einem Kunststoffrost ausgelegt und somit ohne Einstreubereich.

In der Prüfphase wurden folgende Praxisnester untersucht: „Vencomatic" der Firma Rihs Agro, „Optima" der Firma Rihs Agro, „Colony 2+" der Firma Inauen und Gruppennest der Firma Salmet. In jeweils vier Abteilen wurde dem entwickelten Minimalnest (Minimalnest 2) das eine Praxisnest und in den anderen vier Abteilen das andere Praxisnest gegenübergestellt, wobei dieselben Gegenüberstellungen z.T. wiederholt wurden. Die Abteile waren mit Hobelspänen eingestreut.

In beiden Untersuchungsteilen wurden die Eier ab Legebeginn bis zur 26. Lebenswoche (Entwicklungsphase) resp. 28. Lebenswoche (Prüfphase) der Hennen täglich, jeweils am Nachmittag, ausgenommen und die Orte der Eiablage wurden festgehalten, wobei zwischen den beiden Nestern und dem Gehegeboden unterschieden wurde. Zusätzlich zu den Eierdaten wurde in der Prüfphase in der 28. Lebenswoche der Hennen mithilfe von Videoaufnahmen das Verhalten der Tiere im Nestbereich während der ersten vier Stunden nach Tagesbeginn, in der Phase, in der die meisten Eier gelegt wurden, erfasst. Die entsprechenden Daten werden in diesem Manuskript jedoch nicht vorgestellt. Nach jedem Experiment wurden die Tiere ausgestallt und verkauft und für das nächste Experiment durch naive Tiere ersetzt.

2.3 Datenanalyse

Die Legeorte wurden ab der 21. Alterswoche der Tiere in Bezug auf den prozentualen Anteil der Eier pro Gehege und Tag mit einer ANOVA mit Messwiederholungen (Siegel und Castellan 1988) miteinander verglichen. Die Testgruppe war für alle Parameter die statistische Einheit. Das statistische Signifikanzniveau wurde auf 5 % festgelegt.

3 Resultate

Die Hennen begannen in der 18. oder 19. Lebenswoche mit Legen. Die Legeleistung der Tiere war in allen fünf Experimenten ähnlich hoch. In der 21. Alterswoche betrug sie 44 % bis 57 %, und in der 25. Alterswoche bereits 93 % bis 97 %. Der Anteil an Bodeneiern lag in den zwei Experimenten der Entwicklungsphase und in den ersten beiden Experimenten der Prüfphase zwischen 1,7% und 5,1%. Im dritten Experiment der Prüfphase lag die Verlegerate mit 16,4 % etwas höher. Aufgrund der niedrigen Anzahl Bodeneiern im Vergleich zu der Anzahl Nesteiern wurden nur die zwei Legenester als Legeorte in die Analyse mit einbezogen.

Die offene Einstreukiste wurde dem Minimalnest 1 mit der offenen Front signifikant vorgezogen (59 % zu 36 %, $N = 9$, $F = 37{,}5$, $p < 0{,}001$). In das Minimalnest 2 mit dem Kunststoffvorhang an der Frontseite wurden jedoch signifikant mehr Eier gelegt, als in die Einstreukiste (86 % zu 12 %, $N = 9$, $F = 41{,}5$, $p < 0{,}001$). In der Prüfphase wurde das Vencomaticnest gegenüber dem Minimalnest 2 signifikant vorgezogen (78 % zu 17 %, $N = 4$, $F = 39{,}9$, $p < 0{,}01$) (Abb. 2). Bei den anderen drei Praxisnestern konnte kein signifikanter

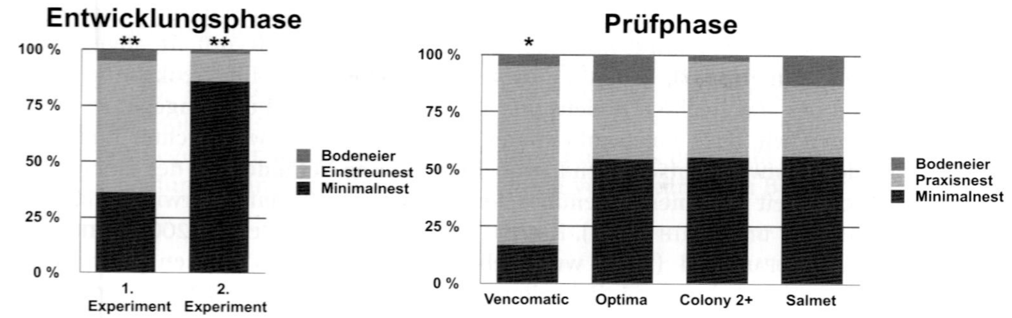

Abb. 3: Prozentualer Anteil Eier pro Legeort; die Unterschiede beziehen sich auf die Differenz zwischen dem Minimalnest und dem Testnest (* p < 0,01, ** p < 0,001)
Percentage of eggs per laying place; the differences between the minimal nest and the test nest were analysed (* p < 0.01, ** p < 0.001).

Unterschied in der Präferenz der Legehennen festgestellt werden, das Minimalnest 2 wurde jedoch dem Salmetnest als Legeort tendenziell vorgezogen (Optima-Minimalnest: 33 % zu 55 %, N = 4, F = 1,4, NS; Colony2+-Minimalnest: 42 % zu 56 %, N = 8, F = 1,1, NS; Salmet-Minimalnest: 31 % zu 56 %, N = 8, F = 4,9, p = 0,06) (Abb 3).

4 Diskussion

Die Legehennen begannen im erwarteten Alter mit Legen und zeigten in allen fünf Experimenten eine Legeleistung, welche mit den Legeleistungen von LSL-Hennen in Praxisställen vergleichbar ist. Außer im 5. Experiment war die Verlegerate gering und entsprach jener von Tieren unter Praxisbedingungen. Die höhere Verlegerate im 5. Experiment erklären wir uns durch den starken Befall der Tiere durch Vogelmilben. Die Milben bevorzugen dunkle Aufenthaltsorte und halten sich deshalb oft in den Legenestern auf, um die Tiere beim Legen zu befallen. Um den Milben auszuweichen bevorzugten die Tiere öfter die Einstreu am Boden als Legeort.

Die Hennen legten ihre Eier lieber in die offene Einstreukiste als in das Minimalnest 1-Prototypen. Die Einstreukiste war rundherum mit einem 16 cm hohen Rand ausgestattet, während das Minimalnest 1 gegen oben und gegen drei Seiten hin geschlossen war, nach der Frontseite hin aber keine Abgrenzung bot. Zusätzlich war der Boden der Einstreukiste waagrecht und nicht geneigt wie der Boden des Minimalnestes und er war mit Hobelspänen eingestreut, wogegen der Boden des Minimalnestes aus hartem Kunststoff bestand. Aufgrund des Sichtschutzes vor potenziellen Luftfeinden würde man erwarten, dass Hennen ein nach oben hin geschlossenes Nest einem Nest ohne Decke vorziehen. Aus evolutiver Sicht macht es für die Hennen jedoch auch Sinn einen Legeort mit waagrechtem Untergrund einem Legeort mit geneigtem Untergrund vorzuziehen, damit das Ei nicht abrollt und für die Henne nicht verloren ist. APPLEBY und MCRAE (1986), APPLEBY et al. (1988) und HUBER et al. (1985) konnten zudem zeigen, dass Legehennen Nester bevorzugen, deren Boden mit manipulierbarem Substrat ausgestattet war. Obwohl die Einstreukiste gegen

Wahlversuch zur Präferenz unterschiedlicher Staubbadesubstrate für Legehennen

Preference test on different dustbathing substrates for laying hens

BRITTA SCHOLZ, STEFANIE URSELMANS, JOERGEN KJAER, LARS SCHRADER

Zusammenfassung

Gegenwärtig wird in der Kleingruppenhaltung für Legehennen überwiegend herkömmliches Legemehl als Einstreu auf Astroturfmatten angeboten. In dieser experimentellen Studie wurde untersucht, in welchem Ausmaß Legemehl als Substrat zum Staubbaden genutzt wird, wenn gleichzeitig nicht-nutritive Substrate zur Verfügung stehen und ob sich die durchschnittliche Staubbadedauer in den unterschiedlichen Einstreuarten unterscheidet. In zwei Durchgängen wurden jeweils 72 gegenüber Einstreu naive Legehennen zweier Legelinien (LSL, LB) in zwölf Abteilen zu je sechs Hennen eingestallt. Jedes Abteil (2 x 3 m) war mit Kunststoffgitterboden, Legenest und Sitzstange ausgestattet, sowie mit vier verschiedenen, visuell voneinander getrennten Einstreubuchten (jeweils 1 000 cm^2/Henne). Diese enthielten in randomisierter Reihenfolge herkömmliches Legemehl (LM), Lignozellulose (L), Holzspäne (H) oder eine Astroturfmatte (A) ohne Einstreu. Nach dreiwöchiger Eingewöhnungsphase wurden in den Lebenswochen 21, 24 und 27 jeweils über zwei Tage in der Hellphase Videoaufzeichnungen durchgeführt. Protokolliert wurde die Anzahl an Hennen, die in den verschiedenen Einstreubuchten Staubbadeverhalten sowie Nahrungssuche (Scharren, Picken) zeigte. Zusätzlich wurde die Länge der Staubbadevorgänge erfasst. Die statistische Auswertung erfolgte mittels SAS (Version 9.1). Die Einstreusubstrate unterschieden sich hinsichtlich der Staubbadehäufigkeiten signifikant voneinander. Im Vergleich zu LM staubbadeten die Hennen in L ($p < 0,001$) und H ($p < 0,01$) signifikant häufiger. Am wenigsten wurde A zum Staubbaden genutzt. Die Zeiträume der einzelnen Staubbadeereignisse hingegen waren in LM länger im Vergleich zu L ($p < 0,001$) und H ($p < 0,05$) (LSL). Zur Nahrungssuche bevorzugten die Hennen LM signifikant gegenüber L ($p < 0,001$), H ($p < 0,001$) und A ($p < 0,001$). Ein signifikanter Einfluss des Durchgangs und der Legelinie konnte mit Ausnahme für die Staubbadedauer (Legelinie $p < 0,05$) nicht beobachtet werden. Die Ergebnisse weisen darauf hin, dass Legehennen zum Staubbaden kein LM bevorzugen, wenn alternative Substrate zur Verfügung stehen. Dies könnte möglicherweise auf den im Vergleich zu L und H höheren Fettgehalt in LM zurückzuführen sein, der das Entfernen von Lipiden aus dem Gefieder beim Staubbaden beeinflusst haben könnte. In weiterführenden Studien soll untersucht werden, welche wesentlichen Eigenschaften ein Einstreusubstrat für Legehennen aufweisen muss, um insbesondere zum Staubbaden geeignet zu sein.

Summary

Presently, food particles are widely used as litter material in furnished cages and small group systems and they are typically offered in small amounts on Astroturf mats up to a few times per day. In the present study, we compared layers' general preference for food and three other (non-nutritive) substrates for dustbathing and foraging. In each of two identical trials, 72 laying hens (LSL, LB) were kept in twelve compartments with six hens each. Each compartment (2 x 3 m) was equipped with plastic grid floor and additionally contained four different litter trays (1 000 cm^2/hen each), which were separated by solid side walls and randomly allocated in parallel position. Litter trays contained food particles (LM), lignocellulose (L, soft wood fibre, pelleted), wood shavings (H) and Astroturf mat without litter (A). After a habituation period of three weeks, video observations were conducted during light period in weeks 21, 24 and 27 over two days each and the number and duration of dustbaths and frequency of foraging behaviour was recorded. Statistical analysis was conducted using SAS (version 9.1). Dustbathing frequencies and durations significantly differed among the four different substrates. Least dustbaths were observed on A and in comparison to LM, hens dustbathed significantly more often in L ($p < 0.001$) and H ($p < 0.01$). Durations of dustbaths, however, were significantly longer in LM compared to L ($p < 0.001$) and H ($p < 0.05$) in LSL hens. Highest frequencies of foraging behaviour were found in LM and differences to L, H and A were significant ($p < 0.001$). No effect of trial and layer line, except for duration of dustbath (layer line $p < 0.05$), was observed. Laying hens did not prefer LM for dustbathing when alternative substrates were available. This might be related to the fat content of LM, which was higher compared to L and H, and which might have inhibited lipid removal from layers' plumage. Further studies will focus on key features of a litter substrate, which are mandatory to trigger dustbathing behaviour in laying hens.

1 Einleitung

Durch die Umsetzung der EU-Richtlinie 1999/74/EG in nationales Recht müssen ab Januar 2009 sowohl alternative Haltungsformen als auch Kleingruppenhaltungen einen „Einstreubereich, der mit geeignetem Einstreumaterial von lockerer Struktur und in ausreichender Menge ausgestattet ist, das allen Hennen ermöglicht, ihre artgemäßen Bedürfnisse, insbesondere Picken, Scharren und Staubbaden, zu befriedigen" aufweisen (§ 13 (5), Nr. 5, TierSchNutztV, 2006). Da ab 2012 EU-weit ähnliche Anforderungen an alle Haltungsformen für Legehennen gelten, stellt sich die Frage, welche Art des Einstreumaterials tatsächlich „geeignet" ist, den verschiedenen, in der Verordnung genannten Verhaltensansprüchen der Hennen zu entsprechen. Gegenwärtig wird in Kleingruppenhaltungen in erster Linie herkömmliches Legemehl in kleinen Portionen ein- bis mehrfach täglich automatisch als Einstreumaterial zum Staubbaden auf Astroturfmatten angeboten, da Futterkette und Zuleitungsrohr für die Befüllung des Einstreubereiches technisch gekoppelt sind. In alternativen Haltungssystemen werden hingegen in erster Linie Holzspäne oder ähnliche Materialen als Einstreu angeboten und Legemehl wird den Hennen ausschließlich als Nahrungsquelle verabreicht. In verschiedenen Wahlversuchen zur Einstreupräferenz wurde festgestellt, dass Hennen zum Staubbaden entweder Sand (Sanotra et al. 1995; Van Liere et al. 1990) oder Sägemehl (Wall et al. 2008) bevorzugen würden, wobei die Anwendung von feinen Holzspänen in der Kleingruppenhaltung möglicherweise zu einer höheren Staubbelastung führen könnte und Sand zusätzlich aufgrund des verursachten mechanischen Abriebs und des vergleichsweise hohen Gewichts nicht für eine Anwendung in der Kleingruppenhaltung in Frage kommt.

Vor diesem Hintergrund wurde anhand eines Wahlversuchs erstmalig geprüft, ob und in welchem Umfang Legehennen herkömmliches Legemehl sowohl als Substrat zum Staubbaden als auch zur Nahrungssuche (Scharren, Picken) annehmen, wenn ihnen zeitgleich verschiedene, nicht-nutritive Substrate zur Verfügung gestellt werden. Darüber hinaus sollte der Einfluss des Substrats auf die durchschnittliche Staubbadedauer getestet werden. Das Ziel der Untersuchung war es, festzustellen, ob das gegenwärtig in Kleingruppenhaltungen angebotene Legemehl grundsätzlich, d. h. zunächst unabhängig von der angebotenen Menge, ein geeignetes Substrat zum Staubbaden und zum Scharren/Picken darstellt. Aufgrund der feinen Struktur von Legemehl wurde die Hypothese aufgestellt, dass Hennen möglicherweise Legemehl sowohl zum Staubbaden als auch zur Nahrungssuche (Scharren/Picken) bevorzugen.

2 Material und Methode

2.1 Versuchsdesign

In zwei identischen Durchgängen wurden jeweils über zehn Wochen 72 Legehennen (36 Lohmann Selected Leghorn (LSL), 36 Lohmann Brown (LB)) in zwölf Abteilen (2 x 3 m) eingestallt. Jedes Abteil (abwechselnd sechs Hennen einer Legelinie) war mit einem Kunststoffgitterboden ausgestattet und enthielt zusätzlich vier nebeneinander liegende Einstreubuchten, die blickdicht voneinander getrennt waren (1 000 cm^2/Henne). Die Einstreubuchten wurden in jedem Abteil randomisiert mit Legemehl (LM), Holzspänen (H), einer Astroturfmatte ohne Einstreu (A) und Lignozellulose (L) (SoftCell®, Agromed Austria GmbH, Kremsmünster, Österreich) befüllt. Die Einstreu wurde während beider Durchgänge gleichmäßig innerhalb jeder Einstreubucht verteilt (Einstreuhöhe 15 mm) und durch Scharren oder Fressen der Hennen verloren gegangene Einstreu wurde täglich ersetzt. Verunreinigte Einstreu wurde nicht entfernt und die Astroturfmatten wurden innerhalb eines Durchgangs nicht gereinigt. Mithilfe eines Partikelsiebs (DIN 4188) wurden die verschiedenen Fraktionen der Partikelgrößen von LM, L und H zu vier Zeitpunkten innerhalb des zweiten Durchgangs bestimmt. Die gemittelten Werte sind in Abbildung 1 dargestellt. LM entsprach einem herkömmlichen Legemehl (11,3 ME, 3,0 % Rfe, 15,3 % Rp, 3,7 % Ca), welches den Hennen zeitgleich ad libitum in jedem Abteil an einem Rundtrog angeboten wurde. Bei L handelte es sich um ein neuartiges Substrat, welches aus Lignin, Hemizellulose und Zellulose besteht und gegenwärtig auch als Einstreu in der Broiler- und Putenmast eingesetzt wird. Für H wurden Späne aus Weichholz verwendet. Zu Beginn eines jeden Durchgangs wurde die Einstreumenge innerhalb einer jeden Staubbadebucht gewogen und aufgefüllte Mengen wurden täglich protokolliert. Darüber hinaus wurde der Futterverbrauch über den Trog einmal wöchentlich bestimmt. Neben den Einstreubuchten war jedes Abteil mit einer Sitzstange, einem eingestreuten Legenest sowie einer Rundtränke ausgestattet.

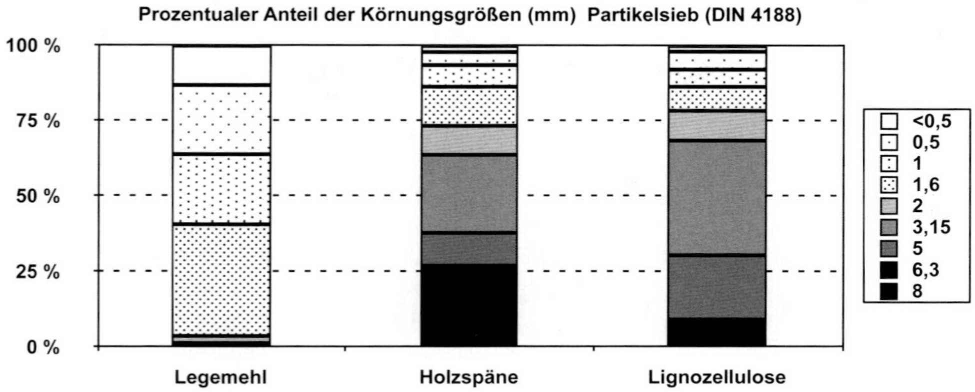

Abb. 1: Partikelfraktionen (Körnungsgrößen in %) von Lignozellulose, Holzspänen und Legemehl (n = 39)
Particle size proportions (%) of lignocellulose, wood shavings and food particles (n = 39)

Die Aufzucht der Hennen erfolgte ohne Zugang zu Einstreu auf Gitterboden. Während der Aufzucht wurden die Tiere mit Pellets gefüttert, die sich in Form und Struktur von dem im Versuch eingesetzten LM unterschied. Die Hennen wurden im Alter von 18 Wochen in den Versuchsstall verbracht. Jede Henne wurde individuell anhand einer Rückennummer gekennzeichnet.

2.2 Verhaltensbeobachtungen

In beiden Durchgängen wurden jeweils zwei Videokameras pro Abteil in einer Höhe von etwa 2 m installiert. Im Anschluss an eine dreiwöchige Habituationsphase der Hennen wurden drei Videobeobachtungen in den Lebenswochen 21, 24 und 27 über jeweils zwei Tage während der Lichtphase durchgeführt (5:30 bis 17:00 Uhr in Woche 21, 4:00 bis 17:00 Uhr in Woche 24 und 2:45 bis 17:00 Uhr in Woche 27). Während dieser Zeitintervalle wurde die Anzahl an Staubbädern, die Frequenz von Nahrungssuchverhalten (Scharren, Picken) und die Dauer der Staubbadevorgänge in den verschiedenen Staubbadebuchten mithilfe der Software „Observer" (Version 5.0, 2003) bestimmt. Während Daten zum Staubbadeverhalten kontinuierlich während des genannten

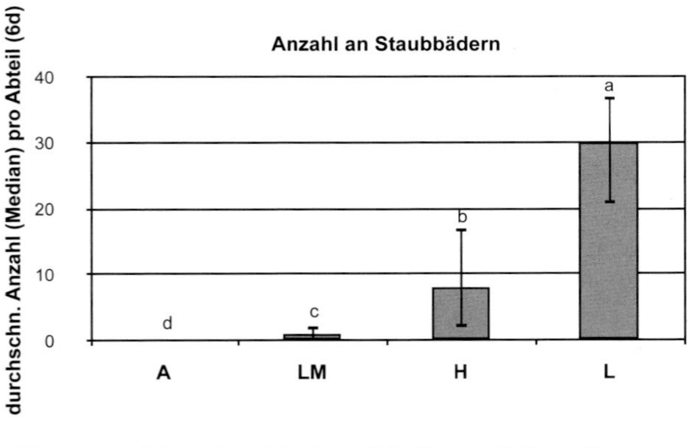

Abb. 2: Anzahl an Staubbädern (Median und Quartile) während der sechs Beobachtungstage (n = 96) (LSL und LB Hennen, beide Durchgänge) und signifikante Unterschiede ($p < 0,05$) zwischen den verschiedenen Substraten; A: Astroturf, LM: Legemehl, H: Holzspäne, L: Lignozellulose
Frequency (median, quartiles) of dustbaths during six observation days and significant differences ($p < 0.05$) between the four different trays (n = 96) (LSL and LB hens, both trials); A: Astroturf, LM: food particles, H: wood shavings, L: lignocellulose

Zeitraumes erhoben wurden, wurde die Anzahl an Hennen, die Nahrungssuchverhalten zeigte, jeweils stündlich erfasst. Als Beginn eines Staubbadevorgangs wurde das Auftreten von vertikalem Flügelschlagen definiert. Das Ende eines Staubbades war durch finales Körperschütteln der Henne (auch außerhalb der entsprechenden Staubbadebucht) charakterisiert. Einem Staubbad wurde maximal eine Pause von zehn Minuten, in dem die Henne keine Staubbadeverhaltensweisen zeigte, hinzugerechnet.

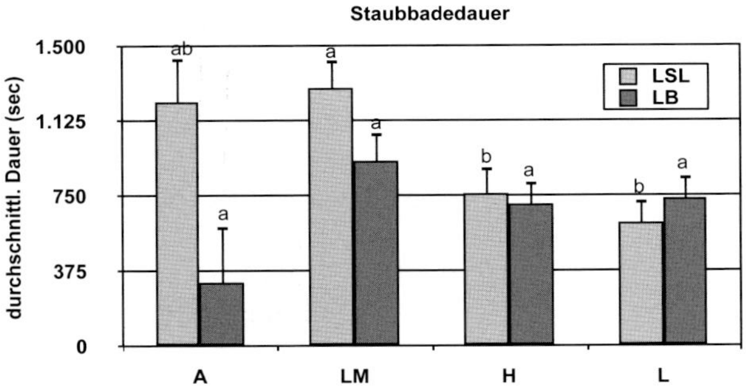

Abb. 3: Staubbadedauern (LS-Mittelwerte und deren Standardfehler) der beiden Legelinien (LSL, LB) und signifikante Unterschiede ($p < 0,05$) zwischen den vier verschiedenen Substraten (n= 96, beide Durchgänge); A: Astroturf, LM: Legemehl, H: Holzspäne, L: Lignozellulose

Duration of dustbaths (Least Square Means (LSM) and their standard errors) of both layer lines (LSL, LB) and significant differences ($p < 0.05$) between the four different substrates (n = 96, both trials); A: Astroturf, LM: food particles, H: wood shavings, L: lignocellulose

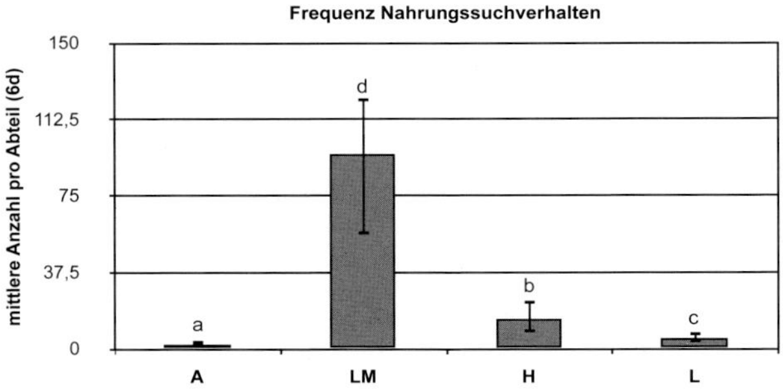

Abb. 4: Häufigkeit des Nahrungssuchverhaltens (Median und Quartile) in den vier verschiedenen Einstreusubstraten während der sechs Beobachtungstage (n = 96) (LSL und LB Hennen, beide Durchgänge); A: Astroturf, LM: Legemehl, H: Holzspäne, L: Lignozellulose

Frequency of foraging behaviour (median and quartiles) during six observation days in the four different trays (n = 96) (LSL and LB hens, both trials); A: Astroturf, LM: food particles, H: wood shavings, L: lignocellulose

2.3 Statistische Auswertung

Die statistische Auswertung erfolgte mittels SAS (Version 9.1). Die Daten wurden zunächst auf Normalverteilung getestet. Für normal verteilte Daten wurden LS Means und Standardfehler anhand eines allgemeinen linearen Modells (GLM) berechnet. Dabei wurden die fixen Effekte Legelinie, Durchgang und Substrat sowie die Interaktion Legelinie*Substrat in das Modell einbezogen, wenn ein signifikanter Einfluss festgestellt wurde. Für nicht normal verteilte Daten wurden der Median sowie die Quartile berechnet. Die Daten wurden mithilfe des Kruskal-Wallis-Tests auf Signifikanz überprüft. Anschließend wurde der Wilcoxon-Two-Sample-Test angewandt, um jeweils zwischen zwei Substraten signifikante Unterschiede zu testen.

3 Ergebnisse

Die höchste Frequenz an Staubbädern wurde in L beobachtet, gefolgt von H, A und LM mit jeweils signifikanten Unterschieden zwischen den verschiedenen Substraten (Abb. 2). Ein Effekt von Legelinie und Durchgang konnte nicht festgestellt werden. Obwohl LM als Staubbadesubstrat am wenigsten genutzt wurde, konnten für beide Legelinien die längsten Staubbadevorgänge in LM verzeichnet werden (Abb. 3). Bei den LSL Hennen erwiesen sich die Unterschiede zwischen LM und L sowie LM und H als signifikant. Keine Unterschiede in der Dauer eines Staubbades konnte zwischen LM und A sowie A, L und H beobachtet werden. Bei den LB Hennen unterschieden sich die durchschnittlichen Dauern der Staubbadevorgänge statistisch nicht signifikant.

Nahrungssuchverhalten wurde am häufigsten in LM, gefolgt von H, L und A beobachtet, wobei sich alle Substrate signifikant voneinander unterschieden (Abb. 4). Ein Einfluss von Legelinie und Durchgang wurde nicht festgestellt.

4 Diskussion

Die Ergebnisse dieser Studie haben gezeigt, dass Legehennen zum Staubbaden kein Legemehl bevorzugen, wenn zeitgleich andere, nicht-nutritive Substrate zur Verfügung stehen. Die Hypothese, dass LM aufgrund seiner feinen, annähernd sandähnlichen Struktur von den Hennen sowohl zur Nahrungssuche als auch gleichzeitig zum Staubbaden angenommen werden könnte, wurde somit nicht bestätigt. Ein Grund für die geringe Akzeptanz von LM als Staubbadesubstrat könnte der vergleichsweise hohe Fettgehalt von LM (4,2 %) im Vergleich zu L (< 0,5 %) und H (< 0,5 %) sein. Van Liere et al. (1990) zeigten, dass Staubbadeverhalten einerseits der Entfettung des Gefieders dienen und darüber hinaus auch eine wichtige Rolle für die Aufrechterhaltung des Gefiederzustandes spielen dürfte (Van Liere und Bokma 1987). Das in dieser Studie eingesetzte LM könnte eine Entfettung des Gefieders beim Staubbaden möglicherweise verhindern, bzw. sogar zu einem weiteren Fetteintrag ins Gefieder geführt haben. Insbesondere die feinkörnige Struktur des LM wird beim Staubbaden in Kontakt mit der Hautoberfläche der Henne gekommen sein, was zu einem maximalen Eintrag von Futterlipiden in das Gefieder geführt haben könnte. Um diese Vermutung zu verifizieren, sollte in weiterführenden Studien der Fettgehalt des Gefieders vor und nach einem Staubbad in Futterpartikeln analysiert werden. In verschiedenen Studien wurde gezeigt, dass Hennen zum Staubbaden insbesondere Substrate mit einer feinen Struktur, wie z.B. Sand oder Torf, bevorzugen (Olsson et al. 2005). Obwohl LM die größte Fraktion mit feinkörnigen Partikeln im Vergleich zu den übrigen Substraten aufwies, schien die Bedeutung der Körnungsgröße bei LM nicht im Vordergrund zu stehen. L hingegen wurde von den Hennen signifikant gegenüber H zum Staubbaden bevorzugt, was möglicherweise an der vergleichsweise höheren Fraktion an feinkörnigeren Partikeln (3,15 mm und kleiner) lag, die bei L durch mechanische Bearbeitung des Substrates durch die Hennen entstand. H wies im Vergleich zu L einen höheren Anteil von gröberen Partikeln auf (6,3 mm und größer). Petherick und Duncan (1989) beobachteten hingegen, dass Hennen Torf gegenüber feinkörnigerem Sand zum Staubbaden bevorzugten, sodass die Autoren weitere Faktoren, wie z.B. geringe Dichte und geringes Gewicht, einen hohen Anteil an organischer Substanz oder Bröckeligkeit/Zerreibbarkeit der Einstreu in Erwägung zogen, die möglicherweise ebenfalls einen Einfluss auf das Staubbadeverhalten haben könnten. Die in dieser Studie von den Hennen zum Staubbaden bevorzugte L weist zwar eine höhere Zerreibbarkeit und ein gegenüber LM leichteres Gewicht auf, im Vergleich zu H ist die Partikeldichte jedoch höher.

Obwohl LM von den Hennen nicht zum Staubbaden bevorzugt wurde, wurden in diesem Substrat bei beiden Legelinien die längsten durchschnittlichen Staubbadedauern beobachtet. Dies könnte möglicherweise auf vergebliche Versuche der Hennen, eine Entfettung des Gefieders zu bewirken, zurückzuführen sein, was in LM aufgrund des Fettgehaltes sehr erschwert bzw. sogar vollständig unmöglich gewesen sein könnte. L könnte aufgrund seiner Struktur (hoher Grad an Bröckeligkeit, hoher Anteil an feinen Partikeln) sehr effizient gewesen sein, eine Lipidhomöostase herzustellen, was möglicherweise eine Erklärung für die sehr kurzen Staubbadedauern in L, insbesondere bei den LSL Hennen, sein könnte. Die in der Literatur beschriebenen durchschnittlichen Staubbadedauern von Hennen in verschiedenen Substraten sind sehr uneinheitlich. De Jong und Fillerup (LayWel 2004) konnten keinen Unterschied in der durchschnittlichen Dauer eines Staubbades in Torf, Sand und Holzspänen feststellen, während Petherick und Duncan (1989) längere durchschnittliche Staubbadedauern in Torf im Vergleich zu Sand, Sägespänen und Holzspänen beobachtete. In der vorliegenden Studie wurden die längsten Staubbadedauern in dem am wenigsten bevorzugten LM und die kürzesten Staubbäder in der am meisten bevorzugten L ausgeführt (mit Ausnahme von A). Merril und Nicol (2005) beobachteten längere Staubbadedauern in Einstreu im Vergleich zu einer Gummimatte, was durch die Ergebnisse unserer Studie hinsichtlich der kurzen Staubbäder der LB Hennen auf der Astroturfmatte bestätigt würde. Hingegen sind die langen Staubbadedauern der LSL Hennen auf A nur schwer erklärbar.

Zum Nahrungssuchverhalten (Scharren, Picken) wurde LM, wie erwartet, signifikant im Vergleich zu allen übrigen Substraten bevorzugt. Dieses Ergebnis unterstützt die Resultate einer Studie von Schütz und Jensen (2001). Die Autoren boten sowohl Roten Kammhühnern als auch modernen, auf hohe Legeleistung gezüchteten Hybriden, zeitgleich ad libitum Futterpartikel und eine Mischung aus Futterpartikeln und Holzspänen an und beobachteten, dass die Roten Kammhühner die Mischung zur Nahrungssuche bevorzugten, während die modernen Legehybriden meist die reine Futterpartikelquelle auswählten. Die Autoren vermuteten, dass moderne Legehybride möglichst wenig Energie zur Nahrungssuche aufwenden, da diese für die Beibehaltung der hohen Legeleistung erforderlich ist, während das keiner künstlichen Selektion ausgesetzte Rote Kammhuhn energetische Kosten für eine Nahrungssuche in Kauf nimmt, um hierdurch Informationen aus dem Lebensraum sammeln zu können. Die in der vorliegenden Studie verwendeten LSL und LB Hennen sind ebenfalls auf hohe Produktivität hin selektiert, was möglicherweise zu einer Bevorzugung des reinen LM zur Nahrungssuche geführt haben könnte. Ein Grund für die Präferenz von L gegenüber H für die Nahrungssuche könnte möglicherweise darin liegen, dass Hennen zur Nahrungssuche und zum Staubbaden grundsätzlich verschiedene Substrate bzw. Ressourcen bevorzugen, unabhängig von dem nutritiven Charakter eines Substrates. Um diese Aussage zu validieren, sind weitere Auswertungen auf Einzeltierebene erforderlich, um zu testen, inwieweit individuelle Hennen unterschiedliche Substrate für die genannten Verhaltensweisen auswählten.

Die Studie hat gezeigt, dass Legemehl, welches gegenwärtig primär als Staubbadesubstrat in ausgestalteten Käfigen und Kleingruppenhaltungen eingesetzt wird, nicht von LSL und LB Hennen zum Staubbaden bevorzugt wird. Eine Erklärung dafür könnte der Fettgehalt von Legemehl sein, der eine Entfettung des Gefieders beim Staubbaden erschwert bzw. möglicherweise sogar gänzlich verhindert.

Danksagung

Unser Dank gilt der Firma Agromed Austria GmbH (Kremsmünster, Österreich) für die freundliche Bereitstellung der Lignozellulose und dem Institut für Tierernährung (FLI) für die Analyse des Fettgehaltes der Einstreusubstrate.

Literatur

De Jong, I.; Fillerup, M. (2004): Definition of behavioural indicators to evaluate substrate quality, WP 4. Online: www.laywel.eu; Zugriff am 06.08.2009

Merril, R. J. N.; Nicol, C. J. (2005): The effects of novel floorings on dustbathing, pecking and scratching behaviour of caged hens. Animal Welfare 14, S. 179–186

Olsson, I. A. S.; Keeling, L. (2005): Why in earth? Dustbathing behaviour in jungle and domestic fowl reviewed from a Tinbergian and animal welfare perspective. Applied Animal Behaviour Science 93, S. 259–282

Petherick, J. C.; Duncan, I. J. H. (1989): Behaviour of young domestic fowl directed towards different substrates. British Poultry Science 30, S. 229–238

Sanotra, G. S.; Vestergaard, K. S.; Agger, J. F.; Lawson, L. G. (1995): The relative preference for feathers, straw, wood-shavings and sand for dustbathing, pecking and scratching in domestic chicks. Applied Animal Behaviour Science 43, S. 263–277

Schütz, K. E.; Jensen, P. (2001): Effects of resource allocation on behavioural strategies: A comparison of red junglefowl (gallus gallus) and two domesticated breeds of poultry. Ethology 107, S. 753–765

Van Liere, D. W.; Bokma, S. (1987): Short-term feather maintenance as a function of dust-bathing in laying hens. Applied Animal Behaviour Science 18, S. 197–204

Van Liere, D. W.; Kooijman, J.; Wiepkema, P. R. (1990): Dustbathing behaviour of laying hens as related to quality of dustbathing material. Applied Animal Behaviour Science 26, S. 127–141

Wall, H.; Tauson, R.; Elwinger, K. (2008): Effects of litter substrate and genotype of layers' use of litter, exterior appearance, and heterophil:lymphocyte ratios in furnished cages. Poultry Science 87, S. 2458–2465

Zweite Verordnung zur Änderung der Tierschutz-Nutztierhaltungsverordnung (August 2006)

Britta Scholz, Stefanie Urselmans, Joergen Kjaer, Lars Schrader
Institut für Tierschutz und Tierhaltung, Friedrich-Loeffler-Institut (FLI), Dörnbergstrasse 25/27, 29223 Celle

Wiederholbarkeit von sechs gängigen Verhaltenstests zur Beurteilung der Ängstlichkeit von Legehennen

Repeated exposure to six common behaviour tests measuring fearfulness in laying hens

Stefanie Ziegler, Sabine Gebhardt-Henrich

Zusammenfassung

Diese Studie untersuchte die Validität und Wiederholbarkeit von häufig verwendeten Ängstlichkeitstests bei Hühnern. Sechs geläufige Tests wurden mit 30 Legehennen je dreimal in aufeinanderfolgenden Wochen durchgeführt. Die Tiere waren dabei im Alter von 60 bis 62 Wochen. Je 15 der Hennen stammten aus Freilandhaltung in kleinen Gruppen oder aus Volierenhaltung und sie wurden einzeln in einem separaten Gebäude des Betriebes getestet. Die Tests wurden direkt nacheinander und immer in derselben Reihenfolge ausgeführt, beginnend mit dem „Novel Arena Test“, gefolgt vom „Novel Object Test“, „Sudden Movement Test“, „Sudden Sound Test“, „Emergence Test“ und zuletzt dem „Tonic Immobility Test“. Eine generelle Gewöhnung an die Testsituation trat auf. Mit jedem Durchlauf wurden weniger Fluchtversuche registriert, im „Emergence Test“ schritten die Tiere immer schneller in den Außenbereich, im „Tonic Immobility Test“ blieben die Hennen weniger lang in der Starre und im Allgemeinen standen oder saßen die Testtiere immer weniger. Die Hühner aus den beiden Haltungssystemen zeigten keinen Unterschied im Ängstlichkeitsverhalten, mit Ausnahme der tonischen Immobilität, bei welcher die Freilandhühner signifikant länger unbeweglich blieben. In der Literatur wird die Dauer der Immobilität wiederholt als Maß für die Angst vor Menschen ausgelegt. Dies ist in Übereinstimmung mit den Ergebnissen dieser Studie, in der die Volierenhühner mit intensiverem Menschenkontakt weniger lang immobil blieben. Die besten Indikatoren für die generelle Ängstlichkeit waren in dieser Studie die Dauer bis zum Eintreten in den Außenbereich im „Emergence Test“, die Gesamtanzahl Schritte in allen sechs Versuchen und die Gesamtzeit, welche die Hennen im Innern der Versuchsfläche verbrachten. Die anderen Messungen waren durch Deckeneffekte begrenzt: Der „Sudden Movement Test“ und der „Sudden Sound Test“ verursachten konstant heftige Reaktionen, während die Konfrontation mit den unbekannten Objekten kaum Angstreaktionen auslöste. Auffallend war die geringe Wiederholbarkeit aller Ängstlichkeitstests. Die Studie lässt eine ausgeprägte Variabilität im Angstverhalten der Hennen erkennen, wobei die Tiere aber eine geringe Konstanz in ihrem Reaktionsmuster zeigten. Die Resultate lassen erkennen, dass die Messung von Ängstlichkeit bei Hühnern viel komplexer ist als die zahlreiche Anwendung von Ängstlichkeitstests vermuten lassen könnte.

Summary

This study examined the validity and reliability of common tests for fearfulness in chickens. Six frequently used fear tests were performed three times with thirty laying hens of 60 to 62 weeks age during consecutive weeks. 15 hens originated from small group free-range or aviary housing respectively and they were tested individually in a separate building of the farm. The fear tests were executed always in the same order at a stretch, starting with the „Novel Arena Test" followed by the „Novel Object Test", „Sudden Movement Test", „Sudden Sound Test", „Emergence Test" and at last the „Tonic Immobility Test". A general habituation to the test situation occurred. With progressive repetitions fewer escape trials were counted, the emergence duration as well as the tonic immobility duration decreased and the hens stood and sat less. Chickens of the two housing systems did not differ in their fearfulness with the exception of tonic immobility. Free-range hens remained significantly longer immobile in the „Tonic Immobility Test", which is repeatedly described in literature as a measure of fear against humans. As the aviary hens lived under closer contact to humans, the results of this study support the earlier findings. The best measures for general fearfulness in this study turned out to be the emergence duration as well as the total step number and overall time spent in the inner part of the experimental arena. The other fear tests were probably affected by ceiling effects: the „Sudden Movement Test" and the „Sudden Sound Test„ constantly caused intensive reactions, whereas the confrontation with the novel objects turned out to be too weak to provoke a fear reaction of the animals. The poor repeatability of all fear tests was striking, as the hens did not show consistent fear behaviour among all three repetitions. This study revealed a pronounced variability of individual fearfulness with poor constancy. The results suggest that measuring fearfulness in poultry is far more complex than the frequent application of fear tests would imply.

1 Einleitung

Beim Menschen gibt es kaum Vorbehalte in Bezug auf das Vorliegen individueller, konstanter Verhaltensstrategien. Während dabei meist direkt von Persönlichkeiten oder Persönlichkeitstypen gesprochen wird, ist man bei den anderen tierischen Taxa deutlich vorsichtiger und verwendet Begriffe wie Verhaltenssyndrome, Strategien, Naturell, Verhaltenstendenzen oder Konstrukte (Sih et al. 2004). Geläufige Verhaltenssyndrome sind beispielsweise Aggression, Aktivität, Reaktivität, Kühnheit oder Ängstlichkeit (Sih et al. 2004). Persönlichkeitsmerkmale können nicht direkt gemessen werden, sondern nur durch Korrelation von verschiedenen Reaktionen eines Subjekts in unterschiedlichen Kontexten und Situationen abgeleitet werden (Sih et al. 2004).

Bei Hühnern spielt insbesondere die Ängstlichkeit eine sehr wichtige Rolle, da sie in freier Wildbahn für das Überleben der Tiere unabdingbar ist. Angst ist eine Vorkehrung, welche die Tiere vor Gefahren schützt, indem sie zur Flucht oder zu Abwehrreaktionen veranlasst (Faure et al. 2006), wobei das Fliehen gerade bei Hühnern die vorherrschende Reaktion ist. Wood-Gush und Dunkin (1976) setzten bei ihrem Experiment in Schottland Hühner in die freie Wildbahn aus und entdeckten, dass die Individuen einem extremen Prädationsdruck ausgesetzt waren und sich nur aufgrund ihrer artspezifisch hohen Reaktivität durchschlagen konnten. Es besteht eine umfangreiche Literatur (z. B. Boissy 1995, Jones 1996) zum Thema Angst und Ängstlichkeit bei Geflügel. Gemäß Jones (1996) sind nachfolgende Elemente die häufigsten Ursachen für Angst bei Geflügel: fremde Umgebungen, große, offene Flächen, unbekannte Stimuli und Handlungen, Menschenkontakt, sich schnell nähernde Stimuli oder plötzliche, unerwartete Bewegungen oder auch die Störung des sozialen Umfeldes. Dieses Wissen wurde benutzt, um ein breites Spektrum verschiedener Ängstlichkeitstests zu entwickeln. Nebst der Grundlagenforschung ist die Ängstlichkeit bei Hühnern auch im angewandten Bereich von Interesse, denn obwohl Nutztiere wie die Legehennen in vielen Fällen keinen natürlichen Feinden und auch sonst kaum Gefahren und Risiken ausgesetzt sind, zeigen sie nach wie vor ausgeprägte Ängstlichkeit. Starke Angstreaktionen, beispielsweise panische Fluchtversuche, sind unter den meist intensiven Haltungsbedingungen verhängnisvoll und können zu Verwundungen, Schmerzen oder sogar zum Tod der Tiere führen (Jones 1996). Es ist deshalb auch für die Praxis von großer Bedeutung, mehr über das Angstverhalten von Legehennen herauszufinden.

Die Ergebnisse aus den häufig verwendeten Verhaltenstests für die Untersuchung von Ängstlichkeit bei Hühnern sind jedoch innerhalb und auch zwischen den publizierten Studien nicht immer konsistent. Jones (1996) listet verschiedene Faktoren auf, welche die Ergebnisse der Tests beeinflussen: Einflüsse der Experimentatoren und des Versuchsablaufes, Haltungs- und Aufzuchtunterschiede, genetische Faktoren und soziale Faktoren wie Gruppengröße, Alter und Geschlecht. Aufgrund dieser vielen verwirrenden Faktoren, werden Vergleiche zwischen einzelnen Studien stark erschwert.

Das Ziel dieser Studie war die Untersuchung von sechs häufig verwendeten Ängstlichkeitstests für Hühner auf ihre Aussagekraft und Wiederholbarkeit. Die Tests sind in der praktisch ausschließlich englischen Literatur bekannt als: „Novel Arena Test", „Novel Object Test", „Sudden Sound Test", „Sudden Movement Test", „Emergence Test" und „Tonic Immobility Test". Jeder Test wurde mit 30 Einzeltieren dreimal in aufeinanderfolgenden Wochen zu unterschiedlichen Tageszeiten vorgenommen. Die Testtiere stammten entweder aus kleinen Gruppen in Freilandhaltung oder Volierenhaltung in großen Gruppen. Die Variation des Ängstlichkeitsverhaltens sollte zwischen den Haltungssystemen und den Individuen untersucht werden und weiter war auch die Konstanz des Verhaltens der einzelnen Tiere von Interesse.

2 Methoden

2.1 Tiere und Haltungssysteme

Für die Verhaltenstests wurden je 15 Legehennen (Alter: 60 bis 62 Wochen) der Linie Lohmann Selected Leghorn (LSL) aus Freiland- und Volierenhaltung eingesetzt. Die Tiere wuchsen die ersten 18 Wochen gemeinsam in Volierenhaltung auf und wurden danach zufällig auf die unterschiedlichen Haltungssysteme verteilt. Fütterung und Einstreu waren identisch und in beiden Ställen wurden Gruppenlegenester eingesetzt. Die Legehennen in der Freilandhaltung waren in Gruppen zu je 25 Hennen und ein bis zwei Hähnen untergebracht. Tagsüber konnten die Tiere das Hühnerhaus (3 m x 3 m) verlassen und einen grasbewachsenen, mit Sträuchern versehenen Auslauf benutzen. Direkt neben dem Auslauf befand sich eine kleine, mittelmäßig frequentierte Landstraße, welche nebst dem täglichen

Eierabsammeln zusätzlichen Kontakt zu Menschen bot. In der Volierenhaltung betrug die Gruppengröße etwa 360 Tiere. Der Innenbereich (19,5 m^2) war mit einem BOLEG®-System und Gruppenlegenestern ausgestattet und tagsüber hatten die Tiere Zugang zu einem bedeckten Außenbereich (12,5 m^2) mit Einstreu. Es bestand häufiger naher Kontakt zu Menschen während des Eiereinsammelns und des Volierenunterhaltes.

2.2 Versuchsablauf und Verhaltenstests

Die Tiere wurden einzeln in ein separates Gebäude gebracht. Dort war eine 2 m x 2 m große Arena installiert, welche mittels Schiebetor auch Zugang zu einer 1,5 m x 1,5 m großen Außenfläche bot (Abb. 1). Jede Henne wurde dreimal in aufeinanderfolgenden Wochen mit sechs gebräuchlichen Ängstlichkeitstests konfrontiert und dies jeweils zu verschiedenen Tageszeiten, aber immer am gleichen Wochentag. Die sechs Tests wurden direkt nacheinander ausgeführt, beginnend mit dem „Novel Arena Test", gefolgt vom „Novel Object Test", „Sudden Movement Test", „Sudden Sound Test", „Emergence Test" und dem „Tonic Immobility Test". Beim „Novel Arena Test" wurden die Tiere zehn Minuten lang in die Versuchsfläche gesetzt. Drei Seiten der Versuchsfläche wurden in der ersten Woche ohne, in der zweiten Woche mit blauen und in der dritten Woche mit roten, vom Boden aus gemessen 1 m hohen, Farbbogen abgedeckt. Anschließend wurde im „Novel Object Test" jede Woche ein neues, unbekanntes Objekt in die Testfläche gestellt. Bei den Gegenständen handelte es sich um eine gelbe Plastikdose (15 cm x 10 cm x 10 cm), einen Bund mit 25 roten Bambusstäbchen (2 mm Duchmesser, 30 cm Länge) und einen blauen Glasball (10 cm Durchmesser). Das Verhalten der Tiere wurde während fünf Minuten notiert und danach wurde für den „Sudden Movement Test" an der Decke des Versuchscontainers ein Plastikball von 50 cm Durchmesser aus der Verankerung gelöst. Die unmittelbare Reaktion der Tiere auf die Pendelbewegungen wurde in vier Kategorien eingeteilt (Kap. 2.3). Als nächstes wurden Geräuschaufnahmen per Computer abgespielt. Die Tonaufnahmen änderten ebenfalls jede Woche und bestanden aus Hundegebell plus einer zugeschlagenen Tür, Raubvogelschreien und Futterrufen von Hühnern. Wiederum wurden die vier Reaktionskategorien angewandt. Anschließend wurde für den „Emergence Test" das Schiebetor am Rande der Versuchsfläche geöffnet und die Zeit gemessen,

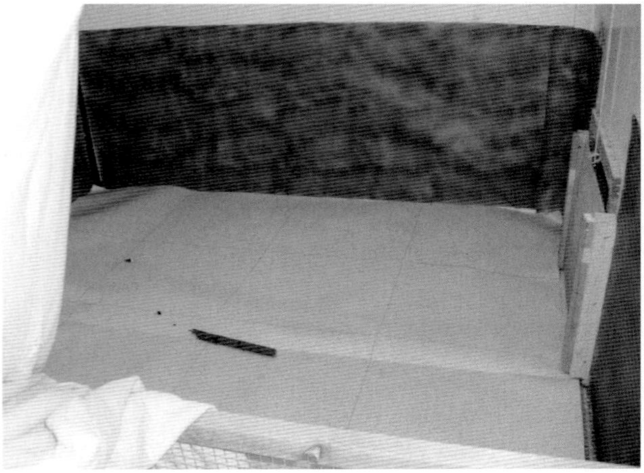

Abb. 1: Die Versuchsfläche in Testwoche 2 mit dem Schiebetor rechts, dem unbekannten Objekt (rote Bambusstäbchen) und den blauen Farbbogen. Das Leintuch im Vordergrund trennte den Versuchs- vom Observationsbereich ab. Sichtbar ist auch das Raster zur Ortsbestimmung auf dem Abdeckpapier am Boden.
The experimental arena of week 2 with the sliding door on the right, the novel object (red wooden rods) and the blue wallpaper. The sheets in the front separated the experimental and observational part. Visible on the floor is also the grid on the paper cover used for position determination.

Abb. 2: Der Observationsbereich mit der Kamerainstallation, Monitor, Videorekorder, Laptop und dem U-förmigen Gestell für den „Tonic Immobility Test".
The observational part with the camera installation, monitor, video recorder, laptop and the u-shaped rack for the „Tonic Immobility Test".

bis das Huhn in den Außenbereich eintrat oder die Maximalzeit von fünf Minuten erreicht war. Als letzter Test folgte der „Tonic Immobility Test", in welchem versucht wird, eine instinktive Angstreaktion der Hennen auszulösen, bei der die Tiere in einen erstarrten Zustand fallen und eine verminderte Reaktionsfähigkeit zeigen. Die Hühner wurden dazu in einem U-förmigen Plastikgestell (Abb. 2) auf den Rücken gelegt. Kopf und Hals hingen frei über die Liegefläche hinaus und ein Huhn wurde maximal fünf Sekunden an der Brust fixiert um die Immobilität zu induzieren. Blieb das Tier in der Starre, wurde es nach maximal fünf Minuten wieder aufgenommen und schlug die Induktion fehl, wurden maximal fünf Induktionsversuche unternommen.

2.3 Datenaufnahme und -auswertung

Alle Tests in der Versuchsfläche fanden hinter einem Leintuchvorhang statt und wurden mit einer Kamera gefilmt (Santec Colour Video Camera, Model VTC-1640). Das Filmmaterial wurde einerseits auf Video festgehalten (Video Cassette Recorder MD 830) und andererseits direkt auf einem Ikegami B/W Picture Monitor (Model PM-909) angezeigt (Abb. 2). Während des „Novel Arena Tests", „Novel Object Tests" und des „Emergence Tests" wurden die Aktivitäten und Aufenthaltsorte der Hennen mit Noldus Observer 5.0® erfasst (Tab. 1). Die Versuchsfläche war zum Beurteilen der Aufenthaltsorte in 16 Quadrate von 0,5 m x 0,5 m aufgeteilt, welche als Raster auf das Abdeckpapier am Boden aufgezeichnet wurden. Im Falle des „Sudden Movement Tests" und des „Sudden Sound Tests" wurde die Reaktion der Tiere im Versuchsjournal in vier Kategorien eingeteilt: 1) keine Reaktion, 2) beobachtend, 3) erstarrend/ausweichend und 4) Panik. Beim „Tonic Immobility Test" wurden die Anzahl Induktionen und die Dauer der Immobilität notiert. Eine Versuchsübersicht bietet Tabelle 1. Die Analyse und Darstellung der Daten wurde mittels NCSS 2004® und Microsoft Excel® vorgenommen.

3 Resultate

3.1 Gewöhnung an die Ängstlichkeitstests

Bei einigen Verhaltensparametern veränderten sich die Werte generell zwischen den Wiederholungen. Es konnte somit eine Gewöhnung an die Tests festgestellt werden.

Volierenhühner liefen mit jeder Durchführung der Tests mehr und neben der höheren Schrittzahl manipulierten sie ihr Federkleid häufiger, pickten öfter und schüttelten ihre Federn vermehrt (Tab. 2). Die Anzahl Fluchtversuche nahm signifikant ab und die Hennen

Tab. 1: Versuchsübersicht / Test overview

Test-nummer	Verhaltens-test	Dauer	Aufgenommenes Verhalten / Daten	Beschreibung
1	Novel Arena Test	10 Minuten	Schritte	Heben des Beines und Abstellen an anderem Ort
			Stehen und Sitzen	Beine bleiben am Ort oder Beine angewinkelt, Bauch berührt Untergrund
			Defäkationen	
			Fluchtversuche	Panisches Aufspringen, Auffliegen
			Flügelschlagen	Schlagen mit beiden Flügeln
			Scharren	Scharren mit einem Fuß am Boden
			Kopf kratzen	Kratzen des Kopfes mit einem Fuß
			Federputzen	Manipulation der Federn mit dem Schnabel
			Picken	Picken in der Versuchsarena
			Strecken	Dehnen eines Beines oder Flügels
			Sandbaden	Seitliches Abliegen, Scharren und Schütteln der Federn
			Liegen	Körper berührt den Boden seitlich
			Federschütteln	Aufplustern und Schütteln der Federn
			Ort: Innen	Henne befindet sich in den 4 zentralen Bodenquadraten
			Ort: Außen	Henne befindet sich in den 8 außen liegenden Quadraten, ausgenommen die Ecken
			Ort: Ecken	Henne befindet sich in den 4 Eckquadraten
2	Novel Object Test	5 Minuten	Verhaltensweisen wie Nr. 1	
			Objekt picken	Picken gegen das Objekt
			Flügelschlag gegen Objekt	Kurzer, abwehrender Flügelschlag gegen das Objekt
3	Sudden Movement Test	30 Sekunden	Einteilung in 4 Kategorien	1) Keine Reaktion 2) Beobachtend 3) Erstarrend/Ausweichend 4) Panik
4	Sudden Sound Test	10–16[1] Sekunden	Einteilung in 4 Kategorien	Wie Test Nr. 3
5	Emergence Test	max. 5 Minuten	Verhaltensweisen wie Nr. 1	
			Kopf durchs Tor	Kopf durchs Schiebetor gestreckt, mind. 1 Fuß direkt an der Grenze des Schiebetors
			Körper durchs Tor	Beide Füße im Außenbereich
6	Tonic Immobility Test	max. 5 Minuten	Induktionen	Anzahl Induktionen bis zur Immobilität, max. 5 Versuche

[1] abhänging von der Länge der Tonaufnahme.

Tab. 2: Analyse der beiden Haltungssysteme und der drei Durchgänge. Die Variabeln Fluchtversuche (von 0 bis 2), Federputzen (3 Kategorien), Kopf kratzen (ja/nein), Picken (ja/nein), Federschütteln (ja/nein) und Sitzen (ja/nein) wurden mit Fisher's exakten Tests ausgewertet, die übrigen Variabeln mit dem Kruskal-Wallis-Test.
Analyses of the two housing systems and the three passes. The variables escape trials (from 0 to 2), feather manipulation (3 categories), head scratching (yes/no), pecking (yes/no), feather ruffling (yes/no) and sitting (yes/no) were analyzed with Fisher's exact tests and the other variables with the Kruskal-Wallis-test.

Variable	Durchgang	P-Wert Haltungssysteme	P-Wert Durchgänge
Fluchtversuche	1	n.s.	
Anzahl	2	n.s.	0,0001
	3	n.s.	
Federputzen	1	n.s.	
Kategorien:	2	0,0018	n.s.
1: nie; 2: <30 s; 3: ≥30 s	3	0,0394	
Kopf kratzen	1	n.s.	
Kategorien:	2	n.s.	n.s.
0: nein; 1: ja	3	n.s.	
Picken	1	n.s.	
Kategorien:	2	0,0169	n.s.
0: nein; 1: ja	3	0,0001	
Federschütteln	1	n.s.	
Anzahl	2	0,0421	n.s.
	3	0,0346	
Sitzen	1	n.s.	
Kategorien:	2	n.s.	n.s.
0: nein; 1: ja	3	n.s.	
Variable	**Durchgang**	**χ2 / P-Wert Haltungssysteme**	**χ2/P-Wert Durchgänge**
Ort: innen	1	1,50/n.s.	
Sekunden	2	0,71/n.s.	0,37/n.s.
	3	0,13/n.s.	
Stehen und Sitzen	1	1,55/n.s.	
Sekunden	2	1,14/n.s.	15,12/0,0005
	3	1,95/n.s.	
Schritte	1	0,72/n.s.	
Anzahl	2	4,21/0,0402	3,04/n.s.
	3	6,98/0,0083	

standen und saßen mit jedem Versuchsdurchlauf weniger (Tab. 2).

Beim „Sudden Movement Test" und „Sudden Sound Test" zeigten sich hingegen weder Unterschiede zwischen den Haltungssystemen noch Differenzen zwischen den drei Durchgängen. Die Reaktionen waren konstant heftig und es stellte sich keine Gewöhnung ein (Abb. 3). Beim „Tonic Immobility Test" konnte festgestellt werden, dass Freilandhühner signifikant länger immobil blieben als die Volierenhühner und es zeigte sich eine generelle Abnahme der Immobilitätsdauer bei gleichzeitiger Zunahme der nötigen Induktionen. In beiden Gruppen wagten sich die meisten Tiere im „Emergence Test" von Beginn weg in den Außenbereich und es gab keine Unterschiede zwischen Freiland- und Volierenhaltung. Allerdings brauchten die Hennen mit jedem Durchgang weniger lang, um in den Außenbereich zu gelangen (Tab. 4). Während die Aufenthaltsdauer in den zentralen vier Quadraten im „Novel Object Test" bei beiden Versuchsgruppen ähnlich war, machten die Volierenhühner signifikant mehr Schritte im „Novel Arena Test" im dritten Durchlauf und zudem war auch ein Trend dazu in der zweiten Versuchswoche erkennbar.

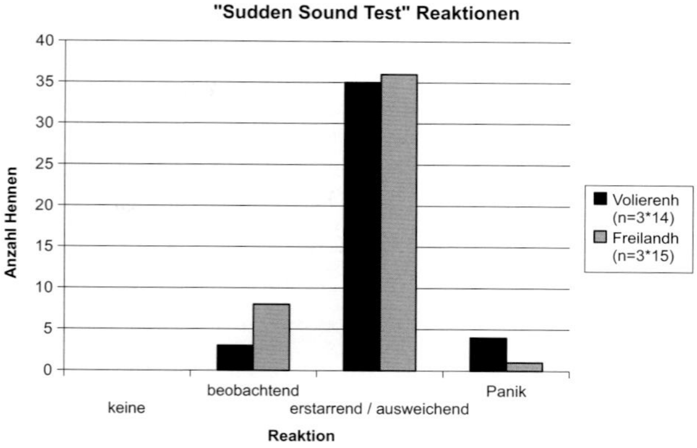

Abb. 3: Die Gesamtanzahl Hennen in den vier Reaktionskategorien im „Sudden Sound Test" über alle drei Wochen betrachtet und aufgeteilt nach Haltungssystemen
Number of hens in the four reaction categories of the „Sudden Sound Test", a sum-up of all three test weeks subdivided into the two housing systems

3.2 Korrelationen zwischen den Parametern

Hennen die während der Tests häufig liefen, führten auch andere Aktivitäten wie Federschütteln und Picken aus und sie hielten sich häufiger in den inneren vier Quadraten der Versuchsfläche auf (Tab. 3). Auf individueller Basis schien es mehr und weniger aktive Hennen zu geben. Je mehr ein Tier im „Novel Arena Test" herumspazierte desto häufiger traten Fluchtversuche auf und desto wahrscheinlicher und schneller ging es im „Emergence Test" in den Außenbereich (Tab. 5).

Tab. 3: Korrelationen (Spearman's Rang) der drei Durchgänge bezüglich genereller Variabeln
Correlations (Spearman's rank) of the three passes regarding the general variables

Korrelierte Variabeln	rs: Durchgang 1	rs: Durchgang 2	rs: Durchgang 3
Schritte x Federschütteln	0,5172**	0,4928**	0,0647
Schritte x Picken	0,3224	0,4195*	0,3742*
Schritte x Ort: innen	0,4823**	0,6683***	0,4902**

* = p < 0,05, ** = p < 0,01, *** = p < 0,001.

Tab. 4: Analyse der beiden Haltungssysteme und der drei Durchgänge bezüglich der Variabeln der Verhaltenstests. Die Variabeln Körper durch Tor (ja/nein), „Sudden Movement Test"-Reaktion (4 Kategorien), „Sudden Sound Test"-Reaktion (4 Kategorien), „Tonic Immobility"-Induktionen (von 1 bis 5) und „Tonic Immobility"-Dauer (2 Kategorien) wurden mit dem Fisher's exakten Test ausgewertet, die übrigen Variablen mit dem Kruskal-Wallis-Test.
Analyses of the two housing systems and the three passes regarding the variables of the behaviour tests. The variables body through door (yes/no), „Sudden Movement Test"-reaction (4 categories), „Sudden Sound Test"-reaction (4 categories), „Tonic Immobility"-inductions (from 1 to 5) and „Tonic Immobility"-duration (2 categories) were analyzed with Fisher's exact tests and the other variables with the Kruskal-Wallis-test.

Variable	Durchgang	P-Wert Haltungssysteme	P-Wert Durchgänge
Körper durchs Tor Kategorien: 0: nein; 1: ja	1 2 3	n.s. n.s. n.s.	n.s.
„Sudden Movement Test"-Reaktion 1: keine; 2: beobachtend; 3: erstarrend/ausweichend; 4: Panik	1 2 3	n.s. n.s. n.s.	n.s.
„Sudden Sound Test"-Reaktion 1: keine; 2 beobachtend; 3: erstarrend/ausweichend; 4: Panik	1 2 3	n.s. n.s. n.s.	n.s.
„Tonic Immobility"-Induktionen Anzahl	1 2 3	n.s. n.s. n.s.	0,0520
„Tonic Immobility"-Immobilitätsdauer Kategorien: 1: <300 s; 2: 300 s	1 2 3	0,5020 0,0028 0,0001	0,0202
Variable	**Durchgang**	**$\chi2$ / P-Wert Haltungssysteme**	**$\chi2$ / P-Wert Durchgänge**
Körper durchs Tor Sekunden	1 2 3	1,05/n.s. 0,08/n.s. 0,85/n.s.	18,98/0,0001
„Novel Object Test"; Ort: innen Sekunden	1 2 3	0,03/n.s. 0,82/n.s. 0,03/n.s.	1,61/n.s.
„Novel Arena Test"; Schritte Anzahl	1 2 3	2,91/n.s. 3,31/n.s. 13,04/0,0004	6.30/n.s.

Tab. 5: Korrelationen (Spearman's Rang) der drei Durchgänge bezüglich genereller und Test-Variabeln
Correlations (Spearman's rank) of the three passes regarding the general and the test variables

Korrelierte Variabeln	rs: Durchgang 1	rs: Durchgang 2	rs: Durchgang 3
Schritte x Körper durchs Tor (Sekunden)	– 0,4612*	– 0,2007	– 0,6816***
Schritte x Körper durchs Tor (ja/nein)	0,5137**	0,1027	0,5086**
„Novel Arena Test"; Schritte x Federschütteln	0,5184**	0,5078**	0,3067
„Novel Arena Test"; Schritte x Picken	0,4404*	0,3997*	0,2532
„Novel Arena Test"; Schritte x Fluchtversuche	0,4260*	0,5238**	0,0868
„Novel Arena Test"; Schritte x Ort: innen	0,4110*	0,6505***	0,4991**
Stehen und Sitzen x Körper durchs Tor (ja/nein)	– 0,5947***	– 0,4992**	-0,5792**
„Novel Object Test"; Ort: innen x Federputzen	0,4170*	0,2044	0,3962*

*= p < 0,05 **= p < 0,01 ***= p < 0,001

3.3 Wiederholbarkeit

Die Konstanz im Verhalten der Hühner war über die drei Durchgänge gesehen niedrig. Nur die Anzahl Schritte der Tiere zeigte eine signifikante Korrelation zwischen allen drei Wochen (Durchgang 1/2: rs = 0,4276/p = < 0,05, Durchgang 2/3: rs = 0,4985/p = < 0,01, Durchgang 3/1: rs = 0,6381/p < 0,001). Hennen die im ersten Versuchsdurchlauf häufig liefen, taten dies auch in den zwei Wiederholungen. Eine gewisse Beständigkeit im Verhalten konnte ansonsten einzig noch im „Emergence Test" festgestellt werden, wo die Dauer bis zum Eintreten in den Außenbereich zwischen den Durchgängen 2/3 (rs = 0,5036/p < 0,01) und 1/3 (rs = 0,4142/p < 0,05) positiv korreliert war, jedoch nicht zwischen den Testwochen 1 und 2 (rs = 0,1515).

4 Diskussion

Die Legehennen gewöhnten sich im Laufe der drei Versuchswochen an die Testsituation. Sie machten signifikant weniger Fluchtversuche und wurden aktiver. Beim „Emergence Test" war eine signifikante Abnahme der Zeit ersichtlich, bis die Hennen in der Außenfläche verschwanden. Weiter blieben die Tiere kürzere Zeit in der tonischen Immobilität und brauchten gleichzeitig mehr Induktionen um überhaupt in diesen Zustand zu gelangen. Solche Gewöhnungseffekte bei Ängstlichkeitstests sind in der Literatur mehrfach erwähnt (z. B. Ghareeb et al. 2008, beim „Open Field Test", Heiblum et al. 1998 und Hocking et al. 2001 beim „Tonic Immobility Test" und Colette et al. 2000 beim „Novel Environment Test").

In der ersten Woche gab es keine Unterschiede zwischen den beiden Haltungssystemen, es war eine generelle Zurückhaltung erkennbar. Die Tiere waren passiv und bewegten sich wenig. In den zwei darauffolgenden Wochen wurden dann die Volierenhennen aktiver und neugieriger. Sie machten mehr Schritte, pickten häufiger und putzten und schüttelten ihre Federn vermehrt, verglichen mit den Freilandhennen. Der erste Testdurchgang wurde von beiden Haltungsgruppen ähnlich aufgenommen, aber die Volierenhühner gewöhnten sich bei den Folgeversuchen besser an die Testsituation als die Freilandhühner. Dies zeigt die Grenzen von einmalig durchgeführten Verhaltenstests auf, in denen Aufregung und Stress die womöglich bestehenden Unterschiede zwischen Versuchsgruppen überdecken können. Der auffälligste Unterschied zwischen den Haltungsgruppen war die signifikant längere Dauer der tonischen Immobilität bei den Freilandhühnern ab der 2. Woche. Gemäß Forkman et al. (2007) ist dieser Test stark dadurch beeinflusst, in welchem Ausmaß die Tiere Kontakt zu den Menschen hatten. Es wird vermutet, dass die tonische Immobilität auf einer Überlebensstrategie basiert: Nachdem das Tier durch Fluchtversuche oder Kampf einem Prädatoren nicht ausweichen konnte, gefangen und damit körperlich fixiert wird, fällt es in einen immobilen Zustand. Die Beute erscheint dem Verfolger so als tot und es besteht die Möglichkeit, dass sich der Räuber anschließend auf ein anderes Objekt konzentriert und dem Beutetier damit in einem unbeobachteten Moment zur Flucht verhilft (z. B. Jones 1986; Jones 1996). Das Auftreten dieses Verhaltens wurde in einem eindrucksvollen Versuch von Thompson et al. (1981) mit Katzen und Wachteln demonstriert. Im Verhaltenstest übernimmt der Mensch also vermutlich die Rolle des Prädatoren und kann deshalb durch die Fixierung des Huhnes auf dem Rücken die Reaktion induzieren. Auch diese Studie unterstützt die Annahme, dass der „Tonic Immobility Test“ auf die Ängstlichkeit vor Menschen testet, da die Freilandhühner mit der höheren Immobilitätsdauer deutlich weniger engen Kontakt zu den Menschen hatten.

Die anderen Verhaltenstestelemente enthüllten keine signifikanten Unterschiede zwischen den Haltungen. Bezüglich der durchgeführten Tests zeigte sich, dass die unbekannten Objekte im „Novel Object Test“ keine klaren Angstreaktionen auslösen konnten. Viele Tiere schienen die Objekte von Weitem unbehaglich anzuschauen, liefen aber später ohne zu zögern direkt darüber, um beispielsweise den Ort zu wechseln. Einzig der blaue Glasball bewog mehrere Tiere zu einer genauen Inspektion, aber dabei schien die Neugier im Vordergrund zu stehen. Vielleicht sind beide Haltungssysteme genügend angereichert, sodass unbekannte Gegenstände keine Angst auslösen. Im Falle des „Sudden Movement Tests“ erhielten Zeltner und Hirt (2008) ein ähnliches Resultat. Sie setzten drei unterschiedliche Hühnerrassen einer Greifvogelattrappe aus und kamen zum Schluss, dass die Tiere aller Gruppen gleich intensive Fluchreaktionen zeigten. Es scheint, dass plötzliche Bewegungen oder unerwartete Geräusche, eine konstant starke Reaktion auslösen, da die Tiere diese scheinbar als potenziell lebensbedrohliche Gefahr wahrnehmen und in Aufruhr geraten. Keer-Keer et al. (1996) vermerkten dazu, dass Rassenunterschiede nur ersichtlich werden, wenn die provozierten Angstreaktionen moderat sind, was bei diesen zwei Versuchen der Studie wohl überschritten wurde. Eine Gewöhnung an potenziell gefährliche Situationen wäre auch nicht adaptiv. Als bestes Maß für die generelle Ängstlichkeit erwies sich der „Emergence Test“. Die Hennen fokussierten das Schiebetor sofort nach dessen Öffnen und jene Hennen, die in den vorhergehenden Versuchen als ängstlich oder zurückhaltend in Erscheinung traten, waren auch viel vorsichtiger bei der Annäherung des Durchganges. In einer umfassenden Studie von Forkman et al. (2007) korrelierte dieser Test auch gut mit anderen Ängstlichkeitstests.

Zusammengefasst agierten die Hühner der beiden Haltungssysteme also in ähnlicher Weise, ausgenommen beim „Tonic Immobility Test", wobei der Grund im unterschiedlichen Kontakt zum Betriebspersonal zu liegen scheint. Die meisten Ängstlichkeitsparameter der sechs Tests waren in dieser Studie nicht korreliert. Wenn ein Huhn im „Novel Arena Test" viele Schritte machte, konnte man deshalb nicht folgern, dass es auch mehr Zeit in der Nähe des unbekannten Objektes verbrachte oder schneller durch das Schiebetor nach außen lief. Dies könnte durch mehrere Deckeneffekte zustande kommen. Der „Sudden Movement Test" und der „Sudden Sound Test" boten wahrscheinlich beide zu starke Reize, um ein differenziertes Bild der individuellen Ängstlichkeit zu erhalten. Im Gegenteil dazu stellten die unbekannten Objekte keine Bedrohung für die Versuchstiere dar, sie hatten einen zu schwachen Einfluss. Weiter zeigte sich, dass der „Tonic Immobility Test" nicht die allgemeine Ängstlichkeit, sondern spezifisch die Angst vor Menschen zu messen schien. Die beste Korrelation bestand zwischen der Gesamtschrittzahl, der Totalzeit in den vier zentralen Quadraten und der Dauer bis die Tiere durch das Schiebetor verschwanden. Diese drei Maße schienen die Ängstlichkeit der Tiere in dieser Studie am besten aufzuzeigen.

Die Brauchbarkeit der Ängstlichkeitstests ist demnach nur gegeben, wenn die Tests in ihrer Stärke und Ausführung den Umständen entsprechend angepasst werden. Im Weiteren fällt in dieser Studie die geringe Konstanz im individuellen Angstverhalten auf. Da es bisher kaum umfassende Studien mit mehrmals wiederholten Ängstlichkeitstests bei Geflügel gibt, wäre es wünschenswert, mit weiteren Studien hier anzuknüpfen.

5 Literatur

Boissy, A. (1995): Fear and Fearfulness in Animals. The Quarterly Review of Biology 70, 165–191

Colette, H. ; Clarke, R. ; Jones, R. B. (2000): Effects of prior video stimulation on open-field behaviour in domestic chicks. Applied Animal Behaviour Science 66, 107–117

Faure, J. M.; Arnould, C.; Beaumont, C.; Guémené, D.; Leterrier, C.; Mills, A. D.; Richard, S. (2006): Consequences of selection for fear in Japanese quail. Archiv für Geflügelkunde 70, 216–222

Forkman, B. ; Boissy, A. ; Meunier-Salaün, M. C. ; Canali, E. ; Jones, R. B. (2007) : A critical review of fear tests used on cattle, pigs, sheep, poultry and horses. Physiology & Behaviour 92, 340–374

Ghareeb, K.; Niebuhr, K.; Awad, W. A. (2008): Stability of fear and sociality in two strains of laying hens. British Poultry Science 49, 502–508

Heiblum, R.; Aizenstein, O.; Gvaryahu, G.; Voet, H.; Robinzon, B.; Snapir, N. (1998): Tonic Immobility and open field responses in domestic fowl chicks during the first week of life. Applied Animal Behaviour Science 60, 347–357

Hocking, P. M.; Channing, C. E.; Waddington, D.; Jones, R. B. (2001): Age-related changes in fear, sociability and pecking behaviours in two strains of laying hen. British Poultry Science 42, 414–423

Jones, R. B. (1996): Fear and adaptability in poultry: insights, implications and imperatives. World's Poultry Science Journal 52, 131–174

Jones, R. B. (1986): The tonic immobility reaction of the domestic fowl. World's Poultry Science Journal 42, 82–96

Keer-Keer, S.; Hughes, B. O.; Hocking, P. M.; Jones, R. B. (1996): Behaviour comparison of layer and broiler fowl: Measuring fear responses. Applied Animal Behaviour Science 49, 321–333

Sih, A.; Bell, A. M.; Johnson, J. C.; Ziemba, R. E. (2004): Behavioural syndromes: an integrative overview. The Quarterly Review of Biology 79, No. 3

Wood-Gush, D. G. M.; Duncan, I. J. H. (1976): Some behavioural observations on domestic fowl in the wild. Applied Animal Ethology 2, 255–260

Zeltner, E.; Hirt, H. (2008): A note on fear reaction of three different genetic strains of laying hens to a simulated hawk attack in the hen run of a free-range system. Applied Animal Behaviour Science 113, 69–73

Stefanie Ziegler
Aspistrasse 4, 3307 Brunnenthal
Sabine Gebhardt
Zentrum für tiergerechte Haltung, Geflügel und Kaninchen (ZTHZ), Centre for proper housing of poultry and rabbits (ZTHZ), Aussenstelle des Bundesamt für Veterinärwesen, Federal veterinary office FVO, Burgerweg 22, CH-3052 Zollikofen

Geschmacksaversionslernen – eine Möglichkeit um starkes Federpicken bei Legehennen in Gruppenhaltung zu verhindern?

Taste aversion learning – a possibility to avoid severe feather-pecking behaviour in a group of laying hens?

Alexandra Harlander-Matauschek, Philip Beck, Hans-Peter Piepho

Zusammenfassung

Federpicken bei Legehennen ist eines der größten Tierschutzprobleme weltweit. Starkes Federpicken ist definiert als ein kräftiges, zielgerichtetes Picken bei dem eine Feder auch erfasst und herausgezogen werden kann. Dieses Verhalten führt von der Schädigung bis zum vollständigen Verlust des Gefieders. In der Praxis wird häufig versucht dieses Verhalten durch Schnabelkupieren zu verhindern, was eine schmerzhafte Prozedur darstellt.

Aus vorangegangenen Untersuchungen ist bekannt, dass Hennen mit einer starken Federpickaktivität auch Federn verzehren. Dies deutet darauf hin, dass Federn als diätetischer Nahrungsbestandteil angesehen werden. Des Weiteren ist bekannt, dass Vögel bitter schmeckende Objekte meiden. Daher wurde in vorliegender Untersuchung das Gefieder von Legehennen mit einer bitter schmeckenden Lösung (Chinin) besprüht. Es zeigte sich, dass Bitterstoffe auf dem Gefieder das Federpickverhalten über eine bestimmte Zeitspanne verhindern können. Diese Methode könnte eine nicht invasive Möglichkeit darstellen, um das Problem des Federpickens zu minimieren.

Summary

Feather pecking in laying hens is one of the biggest welfare problems in the poultry industry worldwide. In its severe form, feather pecking consists of forceful pecking with pulling and feather removal, which causes feather damage and feather loss. In commercial practice, severe feather pecking is routinely controlled by beak trimming, which is a painful procedure.

Severe feather pecking is positively associated with feather eating, indicating that feathers are seen as a feeding substrate. There is evidence that birds can learn to avoid unpalatable feed. In this experiment, feathers of other birds were made distasteful by adding a bitter taste (quinine). We investigated if laying hens detect quinine and learn to avoid the feather cover of conspecifics. Our experiment showed that birds were able to learn that feathers from conspecifics are not acceptable pecking substrate and to avoid them for a period of time. This experiment offers a practical non-invasive solution to the problem of feather pecking.

1 Einleitung

Federpicken bei Legehennen stellt in Hinblick auf den Tierschutz, die Tiergesundheit und die Wirtschaftlichkeit des Betriebes ein beachtliches Problem dar (Hughes und Duncan 1972; Van Kriempen et al. 2006). Untersuchungen haben gezeigt, dass Hennen mit einer hohen Federpickaktivität nicht nur am Gefieder des Artgenossen picken, sondern auch Federn verzehren (Mc Keegan und Savory 2001; Harlander-Matauschek et al. 2006 a, b; 2007 a, b; 2008, 2009 a, b; Ramadan und Von Borell 2008). Demnach ist die Motivation zum starken Federpicken ein fehlgeleitetes Picken aus dem Funktionskreis des Nahrungsaufnahmeverhaltens (Dixon et al. 2008).

Hühner sind Allesfresser, welche Futter mit wenig oder geringen oralen Manipulationen schlucken (Wood-Gush 1971). Dies ist ein risikoreiches Unterfangen. Allesfresser probieren zuerst eine geringe Menge an unbekanntem Futter. Im Anschluss werden diese Futtermittel mit positiven (z.B. sensorische Charakteristika) oder negativen (z.B. gastrointestinale Missempfindungen) Konsequenzen assoziiert. Dies führt zur Präferenz oder Vermeidung von Substraten (Gentle 1985). Daher kann angenommen werden, dass Lernen, aufgrund positiver oder negativer Konsequenzen aus dem Verdauungstrakt, zur Futterauswahl beim Huhn beiträgt.

Viele Insekten entwickelten im Laufe der Zeit effektive Abwehrmechanismen um nicht Opfer ihrer Fressfeinde zu werden. Neben allgemeinen Abwehrmaßnahmen (Panzerung, Schreckfarben, etc.) und Tarnung produzieren Insekten Stoffe, die bei bestimmter Dosierung Organe des Fressfeindes reizen oder schädigen. Einige produzieren auch bitter schmeckende Substanzen, die den Verzehr verhindern sollen (Roper und Marples 1997). Vögel sind in der Lage aufgrund sensorischer Merkmale Nahrung zu erkennen (Gentle 1985). So wurde gezeigt, dass wildlebende Vögel und Hühner bitter schmeckende Nahrung meiden (Sayre und Clark 2001; Skelhorn und Rowe 2006; Halpin et al. 2008; Skelhorn et al. 2008).

In vorliegender Untersuchung wurde daher überprüft, ob das direkte Besprühen des Gefieders der Artgenossen mit einer bitteren Lösung das starke Federpicken bzw. Federfressen verhindert. Des Weiteren wurde überprüft, ob das Meiden der Federn der Artgenossen auch das schwache Federpicken und die eigene Gefiederpflege beeinflusst.

2 Tiere, Material und Methode

Sechs Gruppen zu je zehn Hennen mit hoher Federpickaktivität (6 H) und sechs Gruppen mit je zehn Hennen mit geringer Federpickaktivität (6 L) (Kjaer et al. 2001) wurden in konventioneller Bodenhaltung gehalten. Das Gefieder der Hälfte der Gruppen (3 HQ + 3 LQ) wurde in der 21. LW mit einer bitter schmeckenden Chininsulfatlösung eingesprüht. Die übrigen Gruppen erfuhren das gleiche Handling, wurden jedoch nicht besprüht (3 HC + 3 LC).

Die Anzahl der starken und schwachen Federpickserien und das Putzen des eigenen Gefieders wurde in jeder Gruppe täglich je zehn Minuten vormittags und je zehn Minuten nachmittags vor und nach der Chininsulfatbehandlung über einen Versuchszeitraum von vier Wochen beobachtet.

Für die statistische Auswertung wurde ein gemischtes Modell mit der Prozedur proc glimmix (SAS 9.1) gewählt.

3 Ergebnisse und Diskussion

In vorliegender Untersuchung sollte festgestellt werden, ob Federpicken und/oder Federfressen durch das bitter schmeckende Gefieder der Artgenossen beeinflusst werden kann.

Durch den Bitterstoff am Gefieder verringerten Hennen mit niedriger Federpickaktivität (LQ) über den gesamten Versuchszeitraum die starke ($p < 0{,}001$) und schwache ($p < 0{,}02$) Federpickaktivität.

Das bitter schmeckende Gefiederkleid bei Hennen mit hoher Federpickaktivität (HQ) konnte das starke Federpicken zwei Wochen vermindern ($p < 0{,}01$). Das schwache Federpicken wurde bei diesen Hennen nicht beeinflusst (Abb. 1 und Abb. 2).

Hennen mit hoher Federpickaktivität (H) haben über einen kürzeren Zeitraum die Federn der Artgenossen gemieden als Hennen mit niedriger Federpickaktivität (L). Dieses Ergebnis könnte durch die höhere Motivation zum Federpicken bei H Tieren erklärt werden. Andererseits ist es möglich, dass H Hennen im Gegensatz zu L Hennen vor Beginn der Untersuchung mehr Übung mit und Erfahrung im Bereich des Federpickens bzw. Federfressens gesammelt haben und daher zu einem früheren Zeitpunkt mit diesem Verhalten wieder begonnen haben. BURITT und PROVENZA (1996) zeigten, dass es sehr schwierig ist eine Aversion zu vertrauten und präferierten „Futtermitteln" (in vorliegender Untersuchung Federn) zu erzeugen.

Zusätzlich sollte man bedenken, dass Hennen bittere Substanzen meiden (SKELHORN und ROWE 2006; GITTLEMAN et al. 1980). Wahrscheinlich wurde von den Hennen eine sehr geringe Menge Bitterstoff oral aufgenommen. Für eine dauerhafte Aversion gegen ein bestimmtes Futtermittel ist es jedoch nötig eine hohe Dosis zu verabreichen, welche zur gastrointestinalen Missempfindung führt (DRAGOIN 1971; GARCIA und HOLDER 1985).

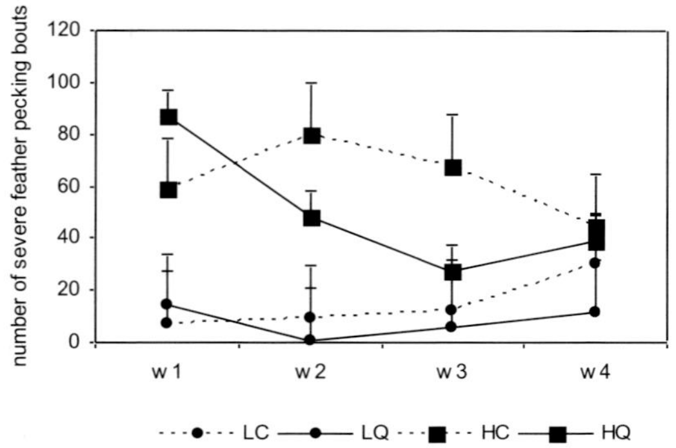

Abb. 1: Mittlere Anzahl an starken Federpickserien + SE der vier Versuchsgruppen über einen Versuchszeitraum von vier Wochen (w1–w4)

Comparison of the mean number of severe feather pecking bouts (values are least square mean + SEM) over a period of four weeks (w1–w4) for four groups of laying hens
L = low feather pecking birds; H = high feather pecking birds; C = no quinine treatment; Q = quinine treatment

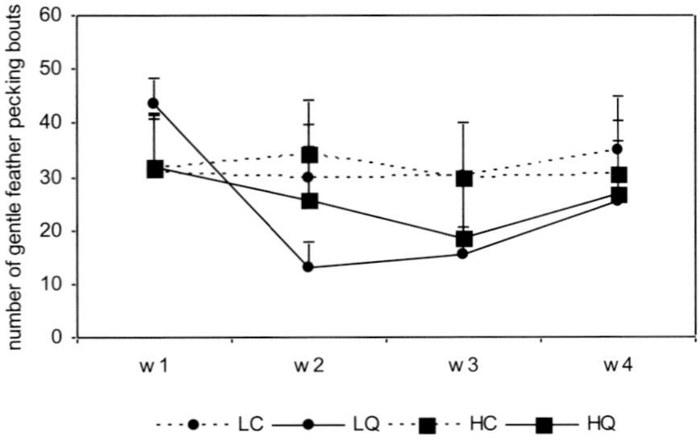

Abb. 2: Mittlere Anzahl an schwachen Federpickserien + SE der vier Versuchsgruppen über einen Versuchszeitraum von vier Wochen (w1–w4)

Comparison of the mean number of gentle feather pecking bouts (values are least square mean + SEM) over a period of four weeks (w1–w4) for four groups of laying hens
L = low feather pecking birds; H = high feather pecking birds; C = no quinine treatment; Q = quinine treatment

Die Gefiederpflege wurde durch den bitteren Geschmack der Federn nicht beeinflusst. Dies könnte damit begründet werden, dass Hennen eine hohe Motivation besitzen ihr Integumentum commune gegen Umwelteinflüsse, zur Temperaturregulation und als Kommunikationsfläche aufrechtzuerhalten.

Die vorliegende Untersuchung zeigte, dass Bitterstoffe am Gefieder der Artgenossen das Federpickverhalten beeinflussen.

4 Literatur

Buritt, E. A.; Provenza, F. D. (1996): Amount of experience and prior illness affect the acquisition and persistence of conditioned food aversions in lambs. Appl. Anim. Behav. Sci. 48: 73–80

Dixon, L. M.; Duncan, I. J. H.; Mason, G. J. (2008): What's in a peck? Using fixed action pattern morphology to identify the motivational basis of abnormal feather-pecking behaviour. Anim. Behav. 76: 1035–1042

Dragoin, W. B. (1971): Conditioning and extinction of taste aversions with variations in intensity of the CS and UCS in two strains of rats. Psycho. Sci. 22: 303–304

Garcia, J.; Holder, M. D. (1985): Time, space and value. Human Neuro. 4: 81–89

Gittleman, J. L. P.; Harvey H.; Greenwood, P. J. (1980): The evolution of conspicuous coloration: some experiments in bad taste. Anim. Behav. 28: 897–899

Gentle, M. J. (1985): Sensory involvement in the control of food intake in poultry. Proceedings of the nutrition society 44: 313–321

Harlander-Matauschek, A.; Bessei W. (2005): Feather eating and crop filling in laying hens. Arch. Geflügelk. 69 (6): 241–244

Harlander-Matauschek, A.; Baes, C.; Bessei, W. (2006 a): The demand of laying hens for feathers and wood shavings. Appl. Anim. Behav. Sci. 101: 102–110

Harlander-Matauschek, A.; Piepho, H. P.; Bessei, W. (2006 b): The effect of feather eating on feed passage in laying hens. Poult. Sci. 85: 21–25

Harlander-Matauschek, A., Häusler, K., Bessei, W. (2007 a): A note on the relative preferences of laying hens for feathers from different body parts. Appl. Anim. Behav. Sci. 108:186–190.

Harlander-Matauschek, A.; Benda, I.; Lavetti, C.; Djukic, M.; Bessei, W. (2007 b): The relative preferences for wood-shavings or feathers in high and low feather pecking birds. Appl. Anim. Behav. Sci. 107: 78–87

Harlander-Matauschek, A.; Wassermann, F.; Zentek, J.; Bessei, W. (2008): Laying hens learn to avoid feathers. Poult. Sci. 87: 1–5

Harlander-Matauschek, A.; Häusler, K. (2009): Understanding feather eating behaviour. Appl. Anim. Behav. Sci. 117: 35–41

Harlander-Matauschek, A.; Feise, U. (2009): Physical characteristics influence feather eating behaviour. Poult. Sci. 88: 11–15

Hughes, B. O.; Duncan, I. J. H. (1972): The influence of strain and environment factors upon feather pecking and cannibalism in fowls. Br. Poult. Sci. 13: 525–547

Kjaer, J. B.; Sorensen, P.; Su, G. (2001): Divergent selection on feather pecking behaviour in laying hens (Gallus gallus domesticus). Appl. Anim. Behav. Sci. 71: 229–239

McKeegan D. E. F.; Savory, C. J. (2001): Feather eating in individually caged hens which differ in their propensity to feather peck. Appl. Anim. Behav. Sci. 73: 131–140

Provenza, F. D. (1995): Postingestive feedback as an elementary determinant of food preferences and intake in ruminants. J. Range Manage. 48: 2–17

RAMADAN, S. G. A.; VON BORELL, E. (2008): Role of loose feathers on the development of feather pecking in laying hens. Br. Poult. Sci. 49: 250–256

ROPER, T. J.; MARPLES, N. M. (1997): Odour and colour as cues for taste-avoidance learning in domestic chicks. Anim. Behav. 53: 1241–1250

SAYRE, R. W.; CLARK, L. (2001): Effect of primary and secondary repellents on European starlings: an initial assessment. J. Wildlife Manag. 65: 461–469

SKELHORN, J.; ROWE, C. (2006): Prey palatability influences predator learning and memory. Anim. Behav. 71: 1111–1118

SKELHORN, J.; GRIKASAITIS, D.; ROWE, C. (2008): Colour biasis are more than a question of taste. Anim. Behav. 75: 827–835

VAN KRIMPEN, M. M.; KWAKKEL, R. P.; REUVEKAMP, B. F. J.; VAN DER PEET-SCHWERING, C. M. C.; DEN HARTOG, L. A.; VERSTEGEN, M. W. A. (2005): Impact of feeding management on feather pecking in laying hens. Worlds Poult. Science Journal 61 (4): 663–685

WOOD-GUSH, D. G. M. (1971): The behaviour of the domestic fowl. Heinemann Educational Books Ltd., London

Danksagung

Der Deutschen Forschungsgesellschaft sei für die finanzielle Unterstützung herzlichst gedankt.

Alexandra Harlander-Matauschek
Fachgebiet Nutztierethologie und Kleintierzucht, Institut für Tierhaltung und Tierzüchtzung, Universität Hohenheim, 70599 Stuttgart, Germany
Philip Beck, Hans-Peter Piepho
Fachgebiet Bioinformatik, Institut für Pflanzenbau und Grünland, Universität Hohenheim, 70599 Stuttgart, Germany

Abrufautomaten für Pferde im Offenlaufstall im Vergleich – Besuchshäufigkeit, Aufenthaltsdauer und Anzahl an Auseinandersetzungen

A comparison of automatic feeding systems for horses in run-out-sheds – frequency of visit, duration of stay and number of conflicts

Margit H. Zeitler-Feicht, Stefanie Streit, Leo Dempfle

Zusammenfassung

In 32 Offenlaufställen mit computergesteuerten Abrufstationen wurden die Aufenthaltsdauer und Besuchshäufigkeit sowie das Droh- und Meideverhalten von 439 Pferden im Füttererungsbereich erfasst. Je Betrieb erfolgten visuelle kontinuierliche Direktbeobachtungen nach dem Tortenstückverfahren (6 x 4 Stunden) für je einen 24-Stunden-Tag.

Ziel war die Überprüfung der verschiedenen Bauausführungen der Abrufstationen unter dem Aspekt der Tiergerechtheit. Eine Einwegstation reduzierte signifikant die Anzahl an Auseinandersetzungen im Fütterungsbereich. Demgegenüber führten die für das fressende Pferd tiergerechten Varianten (Fressstand mit Eingangssperre und ohne Austreibehilfe) zu einer Erhöhung der Besuchshäufigkeit und Aufenthaltsdauer und somit auch zu einer erhöhten Anzahl an Drohgesten. Doch insgesamt betrachtet, kann die Anzahl an sozionegativen Interaktionen im Fütterungsbereich der Abrufstationen als relativ gering eingestuft werden. Da sich außerdem der Betrieb (Management, Fläche, Konzeption) als maßgeblicher Einflussfaktor auf die überprüften Parameter erwies, dürften die Unterschiede in der Bauausführung der derzeitigen Abrufstationen für Pferde eher von untergeordneter Bedeutung sein.

Summary

Duration of stay, frequency of visit, threatening gestures and behaviour of avoidance of 439 horses was observed at the feeding area of 32 run-out-sheds. The observation was based on the method of visual continuously direct watching after the pie chart system (6 x 4 hours) over a period of 24 hours. The observation should show which construction of the different automatic feeding systems corresponded best under the aspect of animal welfare.

It was obvious that the one-way-station reduced significantly the number of conflicts in the feeding area, whereas those systems which are appropriate for the eating horses (feeding station with access barrier and without stimulation device by electric shock) led to a higher frequency of visits and duration of stay as well as to more threatening gestures. Considering altogether, the number of negative interactions in the feeding area of the feeding systems can be classified as comparatively unimportant. As it showed that the stable (management, stable area, conception) was of important influence on the surveyed parameters, the differences between the constructions of feeding stations for horses of present systems are probably of less meaning.

Margit H. Zeitler-Feicht, Stefanie Streit
Lehrstuhl für Ökologischen Landbau, AG Ethologie, Tierhaltung und Tierschutz, Wissenschaftszentrum Weihenstephan der TU München, Alte Akademie 12, 85350 Freising
Prof. Dr. Leo Dempfle
Sonnenstr. 41, 85402 Kranzberg

Liegeverhalten von Jungpferden in unterschiedlichen Haltungssystemen

Lying behavior of young horses in different husbandry systems

GUNDULA HOFFMANN, SANDRA ROSE-MEIERHÖFER, KATHARINA STANDKE, JANNE KÖSTER, KRISTIN SCHLENDER

Zusammenfassung

In verschiedenen Forschungsarbeiten wurde das Liegeverhalten von Jungpferden im Alter von ein bis drei Jahren untersucht. Neben der Gewinnung von grundlegenden Erkenntnissen wurde in dieser Studie das Verhalten der Pferde unter Berücksichtigung des Alters, der Jahreszeit und des Haltungssystems analysiert. Es fanden Messungen bei Pferden in Einzelboxen (jeweils mit und ohne angrenzenden Auslauf) und in Gruppenhaltungen statt.

Summary

The lying behavior of young horses, aged between one to three years, was studied in several researching projects. In addition to the gain of basic knowledge, this study analyzes the behavior of the horses, taking account of age, season and the husbandry system. Measurements of horses in individual boxes (each with and without close-by discharge) and in group horse husbandries were arranged.

1 Methodik

Am vTI Braunschweig (ehemals FAL Braunschweig, Institut für Betriebstechnik und Bauforschung) und am ATB Potsdam haben in den vergangenen fünf Jahren zahlreiche Untersuchungen zum Bewegungs- und Liegeverhalten bei Pferden stattgefunden. Die verwendeten Messtechniken (ALT-Pedometer und Videobeobachtung) haben die täglichen Liegezeiten erfasst und teilweise zwischen Bauch- und Seitenlage unterschieden. Insgesamt konnten die Liegezeiten von 58 Pferden für diese Studie analysiert werden. Die Beobachtungszeiten reichten dabei von drei Tagen bis zu neun Monaten und das Alter der Pferde lag während der Untersuchungen zwischen ein und drei Jahren. Es wurden nur Pferde für die Datenaufzeichnung verwendet, die sich noch nicht in der Ausbildung befanden, um ein möglichst ursprüngliches Pferdeverhalten zu erfassen. Die Untersuchungen wurden bei Pferden in Einzelboxen ohne Auslauf, mit angrenzenden Ausläufen und in Gruppenhaltungen durchgeführt. Die Gruppengröße variierte zwischen 6 und 23 Pferden und neben einer Mehrraum-Gruppenauslaufhaltung standen Laufställe für die Versuche zur Verfügung. Die Versuchsställe befanden sich in Niedersachsen, Mecklenburg-Vorpommern und Brandenburg.

2 Ergebnisse und Schlussfolgerung

Bei der Auswertung der Videodaten fiel auf, dass es in fast allen Nächten auch Phasen gab, in denen alle Pferde einer Gruppe gemeinsam gelegen haben. Das konnte sowohl im überdachten Stallbereich als auch im Freien (umzäunter Sandauslauf) beobachtet werden. Es scheint somit eine Folge der Domestikation zu sein, dass sich die Pferde in der Obhut des Menschen mittlerweile so sicher fühlen, dass nicht immer ein Pferd stehen bleibt, um aufzupassen. Insgesamt variierte die Gesamtliegezeit der jungen Pferde zwischen 0 und 550 Minuten pro Tier und Tag (24 Std.). Ihre durchschnittliche Liegezeit betrug 245 min/Tag, sodass sie mehr Zeit im Liegen verbracht haben als ältere Pferde. Fader und Sambraus (2004) ermittelten bei Pferden im Alter von 2 bis 26 Jahren eine mittlere Gesamtliegezeit von 89,5 Minuten bei einer Spanne zwischen 59,1 und 134,1 min/Tag.

Mit zunehmendem Alter war jedoch bereits innerhalb der untersuchten Jungpferdepopulation eine abnehmende Liegedauer zu beobachten. Außerdem hatte die Jahreszeit einen entscheidenden Einfluss auf das Liegeverhalten der Pferde in Einzelhaltung, da bei ihnen in den Sommermonaten eine signifikante Zunahme der Gesamtliegedauer zu verzeichnen war. Zudem nahm bei Pferden, die in einer Einzelbox mit angrenzendem Auslauf gehalten wurden, die Liegedauer zu, wenn die Boxentür verschlossen wurde und sie daher keinen Zugang mehr zu den Ausläufen hatten. In einer weiteren Untersuchung zum Einfluss des Haltungssystems fand ein Wechsel statt von einer gemeinsamen Gruppenhaltung (à sechs Pferde) in eine Einzelhaltung mit jeweils angrenzendem Auslauf. Bei den Pferden dieser Untersuchung hat die Umstellung zu einer signifikanten Abnahme der Gesamtliegezeit geführt. Bei diesen Pferden wurde außerdem die Dauer der einzelnen Liegevorgänge bestimmt, die in beiden Varianten durchschnittlich etwa 40 Minuten betrug und stets länger als 20 Minuten andauerte. Die unstrukturierte Liegefläche war mit

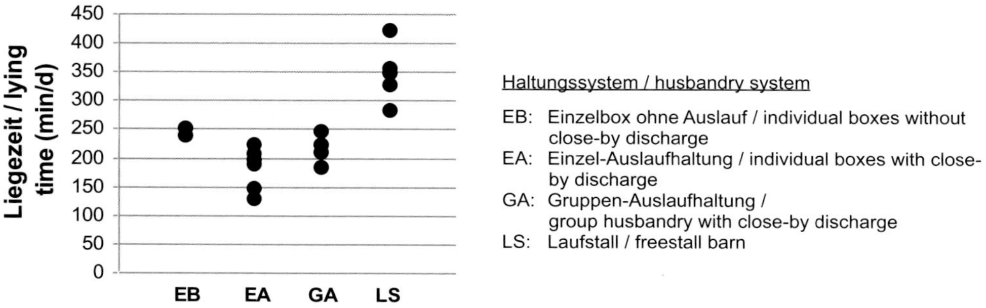

Abb. 1: Durchschnittliche Gesamtliegezeit pro Pferd und Tag in unterschiedlichen Haltungssystemen
Average total lying time per horse and day in different husbandry systems

12 m²/Pferd ausreichend groß, sodass die Gruppenhaltung in diesem Fall keine negativen Auswirkungen auf das Ruheverhalten der Pferde zeigte.

Die Ergebnisse der Untersuchungen haben gezeigt, dass sowohl das Haltungssystem (Abb. 1) als auch das Alter und die Jahreszeit einen Einfluss auf das Liegeverhalten der Pferde haben. Gerade bei jungen Pferden ist es daher wichtig, ihre Umgebung und die Gruppenzusammensetzung so zu gestalten, dass die Pferde ihr individuelles Schlafbedürfnis decken können.

Literatur

FADER, C.; SAMBRAUS, H. H. (2004): Das Ruheverhalten von Pferden in Offenlaufställen. Tierärztliche Umschau 59 (6), 320–327

Gundula Hoffmann, Sandra Rose-Meierhöfer, Katharina Standke
Leibniz-Institut für Agrartechnik Potsdam-Bornim e.V. (ATB), Abteilung Technik in der Tierhaltung, Max-Eyth-Allee 100, 14469 Potsdam
Janne Köster, Kristin Schlender
Institut für Agrartechnologie und Biosystemtechnik, Johann Heinrich von Thünen-Institut (vTI), Bundesallee 50, 38116 Braunschweig

Herzfrequenzen von Färsen und Kühen während der Melkung am ersten und neunten Laktationstag unter Berücksichtigung der Gewöhnung von Färsen an die Melkroutine vor der Kalbung

Heart rates of heifers and cows during milking on day one and nine of lactation and the effects of habituating heifers to the milking parlour routine prior to calving

Anja Schwalm, Gracia Ude, Heiko Georg

Zusammenfassung

Bei zehn Färsen und fünf Kühen der Rasse Deutsch Holstein wurden die Herzfrequenzen in den ersten zehn Laktationstagen während der Nachmittagsmelkung erfasst. Fünf der Färsen (Trainingsgruppe/TF) wurden etwa eine Woche vor dem errechneten Kalbungstermin an drei aufeinander folgenden Tagen in die Melkstandroutine der Nachmittagsmelkung integriert. Die fünf übrigen Färsen (Vergleichsgruppe/F) und die fünf Kühe (K) betraten den Melkstand routinemäßig das erste Mal bei der ersten Nachmittagsmelkung nach der Kalbung. Anhand von Videoaufzeichnungen konnten die gewonnenen Herzfrequenzdaten (POLAR® heart rate monitor) den Ereignissen im Melkstand zugeordnet werden. Für die Auswertung der Herzfrequenzen wurden jeweils die Mittelwerte aus den Herzfrequenzen 20 Sekunden nach dem Ereignis gebildet. Aufgrund von Mastitisfällen und fehlerhaften Herzfrequenzmessungen standen zur Auswertung die Daten von vier Färsen, vier Trainingsfärsen und zwei Kühen zur Verfügung.

Am ersten Laktationstag (LT) zeigten die beiden Färsengruppen deutlich höhere Herzfrequenzen zu den beobachteten Ereignissen im Melkstand als die Kühe (K), wobei die Färsen (F) ohne vorherige Gewöhnung an den Melkstand wiederum deutlich höhere Herzfrequenzen aufwiesen, als die Trainingsgruppe (TF). Am neunten LT zeigten sich kaum mehr Unterschiede zwischen F und TF, wobei die beiden Färsengruppen noch etwas höhere Herzfrequenzen aufwiesen als K.

Bei den Differenzen der Herzfrequenzen zwischen dem ersten und neunten LT (Abb. 1) zeigten sich zu den beobachteten Ereignissen deutliche Unterschiede in den beobachteten Gruppen: Während bei F die Herzfrequenzen am neunten LT zwischen 38 (Eintritt Melkbox) und 28 Schlägen/min (Abnahme Melkzeug) niedriger lagen als

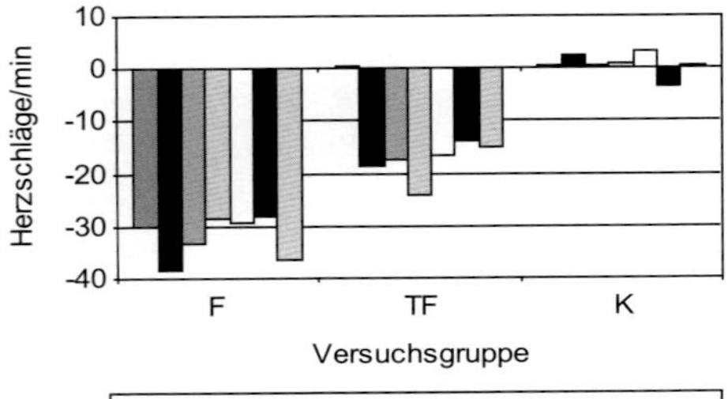

Abb.1: Differenzen der Herzfrequenzen (F: Färsen, TF: Trainingsfärsen, K: Kühe) zwischen dem 9. und 1. Laktationstag

Differences in heart rates between day nine and one of lactation (F: heifers, TF: training-heifers, K: cows)

am ersten LT, konnten bei TF Unterschiede zwischen 23 (Euterreinigung) und – 0,6 Schlägen/min (Eintritt Melkstand) festgestellt werden. Bei K gab es nur sehr geringe Unterschiede (4 bis – 3 Schläge/min).

Die Ergebnisse deuten darauf hin, dass schon durch ein dreimaliges Durchlaufen der Melkroutine vor der Kalbung eine Reduktion der Herzfrequenz von Färsen im Melkstand in den ersten Laktationstagen erreicht werden kann. In den ersten neun Laktationstagen gleichen sich die Herzfrequenzen der Färsengruppen wieder an. Bei den untersuchten Kühen scheint es zwischen dem ersten und neunten Laktationstag keine physiologisch relevanten Unterschiede in den Herzfrequenzen zu geben.

Summary

Heart rates of ten heifers and five cows were investigated in the first ten days of lactation during the afternoon-milking. Five heifers were exposed to the full milking parlour routine once daily (afternoon milking) on three subsequent days about one week prior to calving (training group/TF). Five cows (K) and the other five heifers (control group/F), entered the milking parlour routinely the first time for the afternoon milking after calving. On the basis of a video analysis the heart rates (POLAR® heart rate monitor) were assigned to the activity performed in the milking parlour. For heart rate analysis, the mean heart rates in the 20 sec following an activity performed were investigated. Because of mastitis and imprecise heart rate measurements, the data of four heifers (F), four training-heifers (TF) and two cows (K) could be analysed.

On the first lactation day both heifer groups showed higher heart rates compared with the cows, with the TF-group showing higher heart rates than F. At day nine of lactation there were only small differences in heart rates between the heifer groups, while both heifer groups showed higher heart rates than K.

The differences in heart rates between day nine and one of lactation were different in the three experimental groups (Abb. 1): While in group F the heart rates on day nine were between 38 beats/min and 28 beats/min lower compared with day one, in group TF differences between 23 and – 0,6 beats/min were found. In group K only small differences (4 to – 3 beats/min) occurred.

These results indicate that a habituation of heifers to the milking routine on only three afternoon milkings can reduce heart rates in the milking parlour in the first days of lactation. The differences between the heifer groups diminished during the first nine days of lactation. It seems that the examined cows have no physiologically relevant differences in heart rates during milking between day one and day nine of lactation.

Anja Schwalm, Gracia Ude, Heiko Georg
Institut für ökologischen Landbau, Johann Heinrich von Thünen-Institut, Bundesforschungsinstitut für Ländliche Räume, Wald und Fischerei, Trenthorst 32, 23847 Westerau

Wasseraufnahme von Kälbern in der Mutterkuhhaltung

Water intake in suckler beef calves

Juliana Mačuhová, Christina Jais, Peter Oppermann, Georg Wendl

Zusammenfassung

Ziel dieser Arbeit war, die Wasseraufnahme von Kälbern in der Mutterkuhhaltung während der ersten 40 Wochen nach der Geburt zu untersuchen. Die Aufzeichnung der Wasseraufnahme erfolgte während einer Winterperiode in zwei Herden (Fleckvieh und Gelbvieh), die im selben Stall in nach Rassen getrennten Bereichen eingestallt wurden. Ein Tränkebesuch wurde registriert, sobald das Tränkeventil betätigt wurde. Im Alter von 16 bis 24 Wochen befanden sich nahezu alle Kälber auf der Weide, auf der keine Aufzeichnung der Wasseraufnahme durchgeführt werden konnte. In den ersten 15 Lebenswochen wurden bei den Kälbern eine sehr niedrige Wasseraufnahme und noch keine Regelmäßigkeit in der Wasseraufnahme beobachtet. Trotz der Defizite in der Wasseraufnahmeaufzeichnung (Kälber konnten Restwasser in der Tränke ohne Registrierung aufnehmen) kann behauptet werden, dass der Bedarf an „freiem" Wasser (d. h. Tränkewasser) in diesem Alter sehr niedrig ist, andernfalls könnte man erwarten, dass auch junge Kälber das Tränkeventil betätigen, wie es bei älteren Kälbern beobachtet wurde. Eine deutlich höhere Wasseraufnahme wurde bei Kälbern im Alter von 25 bis 40 Wochen beobachtet. Überraschend ist, dass es keinen Alterseinfluss auf die Wasseraufnahme bei Kälbern in diesem Alter gab, obwohl das Durchschnittsgewicht der Tiere von 248 kg auf 407 kg anstieg.

Summary

The aim of this study was to evaluate the water intake of calves kept with suckler cows during first 40 weeks after birth. The recording of the water intake was performed during one winter period in two herds (German Simmental und Germen Yellow) kept in two group (according to breed) in one barn. The visit of drinking bowl was registered only when its valve was pressed. At the age of 16 to 24 weeks, almost all calves were kept on the pasture, where no recording of water intake could be carried out. In the first 15 postnatal weeks, very low water intake and no regularity in the water intake were observed in the calves. In spite of deficits in recording of water intake (the calves could drink the rest water from the drinking bowls without being registered) it can be supposed that requirement of free water is very low in young calves kept together with their mothers. Otherwise it could be expected, that also very young calves press the valve as it was observed in older calves. Notedly higher water intake was observed in the calves in the age of 25 to 40 weeks. Surprisingly, there was observed no difference in water intake in spite of changes in mean body weight from 248 to 407 kg.

1 Problemstellung, Material und Methode

Die Mutterkuhhaltung hat in den letzten Jahren in Deutschland wieder an Bedeutung zugenommen, und das nicht nur bei typischen Fleischrassen, sondern auch bei Zweinutzungsrassen (wie z. B. Fleckvieh und Gelbvieh). Meist handelt es sich dabei um extensive Haltungsformen (während der Vegetationsphase werden die Tiere auf der Weide gehalten und nur während der Winterperiode im Stall). Trotzdem sollte den Tieren während des gesamten Jahres eine optimale Versorgung mit Futter und Wasser angeboten werden. Während die Wasseraufnahme der Milchkühe bereits intensiv untersucht wurde und immer noch wird, gibt es nur wenige Informationen über die Wasseraufnahme von Mutterkühen und noch weniger über Kälber in der Mutterkuhhaltung.

Ziel dieser Arbeit war, die Wasseraufnahme der Kälber während der ersten 40 Wochen nach der Geburt zu untersuchen. Die Aufzeichnung der Wasseraufnahme erfolgte während einer Winterperiode (vom 9.11.05 bis 26.4.06) in zwei Herden (Fleckvieh und Gelbvieh), die im selben Stall in zwei nach Rasse getrennten Bereichen eingestallt wurden. Beiden Herden standen mindest zwei Schalentränken zur Verfügung. Mithilfe eines am Ohr befestigten Transponders und einer elektronischen Wasseraufnahmeerfassung mit Datensicherung konnte das Wasseraufnahmeverhalten der Tiere aufgezeichnet werden. Während der Untersuchungen wurden die aufgenommene Wassermenge, die Dauer des Trinkens und die Anzahl der Besuche pro Tag und Tier evaluiert. Nahezu alle Kälber im Alter von 16 bis 24 Wochen befanden sich auf der Weide, sodass hier keine Aufzeichnung der Wasseraufnahme durchgeführt werden konnte.

2 Ergebnisse und Diskussion

In den ersten 15 Lebenswochen wurde bei den Kälbern noch keine Regelmäßigkeit in der Wasseraufnahme beobachtet. Das durchschnittliche Alter der Kälber bei ihrer ersten Betätigung des Tränkeventils lag bei 20,2 ± 3,0 Tage (Mittelwert ± SD). Die durchschnittliche Wasseraufnahme (Abb. 1) lag bei den Kälbern in den ersten 15 Lebenswochen bei

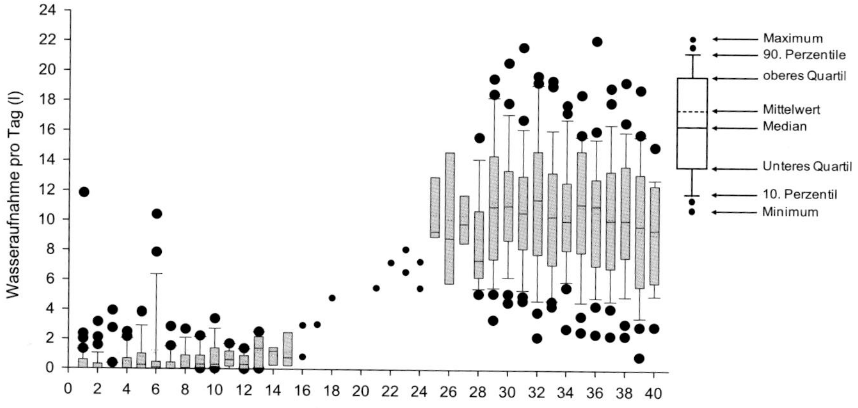

Abb. 1: Wasseraufnahme pro Tag und Tier von Kälbern während der ersten 40 Wochen nach Geburt

maximal 1,3 l pro Tag. Leider kann nicht ausgeschlossen werden, dass nicht alle Tränkebesuche der Kälber vom verwendeten System registriert wurden, da Voraussetzung für eine Registrierung die Betätigung des Tränkeventils war. In der Tränkeschale konnte sich jedoch Restwasser befinden (max. Tränkeschalenvolumen 1,9 l), über welches die jüngeren Kälber ihren Tagesbedarf an Wasser decken konnten, ohne das Tränkeventil betätigen zu müssen. Trotz der möglicherweise unsicheren Datenerfassung von kleinen Wassermengen wird deutlich, dass der Bedarf an „freiem" Wasser (Tränkewasser) bei Kälbern in den ersten 15 Lebenswochen niedrig ist, andernfalls könnte man erwarten, dass auch junge Kälber das Tränkeventil betätigen. Bereits in anderen Studien wurde gezeigt, dass Kälber in den ersten Wochen den Tagesbedarf an Wasser über die Milch decken können. Bei älteren Kälbern (zwischen der 25. und 40. Lebenswoche) hatte das Alter keinen signifikanten Einfluss auf die Wasseraufnahme, die Anzahl der Tränkebesuche oder die Dauer des Trinkens pro Tag (Friedman-Test, P = 0,8286, 0,6457 bzw. 0,7942). Die durchschnittliche Wasseraufnahme pro Tag lag in den einzelnen Wochen zwischen 8,9 und 11,5 l, die Anzahl der Tränkebesuche zwischen 5,7 und 7,8 und die Dauer des Trinkens zwischen 3,1 und 4,1 Minuten. Dabei wurden jedoch nicht alle Kälber täglich an der Tränke registriert. Überraschenderweise gab es keinen Alterseinfluss auf die Wasseraufnahme bei Tieren im Alter von 25 bis 40 Wochen, obwohl das Durchschnittsgewicht der Tiere von 248 auf 407 kg anstieg.

Juliana Mačuhová, Christina Jais, Peter Oppermann, Georg Wendl
Bayerische Landesanstalt für Landwirtschaft – Institut für Landtechnik und Tierhaltung, Prof.-Dürrwaechter-Platz 2, D-85586 Poing-Grub

Präferenzen von Labormäusen für verschiedene Einstreustrukturen unter Berücksichtigung von Nestqualität, Körpergewichts- und Ammoniakentwicklung

Preferences of laboratory mice for different bedding structures considering nesting quality, body weight gain and ammonia concentration

JUDITH KIRCHNER, PING-PING TSAI, HELGE D. STELZER, HANSJOACHIM HACKBARTH

Zusammenfassung

In der vorliegenden Studie wurden die relativen Präferenzen in Gruppen gehaltener Labormäuse für verschiedene Einstreustrukturen anhand von einwöchigen Wahlversuchen ermittelt. Getestet wurde eine Nadelholz-Fasereinstreu gegen verschiedene Nadelholz-Granulate. Außerdem wurden die getesteten Einstreuprodukte auf Nestqualität, Gewichtsentwicklung der Tiere und Ammoniakentwicklung untersucht. Die Tiere zeigten eine hochsignifikante Präferenz für die Fasereinstreu, mit der sie auch bessere Schlafnester bauten.

Summary

In this study the relative preferences of group-housed mice for different bedding structures were determined by means of one-week choice tests. A softwood shaving bedding was tested against several softwood chips. Furthermore, nesting quality, body weight gain and ammonia concentration on the different materials were investigated. Compared to chip bedding products, shavings were preferred significantly. Likewise nesting quality was better, when the shavings provided.

1 Einleitung

Kontakteinstreu ist für Mäuse und andere kleine Labornager eine bedeutsame Umweltkomponente und in einer nicht angereicherten Versuchstierhaltung neben Futter und Wasser die einzige manipulierbare Ressource. Ihre vor allem der Thermoregulation dienenden Schlafnester (LEE 1973) müssen Mäuse meist aus der Käfigeinstreu bauen. Zurzeit sind diverse Einstreuprodukte verschiedener Hersteller auf dem Markt, die sich in Ausgangsmaterial und Struktur unterscheiden. In früheren Studien wurde bereits die Präferenz kleiner Labornager für Einstreumaterialien mit groben, großen Partikeln nachgewiesen (BLOM et al. 1996; VAN DE WEERD et al. 1996; LANTEIGNE und REEBS 2006). Diese Präferenztests wurden allerdings nur an Einzeltieren durchgeführt, die Übertragbarkeit der Ergebnisse auf Tiere in Gruppenhaltung ist fraglich (BLOM et al.1992). Als sozial lebende Tiere werden Mäuse aber meist in Gruppen gehalten. Aus diesem Grund wurden in der vorliegenden Untersuchung Einstreupräferenzen in Gruppenhaltung ermittelt.

2 Material und Methode

Im Wahlversuch wurden 108 weibliche Mäuse der beiden Inzuchtstämme C57BL/6J und BALB/c eingesetzt und in konstanten Dreiergruppen gehalten. Nach Adaptation wurden die acht Wochen alten Tiere in die Test-Doppelkäfige gesetzt. Ein Doppelkäfig bestand aus zwei Käfigen (Makrolon Typ II lang), die jeweils nur Einstreu, Futter und Wasser enthielten. Die beiden Käfige waren durch eine jederzeit frei passierbare Röhre miteinander verbunden. Die Käfigübertritte der mit subcutanen Transpondern versehenen Tiere wurden automatisch per Antennen- und Computersystem erfasst. In drei Zweierkombinationen wurde eine Nadelholz-Standardfaser gegen drei Nadelholzgranulate unterschiedlicher Partikelgröße (fein, mittel, grob) getestet. Ermittelt wurden sechs Tage lang die relativen Aufenthaltszeiten pro Tier und Käfig, wobei zwischen Aktivitäts- und Ruhephase unterschieden wurde. Anschließend (Alter 9–11 Wochen) wurden 23 Dreiergruppen in Einzelkäfigen gehalten und wöchentlich vor dem Einstreuwechsel Nestqualität (Skala 1–5) und Körpergewicht erfasst. Im Anschluss wurden die Tiere zwei Wochen lang ohne Einstreuwechsel unter Filterhauben gehalten. Hierbei wurde am Ende jeder Woche die Ammoniakkonzentration mithilfe von Dräger-Gasprüfröhrchen ermittelt. Die statistische Auswertung erfolgte mittels ANOVA und anschließendem Scheffé-Test (normalverteilte Daten), bzw. Kruskal-Wallis- und Mann-Whitney-U-Test (nicht normalverteilte Daten).

3 Ergebnisse

In allen drei Testkombinationen verbrachten die Tiere signifikant mehr Zeit auf der Faser als auf dem jeweiligen Granulat (~70 % der Gesamttestzeit). Diese Präferenz war in der Hellphase deutlicher. Das grobe Granulat wurde, verglichen mit den anderen beiden Granulaten, signifikant mehr genutzt. Aus der Faser bauten beide Stämme qualitativ bessere Nester als aus den Granulaten, wobei das mittlere Granulat die schlechtesten Resultate erbrachte. Die Ammoniakkonzentration war bei allen Einstreutypen auch nach zwei Wochen sehr gering (zwischen 0 und 0,25 ppm) und nahm von der Faser zu den

Granulaten mit zunehmender Partikelgröße ab. Unterschiede in der Gewichtsentwicklung der Tiere wurden nicht festgestellt.

In Gruppen gehaltene weibliche Mäuse der getesteten Stämme ziehen die formbare Nadelholzfaser den weniger manipulierbaren Nadelholzgranulaten vor, wenn ihnen kein zusätzliches Nestmaterial zur Verfügung steht. Die Tiere können das für sie ethologisch und thermoregulatorisch sehr wichtige Nestbauverhalten mit Fasereinstreu besser ausführen. Unter ethologischen Gesichtspunkten lässt sich daher die Empfehlung aussprechen, bei Haltung von Versuchsmäusen auf Nadelholzeinstreu eine Fasereinstreu statt Granulate zu verwenden.

Wir danken der ECLAM-ESLAV-Foundation.

Literatur

BLOM, H. J.; VAN TINTELEN, VAN VORSTENBOSCH, C. J.; BAUMANS, V.; BEYNEN, A. C. (1996): Preferences of mice and rats for types of bedding material. Laboratory animals 30, S. 234–244

BLOM, H. J.; VAN TINTELEN, VAN VORSTENBOSCH, C. J.; BAUMANS, V.; BEYNEN, A. C.; HOOGERVORST, M. J. C.; VAN ZUTPHEN, L. F. M. (1992): Description and Validation of a Preference Test System to Evaluate Housing Conditions for Laboratory Mice. Applied Animal Behavior Science 35, S. 67–82

LANTEIGNE, M.; REEBS, S. G. (2006): Preference for bedding material in Syrian hamsters. Laboratory animals 40, S. 410–418

LEE, C. T. (1973): Genetic analyses of nest-building behavior in laboratory mice (Mus musculus). Behavior genetics 3, S. 247–256

VAN DE WEERD, H. A.; VANDENBROEK, F. A. R.; BAUMANS, V. (1996): Preference for different types of flooring in two rat strains. Applied Animal Behavior Science 46, S. 251–261

Judith Kirchner, Ping-Ping Tsai, Helge D. Stelzer, Hansjoachim Hackbarth
Institut für Tierschutz und Verhalten (Heim-, Labortiere und Pferde),
Stiftung Tierärztliche Hochschule Hannover, Bünteweg 2, 30559 Hannover

Einfluss der Schlupflochanzahl auf das Auslaufverhalten von Legehennen

Effect of the number of pop holes on the ranging behaviour of laying hens

Stefan Thurner, Jan Harms, Georg Wendl, Wiebke Icken, Rudolf Preisinger

Summary

The ranging behaviour of laying hens was evaluated for 28 days with either one or two wide electronic pop holes (WEPH), based on a high-frequency RFID-System. Nearly all hens used the WEPH for ranging. Significant differences were found for the morning and evening hours in the amount of hens on range, for all days and all hours for the number of passages and for 15 days for the total outdoor staying time. In all cases the numbers were higher for two WEPH compared to one WEPH.

1 Einleitung und Zielsetzung

In mehreren herdenbasierten Untersuchungen wurde festgestellt, dass sowohl die Anzahl an Schlupflöchern als auch die Größe der Schlupflöcher keinen Einfluss auf den Anteil der Herde im Auslauf hat. Das individuelle Hennenverhalten konnte, vor allem bei größeren Tierzahlen, bisher nur mit dem „engen elektronischen Schlupfloch" (ESL) erfasst werden (Breite x Höhe: 16 x 27 cm). Dabei zeigte sich u.a., dass unterschiedlich große Anteile einer Herde den Auslauf während der gesamten Legezeit nie nutzten. Mittlerweile kann das Auslaufverhalten von Legehennen auch mit „breiten elektronischen Schlupflöchern" (BESL) registriert werden (Breite x Höhe: 70 x 35 cm), wobei sich herausstellte, dass beim BESL nahezu alle Hennen der Herde den Auslauf nutzten. Ziel der weiteren Versuchsanstellungen war es daher, einen möglichen Einfluss der Anzahl an BESL auf das Auslaufverhalten zu untersuchen. Dazu wurden zeitgleich an zwei Herden Daten mit einem BESL und mit zwei BESL erfasst und ausgewertet.

2 Material und Methode

Nach der gemeinsamen Aufzucht in einer Voliere ohne Auslauf an der Versuchsstation Thalhausen der TUM wurden die Lohmann Silver Hennen im Alter von 18 Wochen in zwei Herden aufgeteilt und in zwei Abteile eingestallt (alle Abteile Bodenhaltung mit Voliere und Wintergarten (WG)), in denen sie die Möglichkeit der Auslaufnutzung mit je vier ESL hatten. Im Alter von 53 Wochen wurden 383 Hennen (Herde 1) in ein Abteil mit einem BESL und 252 Hennen (Herde 2) in ein weiteres Abteil mit zwei BESL umgestallt. Alle Legehennen waren am Flügel mit einem Hochfrequenz-Transponder (13,56 MHz) gekennzeichnet, mit dessen Hilfe das Auslaufverhalten der Hennen im Alter von 75 bis 79 Wochen über 28 Tage aufgezeichnet wurde.

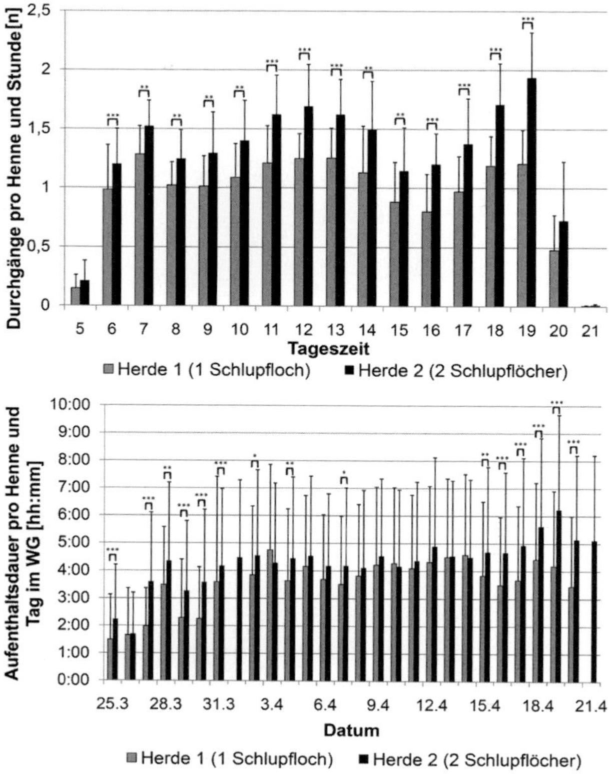

Abb. 1: Mittlere Anzahl Durchgänge pro Henne und Stunde (oben) und mittlere Aufenthaltsdauer pro Henne und Tag im Wintergarten (unten) mit Standardabweichung (Signifikanzniveau: *** p-Wert < 0,001, ** p-Wert < 0,01, * p-Wert < 0,05)

Average number of passages per hen and hour (top) and average staying time per hen and day in the winter garden (bottom) with standard deviation (significance level: *** p-value < 0,001, ** p-value < 0,01, * p-value < 0,05)

3 Ergebnisse

Mehr als 90 % der Hennen nutzten den Auslauf regelmäßig. Der mittlere Anteil an Hennen pro Tag im WG unterschied sich bis auf vier Tage nicht signifikant zwischen einem und zwei Schlupflöchern (Herde 1: 20,9 ± 13,7 %; Herde 2: 24,9 ± 13,7 %). Ein signifikanter Unterschied für den mittleren Anteil an Hennen im WG konnte jedoch in den Vormittags- und späten Nachmittagsstunden (Mittelwert (MW) über alle Tage) zwischen den Herden ermittelt werden. Dabei waren zwischen 6 und 10 Uhr, sowie zwischen 15 und 19 Uhr bei zwei Schlupflöchern mehr Hennen im WG als bei einem Schlupfloch. Die Anzahl an Schlupflochpassagen zeigte sowohl an den einzelnen Tagen als auch für die einzelnen Stunden über alle Tage (Abb. 1 oben) signifikante Unterschiede zwischen den Herden, mit mehr Passagen bei zwei Schlupflöchern (MW Herde 1: 16,9 ± 11,9 Durchgänge; MW Herde 2: 23,5 ± 15,2 Durchgänge). Die mittlere Aufenthaltsdauer pro Henne war an 15 Tagen bei zwei Schlupflöchern signifikant länger als bei einem Schlupfloch (Abb. 1 unten; MW Herde 1: 3:35:35 ± 2:42:44 Stunden; MW Herde 2: 4:19:55 ± 2:58:19 Stunden). An den restlichen elf Tagen (plus zwei Tage ohne Daten bei Herde 1) konnte kein signifikanter Unterschied ermittelt werden.

4 Diskussion und Schlussfolgerungen

Die Ergebnisse zeigen, dass trotz ausreichender Schlupflochgröße entsprechend den geltenden Rechtsvorschriften bei beiden Herden Unterschiede im Auslaufverhalten, vor allem während der Morgen- und Abendstunden, je nach Anzahl der Schlupflöcher auftreten können. Zu diesen Zeitpunkten wechseln besonders viele Hennen zwischen Stall und Wintergarten. Ein möglicher Einflussfaktor auf die Ergebnisse könnte jedoch auch die unterschiedliche Herdengröße sein. Weitere Untersuchungen sollten daher mit mindestens zwei breiten Schlupflöchern pro Herde durchgeführt werden. Die verwendete Technik

(BESL) erwies sich als sehr zuverlässig und ermöglicht die Erfassung des „normalen“ Auslaufverhaltens ohne Beschränkungen bzw. Einfluss durch die Technik. Die Datenerfassung mit dem BESL ist im Vergleich zur Videobeobachtung einfacher und v. a. weniger zeit- und arbeitsaufwändig. Weiterhin liefert das BESL detaillierte Daten über lange Zeiträume für das tierindividuelle Verhalten innerhalb der Herde.

Stefan Thurner, Jan Harms, Georg Wendl
Bayerische Landesanstalt für Landwirtschaft – Institut für Landtechnik und Tierhaltung, Vöttinger Str. 36, 85354 Freising
Wiebke Icken, Rudolf Preisinger
Lohmann Tierzucht GmbH, Am Seedeich 9-11, Postfach 460, 27454 Cuxhaven

KTBL-Veröffentlichungen

Kuratorium für Technik und Bauwesen in der Landwirtschaft

Faustzahlen für die Landwirtschaft
2009, 14. Auflage, 30 €, ISBN 978-3-939371-91-5
(Best.-Nr. 19494)

Auf über 1 000 Seiten beinhaltet das Buch die wichtigsten Daten und Fakten zu vielen Bereichen der landwirtschaftlichen Erzeugung, zum Freilandgartenbau, zu Erneuerbaren Energien und zur Betriebswirtschaft. Es ist das Standardwerk für alle, die sich mit Landwirtschaft befassen.

Fleischschafhaltung
Produktionsverfahren planen und kalkulieren
2009, 122 S., 24 €, ISBN 978-3-939371-86-1
(Best.-Nr. 19495)

Das Buch enthält Fachinformationen und Planungsdaten zur konventionellen und ökologischen Fleischschafhaltung, von der Physiologie des Tieres über rechtliche Grundlagen bis hin zu den Produktionsverfahren mit Vermarktung. Drei Planungsbeispiele bieten die Grundlagen für betriebsindividuelle Berechnungen.

Wasserversorgung in der Rinderhaltung
Wasserbedarf – Technik – Management
2008, 60 S., 9 €, ISBN 978-3-939371-74-8
(Best.-Nr. 40081)

Das Heft bietet auf 55 Seiten einen Überblick über die Wasserversorgung bei Rindern, Milch- und Mutterkühen. Der Leitfaden für Landwirte, Berater und Veterinäre informiert über Wasserbedarf sowie Qualitätsanforderungen und gibt zahlreiche Hinweise zu Bau, Wartung und Management der Tränkeanlagen.

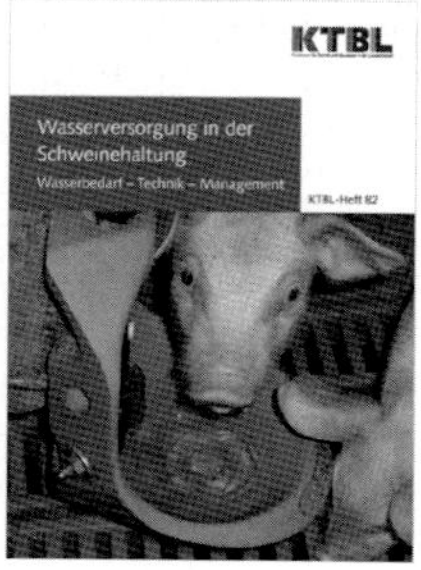

Wasserversorgung in der Schweinehaltung
Wasserbedarf – Technik – Management
2009, 60 S., 9 €, ISBN 978-3-939371-80-9
(Best.-Nr. 40082)

Das KTBL-Heft gibt auf 60 Seiten einen Überblick über die optimale Wasserversorgung für Schweine. Der Leitfaden für Landwirte, Berater und Veterinäre informiert über Wasserbedarf, Qualitätsanforderungen und gibt zahlreiche Hinweise zu Bau, Wartung und Management der Tränkeanlagen.

Wasserversorgung in der Geflügelhaltung
Wasserbedarf – Technik – Management
2009, 60 S., 9 €, ISBN 978-3-939371-90-8
(Best.-Nr. 40083)

Das Heft bietet auf 44 Seiten einen Überblick über die optimale Wasserversorgung bei Hühnern, Puten, Enten und Gänsen. Der Leitfaden für Landwirte, Berater und Veterinäre informiert über Wasserbedarf sowie Qualitätsanforderungen und gibt Hinweise zu Bau, Wartung und Management der Tränkanlagen.

Umweltverträglichkeitsprüfung bei Tierhaltungsanlagen
Ein Wegweiser für die Praxis
2009, 180 S., 23 €, ISBN 978-3-939371-87-8
(Best.-Nr. 11477)

Die Umweltverträglichkeitsprüfung (UVP) ist ein wichtiger Bestandteil der Genehmigungsverfahren großer Tierhaltungsanlagen. Dieser Praxisleitfaden hilft die notwendigen Verfahren zu beschleunigen und mehr Rechtssicherheit zu schaffen.

Was ist ein Tierplatz?
Definition von Tierplätzen nach 4. BImSchV und UVPG
2009, 64 S., 20 €, ISBN 978-3-939371-84-7
(Best.-Nr. 11475)

Das Buch liefert für alle relevanten Haltungskategorien einen Standardwert zur Bemessung von Tierplätzen, um Genehmigungsverfahren zu vereinfachen. Es ist eine wichtige Entscheidungshilfe für Vertreter von Bau-, Immissionsschutz- und Landwirtschaftsbehörden, Fachberater, Sachverständige und Juristen.

Bestellhinweise

Porto- und Verpackungskosten werden gesondert in Rechnung gestellt. Preisänderungen vorbehalten. Wir freuen uns auf Ihre Bestellung. Senden Sie diese bitte an

KTBL, Bartningstraße 49, D-64289 Darmstadt | Tel.: +49 6151 7001-189 | Fax: +49 6151 7001-123 | E-Mail: vertrieb@ktbl.de | www.ktbl.de

Besuchen Sie auch unseren Internet-Shop www.ktbl.de

Aufstallungsformen für Kälber
Heft, 92 S., Bestell-Nr. aid99-1289, ISBN/EAN 978-3-8308-0855-8

Das Heft bietet für Tierhalter, Berater, Tierärzte und alle, die sich mit der Milchviehhaltung beschäftigen, umfassende Informationen. Abgeleitet von den Bedürfnissen der Tiere und unter Berücksichtigung der Tierschutz-Nutztierhaltungsverordnung werden moderne, bewährte Haltungverfahren (Kaltstall- und Warmstallhaltung) vorgestellt und bewertet. Fütterungs- und Tränkesysteme werden detailliert beschrieben. 13 Planungsbeispiele aus der Praxis, Neu- und Umbaulösungen verschiedener Größenordnungen, inklusive ökologischer Tierhaltung, werden jeweils mit Stallgrundriss dargestellt.

Rinderrassen
Heft, 68 S., Bestell-Nr. aid99-1548, ISBN/EAN 978-3-8308-0819-0

Seit über 8.000 Jahren züchten Menschen Rinder. Rinder wurden als Arbeitstiere, Milch- und Fleischlieferanten gezüchtet. Im Laufe der Zeit entwickelte sich das Rind vom Alleskönner zum reinen Milch- oder Fleischrind. Viele „alte“ Rinderrassen sind vom Aussterben bedroht, sie sind häufig robust und werden auch gerne zur Landschaftspflege eingesetzt. Unter den insgesamt 26 präsentierten Rassen finden sich Deutsche Holsteins und Charolais-Rinder genauso wie das zwischenzeitlich vom Aussterben bedrohte Rote Höhenrind und die seltenen Limpurger. Zu jeder Rasse gibt es Informationen zu Größe und Aussehen, zur Verbreitung und zu den typischen Eigenschaften der Tiere, ergänzt um rassetypische Fotos beider Geschlechter.

Rinderrassen
Poster Print, A1 auf A4 gefalzt, Bestell-Nr. aid99-3983, ISBN/ILN 426-017-9080166

Das Poster zeigt Kühe von 26 Rinderrassen auf einen Blick, eingeteilt in die Kategorien Milchrind, Fleischrind und Zweinutzungsrassen. Es kann in der Aus- und Weiterbildung eingesetzt werden. Natürlich kann auch der Kuh-Fan seine Zimmerwand damit verschönern.